精确制导控制原理

郑志强　耿丽娜　李　鹏　鲁兴举　编著

国防科技大学出版社
·长沙·

图书在版编目(CIP)数据

精确制导控制原理/郑志强等编著. —长沙:国防科技大学出版社,2011.10
ISBN 978 - 7 -81099 - 944 - 1

Ⅰ.①精… Ⅱ.①郑… Ⅲ.①导弹制导 - 控制系统 - 高等学校 - 教材 Ⅳ.①TJ765.3

中国版本图书馆 CIP 数据核字(2011)第 199826 号

国防科技大学出版社出版发行
电话:(0731)84572640　　邮政编码:410073
http://www.gfkdcbs.com
责任编辑:耿　筠　责任校对:曹　红
新华书店总店北京发行所经销
国防科技大学印刷厂印装

*

开本:787×1092　1/16　印张:12.75　字数:302 千
2011 年 10 月第 1 版第 1 次印刷　　印数:1 - 1000 册
ISBN 978 - 7 - 81099 - 944 - 1
定价:32.00 元

前　言

近十多年来,精确制导武器在世界上发生的几场局部战争中,尤其是在1999 年的南联盟科索沃冲突和2003 年的伊拉克战争中,得到了大量的应用,显示了其优秀的作战效能,影响并改变了战争的模式、进程和军事思想研究。

精确制导武器属于信息化装备。精确制导武器弹上本身的制导控制系统硬件及软件是典型的信息化装置;精确打击的作战也是一个信息获取、传递、处理、应用的闭环过程。针对不同目标特性的制导武器所使用信息的方式不同,就形成了不同的制导控制技术。

本书是在已使用3 年的"制导控制原理"课程讲义的基础上,结合近十年来编者参与制导控制系统研制的体会,以及参考国内外相关研究成果,修订编写的,力图在精确打击武器系统组成、精确制导武器制导控制系统的工作原理等方面,给出系统全面的基础阐述。

全书分成5 章。第1 章精确制导武器概论,从制导武器的发展历史出发,介绍了精确制导武器及精确打击武器系统的组成。第2 章制导武器的基本数学模型,讨论了制导控制对象——弹体的动力学模型及弹体运动动态分析。第3 章制导武器飞行控制系统设计,是在已建立模型的基础上,讨论弹体稳定飞行控制回路设计与分析;讨论了侧滑转弯控制与倾斜转弯控制设计的特点。第4 章制导体制,综述自主制导、遥控制导、寻的制导、复合制导各种制导体制的技术特点。第5 章导引系统设计,讨论形成导引律的各种方法并讨论导引律设计问题、导引头稳定回路设计的技术特点。

本书可作为本科生高年级或硕士研究生的参考书。已学过"自动控制原理"课程的学生可以较深入地研究第3 章和第5 章的部分内容。

在本书成稿过程中,张力、唐帅、杨秋辉、杨景文、王奇、叶建斌、曹丽静等研究生们完成了大量的书稿校对和绘图工作,在此表示感谢。

本书涉及的知识面广,而作者水平有限,有错误在所难免,敬请读者指正。

编著者

2011 年 9 月于长沙

主要符号表

θ	俯仰角
ψ	偏航角
ϕ	滚转角
α	攻角
β	侧滑角
μ	航迹倾斜角
φ	航迹方位角
γ	速度滚转角
δ_e	升降舵偏转角
δ_r	方向舵偏转角
δ_a	副翼偏转角
D	阻力;弹目相对距离(位置导引)
Y	侧力
L	升力;动量矩
C_D	阻力系数
C_Y	侧力系数
C_L	升力系数
L_A	滚转力矩
M_A	俯仰力矩
N_A	偏航力矩
C_l	滚转力矩系数
C_m	俯仰力矩系数
C_n	偏航力矩系数
ρ	空气密度
V	空速
Q	动压
S_w	弹翼参考面积
p	滚动角速度(绕 x 轴)
q	俯仰角速度(绕 y 轴);目标视线与基准线之间的夹角

r	偏航角速度(绕 z 轴)
a_x	轴向加速度
a_y	侧向加速度
a_z	法向加速度
$\varepsilon_M, \varepsilon_T$	高低角
β_M, β_T	方位角
θ_M	导弹速度矢量与基准线的夹角
θ_T	目标速度矢量与基准线的夹角
φ_M	导弹速度矢量与视线的夹角
φ_T	目标速度矢量与视线的夹角
R	弹目相对距离(速度导引)
N	比例导引系数

目　　录

第4章　制导体制

第5章　导引系统设计

第1章 精确制导武器概论

1.1 精确打击与制导武器

1.1.1 精确打击

精确打击是利用精确制导武器系统对敌方的重要目标进行高精度命中和高效能摧毁的作战,这种作战既能精确毁伤目标,同时可减少附带伤亡。

精确打击背后的主要理念是"一颗炸弹消灭一个目标"。这个目标可以是在敌人战线后100km之外的工厂,也可以是10km之外的一辆坦克或一架飞机。简单地说,精确打击就是在信息技术使武器达到相当高的精度的时代怎样从远处打击敌人。

随着精确制导技术的发展,精确制导武器在局部战争中的应用越来越广泛,精确打击作战已经并将继续成为信息化条件下局部战争的主要作战样式。精确打击背后的技术是目标探测和导航系统——这属于信息时代的技术。越过前线已不再是一个问题,因为根本就没有前线可言。战斗员与周围的环境融为一体。

重要的是,现在只要知道目标在哪儿,就可以一次开火摧毁任何目标。当然,有时候会没有击中,有时候会击中错误的目标。但是,有着高杀伤率的远程武器确实改变了战争的性质。战斗变成了躲在暗处打击敌人或是等待敌人犯错误暴露自己的过程。时机一旦出现就果断打击,往往就能摧毁目标。OODA(观察、判断、决定和行动)周期的最后一环——行动——显得比以前更为重要,也就是说,在信息战中战胜对手比以前任何时候都更加重要。

1.1.2 制导武器发展简史

发明百发百中的精确打击武器自古以来就是人们所追求的目标。几乎所有文化都有自己传说中的"神箭手"。但是,直到150年前,没有人真正考虑过将武器直接引向指定目标的事。

最古老的大炮要追溯到古希腊古罗马时代。人们用有弹力的绳子制成了石弩,其实就是大石弓,可借助绳子的张力将500g重的石头射出一个足球场那么远。大约在12世纪,法国人开始使用抛石机,这是一种形体更为巨大的以平衡锤的力量来抛射石头的装置。一个好的抛石机可以将一个100~200kg重的石头射出500m甚至更远。

但是抛石机形体巨大,只能在需要的时候再建造它,而且还需花上几个星期的时间。探险家们把火药从中国带到欧洲后,欧洲的军队制造了便于运输的火炮。19世纪晚期,随着冶金术的发展,大炮的射程也得到了提高。今天,大炮的射程可达有30或50km。

然而,无论石弩、抛石机或者火炮的射程有多远,它们的工作机理都是相同的,都是遵循着弹道学的原理。炮弹一旦离开炮筒,就无法改变它的飞行路线,它将降落在差不多是"牛顿"说它会降落的地方。信息反馈是任何导航系统的基础,它也是OODA周期在机电领域的体现。信息反馈越有效,武器越有可能击中目标。事实上,火炮的反馈周期是固定的,它等于炮弹到达目标所用的时间。

火炮的设计者不断地对火炮进行改进,特别是最近为其加载了信息技术。在1991年的"沙漠风暴"行动中,美国坦克由于有计算机瞄准系统,所以在射程和准确性上远远超出了伊拉克坦克。美国坦克的火炮可以抵消风、地形和温度带来的影响,甚至在6m长的炮筒发生极其微小的下垂时也能对弹道进行修正。

结果是:M-1A艾布拉姆斯坦克的一次射击,就有90%的概率能够命中3km以外的目标。而且因为瞄准过程实现了计算机化,美国坦克在以每小时60或70km的速度行进过程中能够准确地开火。伊拉克用的是苏制坦克,这种坦克使用的还是旧技术。所以只要伊军进入射程,美军坦克就会发现目标并开火,使伊军在劫难逃。

艾布拉姆斯的瞄准系统可以计算多种因素所产生的影响,使其炮弹在离开炮管后以更精确的弹道飞行。即使这样,由于炮弹的轨迹是事先设定好的,如果目标消失,抑或只是移动了一下,或者某些突发因素干扰了炮弹的飞行,则难以击中目标。因为只有在发射第二发炮弹时才能对其进行修正。

目前,艾布拉姆斯90%的命中率大概是传统弹道火炮技术的最高水平。要提高命中率,应有一个更快的信息反馈周期,这就需要一个主动的制导系统。其实,制导武器的一种定义就是在弹药发射后至到达目标前的时间内,纠正或调整飞行方向的任何武器。最早的这类武器是在18世纪晚期研制的自行驱动鱼雷。

今天,我们认为鱼雷是一枚从发射管里射出的细长弹丸,但是早期的鱼雷基本上就是一颗绑在棍子上的炸弹。鱼雷这个词最初就是指在水中使用的爆炸装置。它是由电鳗的兄弟电鳐得名的,电鳐用自己带电的鳍以极快的速度攻击它的猎物。(电鳐来自于拉丁文,意思是行动迟缓麻木的,这其实是猎物遭受电鳐攻击后所表现出来的状态)。

如果鱼雷被固定在水里,那就是我们今天所称的水雷。如果鱼雷被安装在一根木棍上,如支撑帆缆的桅杆,这在19世纪60年代的舰船上经常可以看到,它通常被称作"桅杆鱼雷"。原理是偷偷挨近敌人的舰船,然后就像用渔叉刺中鲸鱼一样,将"桅杆鱼雷"插入敌人舰船的舷侧,之后迅速躲开。一旦躲开了敌舰,就用绳索从一百码开外的地方引爆鱼雷。显然,男子汉的英武气概是"桅杆鱼雷"这种武器系统最重要的组成部分。

几年后,一个移居奥匈帝国的英国工程师罗伯特·怀特·海德对鱼雷进行了重大改造,他舍弃了鱼雷上的桅杆。其实其他人也有过"自动鱼雷"的想法。与这些竞争对手不同的是,怀特·海德已经弄明白怎样制造可以潜至水下一定深度、在舰船的吃水线以下击中目标的鱼雷。当然,也不能潜得过深而从舰船底部溜过去。他将他的秘密装置恰如其分地称作"秘密"。他的"秘密"装置其实是可调式水压仪,它可以测出鱼雷外部的水压。

鱼雷兵将"秘密"装置调到希望的深度并发射鱼雷。如果鱼雷在行进中水位太浅或太深，水压仪将发现水压的变化，相应地调整鱼雷尾部的翼板。

新型鱼雷在商业上取得了巨大成功。怀特·海德向全世界的海军大批销售这种鱼雷。即便如此，最初的怀特·海德鱼雷仍有一个很大的缺陷："秘密"装置可以控制鱼雷上下运动，却不能控制它的左右运动。舰船需要多次发射鱼雷进行测试，以便发现它的操作特点，并将结果记录在册。在战时，发射鱼雷就像送熟悉的朋友上战场打仗。可是，它却很难击中 400m 外的目标。

这一问题又花费了将近 10 年时间才得以解决。1875 年，美国海军军官詹姆斯·亚当斯·豪厄尔将一个约 130g 重的惯性轮纵向安装在鱼雷上，以取代怀特·海德的压缩空气发动机。就像给钟表上发条一样，鱼雷兵可以使惯性轮加速旋转，达到每分钟 13000 转，从而推进鱼雷行进达半英里之远。更重要的是，惯性轮就像自行车的车轮，一旦转动起来，也能使鱼雷直指向前，并且方向不变。

豪厄尔推出新型鱼雷不久，怀特·海德又想到了一个更好的办法。他不使用巨大的惯性轮，而是将一个小惯性轮安装在一个转动的支架上，以探测鱼雷何时偏离了航线来使整个鱼雷适当地调整方向。他用的这种装置就是陀螺仪。

一个世纪以来，陀螺仪几乎随处可见。它是一个奇特而又合乎科学规律的玩具，主要用来演示物理学的法则。在桌面上旋转陀螺仪的转子，惯性可以使它保持在固定的平面上，即使桌子是倾斜的也无所谓。这就是为什么利用这一原理的导航系统被称为惯性测量装置。

怀特·海德将维多利亚时代设计得最好的机械装在鱼雷尾部，使陀螺仪和舵连接起来。陀螺仪与一根杠杆相连，该杠杆又和控制压缩氧气罐通气管道的阀门连在一起，鱼雷只要开始偏离既定航线，陀螺仪就向左或向右偏转，牵动杠杆，打开阀门，让压缩的空气填充小型的活塞和气缸装置，它再推动鱼雷方向舵的曲柄。

怀特·海德需要这样化简为繁的安排，因为陀螺仪在调整自己时只能产生很小的力量，而要推动以 20 或 30 节的速度在水中急速航行的鱼雷的舵，则需要几磅的扭力矩。利用压缩空气推动舵的装置能够克服鱼雷高速冲向目标时遇到水的阻力。工程师们会说，这种连接能够产生一种"机械优势"。

陀螺仪和舵之间的连接运动包含了这样的信息。陀螺仪"告诉"舵需要调整多少来校正鱼雷的行进路线。怀特·海德在不自觉中已经设计了简单而专用性很强的机械化的类似计算机的装置。这种连接可以事半功倍。如果说，舵的运动是陀螺仪运动的两倍，那么这个系统就以两倍的比率使陀螺仪的运动得到增长。

那时所有的计算器都是机械的。当齿轮转动或链条齿轮啮合时就可以计算数字，从而实现加、减、乘等运算，这就是它们的工作原理。它们看起来就像个小型机器。查尔斯·巴贝奇在 1837 年设计出了计算机的鼻祖，他将自己的发明称作"分析机"。从某些角度来讲，它就像一个 5 速的传送器。

重要的是，这是第一次有信息在兵器内部通过反馈周期。陀螺仪发现鱼雷偏离了航线，就会向操纵舵发出机械信号。当陀螺仪发现鱼雷正在校正路线时，它就将操纵舵复位。

在信息反馈周期中具有使用信息的能力使鱼雷更具杀伤力。事实上,在武器中加入一些信息比加入炸药效果更好。从另一方面讲,由于现在的鱼雷完全依赖信息,如果对手能够想出进入反馈周期的办法,它就有可能做到使武器完全失效。

与此同时,在纽约另一位发明家也在用同样的方法解决不同的问题。造船工人正在用钢铁代替木头,并且在船上安装电灯,所有这些外力都可能干扰磁罗盘。所以,埃尔默·斯帕里建议使用陀螺仪来侦测船的航向变化,因而就诞生了"陀螺罗盘"。

1905 年,斯帕里运用他的陀螺罗盘设计了一个机器人舵手,它能使船只平稳前进,后来被称作"铁迈克"。这引起了美国海军的注意。美国海军一直对舰船的自动控制比较感兴趣,而且,美国海军恰好对另一种新鲜玩意儿的自动控制也感兴趣,那就是莱特兄弟刚刚在两年前向世人展示过的东西——飞机。

可是,飞行是一个三维的问题。即使"铁迈克"有很多优点,也只是一个二维的事物。所以斯帕里根据这一思路又向前迈进了一步,他将三个陀螺仪组装在一个装置内,并称之为自动驾驶仪。自动驾驶仪通过杠杆和电缆与飞机的副翼、舵、升降舵相连,它可以使飞机保持在一个水平面向前飞行。如果飞行员不得不暂时将注意力从飞行转移到其他事情上,自动驾驶仪就能很方便地控制飞机。

人们很快就认识到,如果飞机能自动驾驶,它就完全不怕毁灭自己。1915 年,美国海军与斯帕里陀螺仪公司签订了制造"空投鱼雷"的 3000 美元的合同。这是一种装有自动驾驶仪的海军 N-9 双翼飞机。自动驾驶仪将使(无人驾驶)飞机保持在预定轨迹上,一直水平向前,定时器将在适当时间切断引擎,向目标投下鱼雷。

这套奇妙的装置准备于 1918 年 9 月在长岛接受实验,这时已接近第一次世界大战的尾声。实验人员在距目标 8 英里处将空投鱼雷瞄准目标。当弹射装置将它射向空中后,自动驾驶仪开始发挥作用,使空投鱼雷按照既定路线飞行。但定时器却失灵了,空投鱼雷在 4000 英尺的高度一直向前水平飞行,直到消失在天际。

19 世纪 30 年代,自动驾驶仪已经变得十分普遍了,但是仍有一些问题有待解决。

首先,机械自动驾驶仪是一种非常昂贵的需要手工制作的仪器,就像瑞士手表一样,人们不想把它用在一次性的导弹上。要想在战争中拥有足够数量的武器,制导系统必须价格便宜,而且它们的结构也必须简单,这样人们才可以及时地制造和生产。这成为采用所有制导武器的一个主要因素。第二,自动驾驶仪解决了维持飞行器稳定的问题,提高了击中固定目标的几率。但如果目标移动,就没那么幸运了。当目标试图躲避时,制导武器就需要采取一些措施来更新它的信息反馈周期,更新所用的时间必须比目标采取躲避动作的时间要短。

德国一名年轻的滑翔机飞行员想到了用电子学来解决这个问题。驾驶滑翔机飞行有一个有趣的诀窍叫做"骑浪"。在每小时 100km 的风速下逆风驾驶滑翔机,越过附近的高山,通过改变滑翔机的"进攻角度"将指示空速调整到每小时 100km,也就是向后拉操纵杆使飞机的头部上升或下降。当飞行速度调整到和逆风风速一致时,理论上滑翔机将停留在地面上空的一个点不动。实际上此时滑翔机却像被施了魔法一样将直线上升,几秒钟就能上升数百至上千米,就像将它放在升降机上一样。

任何飞行员都知道,这是因为空速指示器准确地指示着相对空气运动的速度,至于滑翔机是否（相对地面）前进它不管。这使达姆施塔特技术大学的赫尔穆特·赫尔策十分苦恼。他是一个工程专业的大学生，因为《凡尔赛条约》禁止德国训练空军飞行员，赫尔策参加了德国政府支持的一个逃避《凡尔赛条约》的项目，正在学习怎样驾驶滑翔机。

赫尔策设计了一个可以测出绝对速度的装置。该装置中有个管子，管子里有弹簧重物，一只机械臂将重物和控制电路电流的电容器连接。如果将这个装置安装在一个飞行器上并加速，重物看起来好像是在向相反的方向移动（实际上重物并没有动，是这一装置的其他部分和飞行器在移动）。机械臂将重新调整电容器，允许更多的电流通过电路。测量电流强度，再做一些运算，就能知道飞行的绝对速度了。

今天，我们把这种装置称作电子加速度计。赫尔策毕业之后，参加了维尔纳·冯·布劳恩的导弹计划。冯·布劳恩称他的导弹为 A－4，后来阿道夫·希特勒将其重新命名为 V－2。赫尔策建议用电子学来控制导弹飞行的各个方面。这一系统的一些部分基本上是英国人后来在不列颠之战中干扰德国轰炸机的无线电波束导航系统的技术。这里无需飞行员听耳机中的信号，导弹将用信号测量偏离既定航线的距离，以及它是否保持着正常的姿态、是否指向正确的方向。

于是，新的问题又产生了。导弹可能在三个方向上偏离无线电波束——上下、左右和前后，即沿三个轴偏离它的正确姿态——绕航线轴摇摆、绕纵轴横滚和绕垂直中轴旋转。火箭的发动机上有四个操纵舵，每个操纵舵都可以像船上的舵一样旋转，用来调整其喷出气流的方向。必须将六股不同的信息综合在一起计算喷出气流的正确修正量，然后混合成一个单独的信号送达四个操纵舵的每个舵。

赫尔策根据这种情况研制而成的电子装置叫 Mischgeraet——混合计算机，这就是尽人皆知的世界上第一台电子模拟计算机。它还极大地降低了成本。当时，用在机械自动驾驶仪上相同功能的精确陀螺仪要花费 7000 美元，而 Mischgeraet 可以代替精确陀螺仪的简单电子元件只需 2.5 美元。

现在，兵器上不仅蕴含着信息，而且还是电子信息，它们以光速在兵器内部沿着类似于 OODA 周期的自动化环路循环。V－2 火箭控制装置可以观测到火箭的位置及航向，并与预定状态相比较，计算出必要的修正值，再将命令传达给操纵舵，做出必要的航向修正。这和怀特·海德的"秘密"装置以及斯帕里的"空投鱼雷"是一个概念，只是电子装置代替了杠杆和控制杆。

即使是今天，大部分的制导武器也使用了 V－2 火箭的基本原理。它们都要测量与目标位置相关的一些信号，这些信号可以是指示通向目标路径的无线电波束，也可以是被目标反射的雷达或激光光束，或者是目标的光学或红外映象，或者是卫星信号。在追溯了制导武器的整个演变历程后，我们需要指出，今天甚至一些炮弹也装备了制导系统，它们都用信号作为电子反馈周期的一部分，以便在武器到达目标前调整其飞行路线。

武器拥有了电子制导系统，这是向跟踪移动目标迈出的关键一步。人们只需调整波束，就能像聚光灯一样跟踪目标。导弹要么沿光束飞行，要么利用目标反射出的光束自动导向追踪。

1972 年，美国准备在越南使用第一批激光制导炸弹。它的首批轰炸目标之一是清化大桥。7 年中，这座大桥经历了 871 架次战机的轰炸仍然安然无恙，反而使美国空军和海军损失了 11 架战机。但是这一次却不同。一架空军战机发射了一枚激光制导的"铺路"炸弹,另一架战机上的观察员用激光向目标进行"喷漆",炸弹向激光照亮的目标正中漂亮地坠落,清化大桥毁于一旦,历经数月仍不能修复使用。从此,精确制导武器开始登上战争舞台。

1.1.3 制导武器的分类

制导武器是无人驾驶的,能在飞向目标的过程中自动地修正飞行误差,最后能准确打击目标的武器。按有无动力装置分为制导导弹和灵巧弹药两大类。导弹可分为弹道导弹、地空导弹、空空导弹、空地导弹、巡航导弹、反舰导弹、反坦克导弹等。灵巧弹药又可以分为末制导弹药和末敏弹药。

精确制导武器是指采用了精确制导控制技术,具备很高的直接命中概率,甚至能够识别目标及目标要害部位的制导武器。当武器的精度指标(CEP)小于其战斗部的杀伤半径时,可以认为具有直接命中能力。

1. 弹道导弹

弹道导弹是指在火箭发动机推力作用下按预定程序飞行,关机后按自由抛物体轨迹(理想的情况下为固定弹道)飞行的导弹。按作战使用分为战略弹道导弹和战术弹道导弹;按发射点与目标位置分为地地弹道导弹和潜地弹道导弹;按射程分为洲际、远程、中程和近程弹道导弹;还有液体和固体弹道导弹、单级和多级弹道导弹之分。

弹道导弹一般是预设阵地发射,打击固定目标,具有速度快、射程远、弹道固定的特点。

2. 地空导弹

地(舰)对空导弹武器系统的使命是从地面(海上)发射导弹,摧毁在大气层中飞行的怀有敌对行动的各种类型的飞行目标(包括飞机、巡航导弹等),以保卫重要政治、军事和经济目标的安全。

地空导弹按射高和射程可分为四类:

(1)射高大于 20km,射程大于 40km 的为中高空、中远程防空导弹;

(2)射高在 6km~20km,射程在 15~40km 的为中低空、中近程防空导弹;

(3)射高在 6km 以下,射程在 15km 以内的为低空近程防空导弹;

(4)射高在 3km 以下,射程在 5km 以内的为便携式防空导弹。

地空导弹一般是预设阵地发射,打击空中目标;具有反应速度快的特点,但其自身安全易受到威胁。

3. 空空导弹

空对空导弹是指从空中平台(如飞机)发射攻击空中目标(包括飞机、直升机和巡航导弹等)的导弹,它是战斗机争夺制空权、打击空中目标的主要武器,也是轰炸机、攻击机空中作战的重要手段。

按作战距离,空空导弹一般分为:

● 近距格斗导弹(射程在 15km 以下);

- 中距拦截导弹(射程在 15 ~ 50km);
- 远距离拦截导弹(射程在 50km 以上)。

按制导方式,它可分为:

- 红外制导导弹;
- 雷达制导导弹。

自 20 世纪 50 年代以来,国外共研制了四代空空导弹。第四代空空导弹具有全天候、全高度、全方向、多目标攻击能力,发射后不用管的特点。典型的有美国的 AIM - 120,英国、德国联合研制的 AIM - 132,俄罗斯的 AA - 11 等。

4. 空地导弹

空对地导弹是指从空中平台发射、攻击地面或水面目标的导弹。它是轰炸机、攻击机、武装直升机和反潜飞机实施空中打击的主要武器。空对地导弹是实施空袭、外科手术式攻击和点穴式攻击的重要武器。

按攻击目标的类型,空地导弹可分为通用空地导弹、反辐射导弹、反舰导弹和反坦克导弹等。

国外空地导弹一共发展了三代,第一代空地导弹已基本退役,现役空地导弹多为第二代。典型型号有美国的"小牛"和"斯拉姆"、法国的 AS - 30L。这一代导弹一般采用电视、红外成像和激光制导等技术。目前正在研制和装备新一代空地导弹,它们可从防空火力网外发射,发射后不用管,具备全天候及不良气候条件下的作战能力,采用集束弹和子母弹头。

5. 巡航导弹

巡航导弹,广义上讲是指主飞行航迹处于巡航状态,即用气动升力支撑其重力,靠发动机推力克服前进阻力,以等速等高状态飞行的导弹。它包括反舰导弹、远程空对地导弹、现代巡航导弹等。巡航导弹可以从陆地发射,也可以从空中、海面甚至水下发射。美国的"战斧"系列巡航导弹、印俄联合研制的"布拉莫斯"等是现代巡航导弹的典型代表。

6. 反坦克导弹

反坦克导弹是指:从地面或空中发射,攻击地面装甲目标的导弹。反坦克导弹是坦克的克星。根据发射平台不同,反坦克导弹分为地面发射型和空中发射型两大类。

国外已发展了三代反坦克导弹。第一代已基本退役。典型的第二代反坦克导弹有:美国的龙式、陶式导弹,法国和德国联合研制的"米兰"和"霍特"导弹,俄罗斯的 AT - 4、AT - 5 型导弹等;这一代导弹命中概率为 85% ~ 95%,最大破甲厚度为 500 ~ 800mm。第三代反坦克导弹有美国的"海尔法"、陶 - 2B 等;这一代导弹最大破甲厚度为 800 ~ 1000mm,具有反复合装甲和发射后不用管的能力。

7. 灵巧弹药

灵巧弹药是末制导弹药和末敏弹药的统称,也有的称其为精确制导弹药。

末制导弹药又有制导炸弹和制导炮弹两种。末制导弹药自身(一般)无动力装置,借助火炮(末制导炮弹)或飞机投掷(末制导炸弹),装有寻的器和控制系统,能在弹道的末段根据目标和弹药本身位置自行修正或改变飞行轨迹,以不断接近并最终命中目标的灵巧武器。典型的制导炸弹如美国的"铺路"激光制导炸弹,典型的制导炮弹如前苏联的"红土地"激光制导炮弹。

末敏弹药不能改变中段飞行弹道,当它们在目标上空被撒布时,能在较小范围内探测目标,可对坦克实施顶部攻击。典型的末敏弹药如美国的 BLU – 108/B 等。

1.2　精确制导武器系统组成和作用过程

精确制导武器必须形成完整的系统,并在相应成建制的作战人员使用下,才能够形成精确打击能力。

1.2.1　精确制导武器系统组成

典型的精确制导武器系统由精确制导武器、目标探测分系统、指挥控制分系统、发射分系统、技术支援分系统等部分组成。

1. 精确制导武器

精确制导武器可以简要地表述为用无人驾驶的制导飞行器投掷战斗部,在弹道末段能够精确制导的武器。精确制导武器包括导弹和灵巧弹药。

关于精确制导武器的定义,目前国内外均未有统一的认识。较有代表性的看法是:精确制导武器是直接命中概率超过 50% 的制导武器。直接命中的含义是指制导武器的圆概率误差(也叫圆公算偏差,用符号 CEP 表示,即英文 Circular Error Probable 的缩写,是以目标为中心,弹着概率为 50% 的圆域或半径,单位为 m)小于该武器弹头的杀伤半径。

精确制导武器的主要特点是:

(1)采用导引、控制系统或装置,调整受控对象(导弹、炸弹、炮弹等)的运动轨迹,使之完成规定的任务。

(2)命中精度高。常用圆公算偏差来衡量导弹或炮弹的命中精度。CEP 值越小,武器的命中精度越高。例如,"战斧"巡航导弹的 CEP 值为 9m,意指若发射 100 枚此类导弹,则将至少有 50 枚落入半径为 9m 的圆域以内。早期研制的一些导弹武器,如 V – 2、"飞毛腿"等,其直接命中概率低于 50% ,它们是制导武器,而非精确制导武器。除非特别指明,精确制导武器通常是指战斗部为非核装药的战役、战术制导武器,它们对射程以内的点目标,如坦克、飞机、舰艇、雷达、桥梁、指挥中心等可达到很高的直接命中概率。

(3)总体效能高。精确制导武器的效能是用精度、威力、射程、重量、尺寸、效费比、可靠性、全天候作战能力等主要战技指标来衡量的。在性能覆盖的基础上突出一、二项的指标,作战效能就能达到最佳的发挥,即最佳的总体效能。例如"战斧"巡航导弹在海湾战争中用于从 1000km 以外发射,精确命中并摧毁严密设防的巴格达市内高价值的战略目标。其总体效能远远优于普通的轰炸机群使用常规航弹的空袭。

精确制导武器一般由弹体、引信战斗部系统、制导控制装置、弹上能源和推进系统(灵巧弹药没有推进系统)组成,其各部分的功能详见本章第三节。

2. 目标探测分系统

目标探测分系统用于发现和识别目标,确定目标位置,为待射制导武器提供准确可信的目标特征信息。精确制导武器的目标探测分系统可与执行同类作战任务的其他武器,如战略或战术弹道导弹共用。有人或无人侦察机、侦察卫星、气象卫星、导航卫星等已成为现代战争中及时了解战场情况,确定目标位置必不可少的目标探测手段。

3. 指挥控制分系统

精确制导武器系统的指挥控制分系统属于整个战场的多层次、大容量、网络化 C^4ISR 系统的一部分。其功能包括:

(1)接受上级指挥中心下达的作战命令和任务;

(2)接受一体化侦察和监视系统提供的目标信息,经战斗数据系统形成战斗和控制指令,并下达给发射系统;

(3)按作战任务的要求,向待射制导武器的计算机输入飞行路线和目标数据。

4. 发射分系统

发射分系统包括以发射装置为主体的整套发射设备,是精确制导武器系统的重要组成部分,用来承载精确制导武器并完成某些发射前准备和引导精确制导武器正确起飞。

精确制导武器的发射方式是指由发射地点、发射动力和发射姿态所综合形成的发射方案及其在发射系统上的具体体现。由于精确制导武器的用途、尺寸、形状、质量和制导方式等不同,其发射方式也各不相同。

按发射地点不同,可分为陆上发射、舰上发射和空中发射。其中,舰上和空中发射为活动平台发射,陆上可以是活动平台发射,也可以是固定平台发射。

按发射动力源的不同,可以分为自推力发射和外推力发射(弹射发射)。

按发射姿态的不同,可以分为倾斜发射和垂直发射。

在精确制导武器系统的作战使用过程中,发射控制决定了系统的反应时间,是一个重要环节,其主要任务是:

(1)武器选择:选择可用的、能达到作战效果的精确制导武器。

(2)射前准备:完成弹上系统检测、加电、初始对准及目标装订等。

(3)发射实施:从按下发射按钮开始到武器离开发射装置为止,包括弹上电池激活、转电、发动机点火、发射结果确认等。

(4)状态监视与故障判断:对精确制导武器及其发射装置的状态进行监视,并判断其状态是否正常。

5. 技术支援分系统

技术支援分系统(又称为技术支援装备)是进行制导武器维护和发射前技术准备所使用的各种设备和软件的总称,用于完成制导武器的起吊、运输、储存、维护、检测、供电和技术准备,以保障制导武器处于完好的技术状态和战斗待发状态。技术支援装备一般包括精确制导武器的运输和装填(挂载)设备、作战装备的维修设备、必要时的能源设备以及作战训练模拟设备,主要有:测试设备、吊车、运输车、装填车、技术阵地及仓库拖车、电源车、燃料加注车、清洗车、气源车、通信指挥车和其他配套工具,以及相应的模拟训练器。技术保障设备取决于制导武器的用途、使用条件和构造特点。制导武器的类型不同和发射方式不同,技术保障设备的配置就有较大的差异。尽管各种精确制导武器的用途、使用条件和结构特点不同,技术支援内容的繁简程度也有相当差异,然而其基本要求和功能都是要保证全武器系统能够协调统一地工作,可靠地完成预定作战任务。

1.2.2　精确制导武器系统作战过程

精确制导武器系统的作战过程一般可以分为以下几个阶段:

(1)领受任务,技术阵地准备。完成在技术阵地应该进行的各项检测工作,确认系统处于正常可工作状态。

(2)装载(挂载)武器。将精确制导武器安装于发射装置(或发射平台)上。

(3)目标搜索与跟踪。搜索、发现、测量及识别待打击目标。

(4)火力分配与发射决策。将作战任务分配给相应的精确制导武器,确定发射时刻或可发射区域。

(5)发射控制。完成精确制导武器的射前所有准备工作,直至精确制导武器离开发射装置。

(6)飞行控制。按规定的飞行方案和制导规律,控制精确制导武器飞行直至命中目标。

(7)杀伤效果评估。对杀伤效果进行评定,并依评定结果确定下一步作战方案。

从武器系统的组成和其作战使用过程可以看出,精确制导武器系统是信息化的装备。

1.3　精确制导武器的组成

精确制导武器是系统的核心,直接体现了精确制导武器系统的性能和威力,是攻击各种目标的武器。它由弹体、引信及战斗部、制导系统、推进装置和能源装置组成。制导武器在制导装置和推进装置的作用下在空中飞行,最后导向所攻击的目标,引信引爆战斗部,用以摧毁目标。

1.3.1　弹体

弹体是用来把导弹(或制导弹药)的各部分牢靠地连接成为一个整体,并使其形成一个良好的气动外形的壳体。所谓导弹的气动外形是指弹体适合于在大气层内飞行的外形。一般来说,导弹的气动外形分成无翼和有翼两大类。无翼导弹通常是从地面发射对付地面目标的,它不带弹翼,只有尾翼,有的甚至连尾翼也没有,这类导弹是远程或洲际战略弹道导弹。有翼导弹一般作为战术武器,在大气层内飞行,配有弹翼和舵。

对于有翼导弹来说,外形设计的任务包括正确选择导弹的气动布局,即正确选择弹体各部件(弹身、弹翼、舵面、发动机进气道等)的相互位置;而后从导弹具有良好的气动力特性、机动性、稳定性和操纵性出发,考虑导弹制导系统及弹体结构特性等因素,定出弹体各部件的外形参数和几何尺寸。

对于弹道导弹来说,由于攻击的是固定目标,飞行弹道固定,所以,在外形设计上不必考虑设置产生高升力的机动部件——翼面。另外,由于其全弹道的绝大部分处于稠密大气层以外高空,因此空气动力翼面效率极低,无法实现弹道控制和保证稳定飞行,所以通常也不采用带有气动力舵面的外形设计,而为了再入飞行段的飞行稳定设置了稳定裙或稳定尾翼。弹道导弹在大气层中飞行时,飞行速度从零增至高超声速,同时飞行高度也从地面上升到大气层以外的空间,飞行过程中,弹体上承受着强烈的空气动力和气动加热。因此该类导弹外形设计既要协调结构布局,满足弹体各部分的容积要求,更重要的是进行头部外形设计,使导弹具有适当的静稳定度并减小气动载荷。

所谓气动布局是指导弹各主要部件(弹翼、弹身、外挂物、舵面、尾翼等)的气动外形及其相对位置的设计与安排。衡量各种气动布局优劣的标准,对于不同类型的导弹是不同的,如反飞机的地空导弹和空空导弹,攻击的是高速的活动目标,要求导弹的机动性高、操纵性好。同时,由于导弹本身的飞行速度很高,一般是超声速或高超声速,阻力对燃料消耗量的影响很大,应力求导弹外形具有最小的阻力特性。近程反舰和反坦克导弹对付的是低速运动的活动目标,要求导弹具有良好的机动性和稳定性,控制系统结构简单,气动特性上并无过高的要求。而对中远程巡航导弹来说,则要求导弹具有良好的空气动力特性,升阻比大,横向稳定性好,发动机要有良好的进、排气与工作环境条件等。

1. 翼面在弹身周侧的布置形式

弹翼在弹身周侧的布置形式常用的有两种不同方案:一种是平面布置方案(亦称飞机式方案,面对称布置方案),这一方案的特点是导弹只有一对弹翼,对称地配置在弹身两侧的同一平面内;另一种是空间布置方案(亦称轴对称布置方案)。弹翼在弹身周侧的布置的各种形式,如图 1-1 所示。

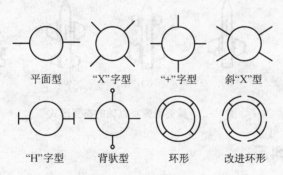

图 1-1 弹翼在弹身周侧的各种布置形式

面对称布置是从飞机移植而来的,它有阻力小、质量轻、倾斜稳定性好等特点,这一点对远程导弹的意义很大;其次,这种布局的导弹,其对称面一般通过目标,所以战斗部可采用定向爆炸结构,使质量大为减轻;第三,这种弹翼布置在载机上便于悬挂。但面对称布置的导弹侧向机动性差。这种布置在转弯时可采用下述办法:

平面转弯(侧滑转弯),即 STT 控制(Skid-to-Turn)技术:导弹转弯时不滚转,转弯所需

的向心力由侧滑角 β 产生,同时推力在 Y 方向也有一分量。在这种情况下,导弹在空间飞行时同时有攻角 α 和侧滑角 β,这两个角度的大小靠方向舵及升降舵的偏转来保证。这种转弯方法可以简化控制系统,但所产生的侧向力 Y 很小,侧向过载 n_y 也很小,故只能作平缓的侧向转弯,而不能作急剧的侧向机动。对于飞航导弹,当目标固定或速度不大时,由于不必在水平面内作急剧的机动动作,侧向力只起修正作用(因可能有航向导引误差及侧风),在这种情况下可以应用平面转弯。

倾斜转弯(协调转弯),即 BTT 控制(Bank-to-Turn)技术:导弹转弯前先作滚转动作,即通过副翼产生一个滚转力矩,导弹滚转一个 ϕ 角之后,使升力 L 偏转的同时产生侧向力 Y,至于升力的大小,则可以由攻角 α 来调整。这种转弯是通过副翼和升降舵同时协调动作来实现的,故也称之为协调转弯。

倾斜转弯可以获得较大的侧向力 Y 和侧向过载 n_y。但是,导弹在机动飞行过程中,要作大角度的滚转运动,过渡过程时间长,在弹道上振荡大,将导致较大的制导误差,给控制系统设计带来困难,对掠海飞行不利。

BTT 与 STT 导弹控制系统比较,其共同特点是两者都是由俯仰、偏航、滚动三个通道的控制系统组成,但各通道具有的功用不同。采用 BTT 技术的导弹与采用 STT 技术的导弹相比,在改善与提高战术导弹的机动性、飞行速度、作战射程和命中精度等方面均有优势,也提高了导弹与冲压发动机的兼容性。详见第 3 章。

2. 翼面沿弹身纵轴的布置形式

按照弹翼与舵面在弹身上不同的安装位置和控制特点,导弹有五种气动布局形式,即正常式布局(见图 1 - 2 中(a))、无翼式布局(见图 1 - 2 中(b))、鸭式布局(见图 1 - 2 中(c))、旋转弹翼式布局(见图 1 - 2 中(d))和无尾式布局(见图 1 - 2 中(e))。其中最常用的是正常式布局、鸭式布局和旋转弹翼式布局。

(a)　　　　　　(b)　　　　　　(c)　　　　　　(d)　　　　　　(e)

图 1 - 2　翼面沿弹身纵轴的布置形式

1.3.2　引信及战斗部

引信及战斗部(简称引战系统)是精确制导武器的有效载荷。精确制导武器一般是将战斗部准确、可靠地发射到目标区域,适时引爆战斗部才能有效地毁伤目标。引战系统主要包括引信、战斗部和安全引爆装置三部分。引信的作用是适时地引爆战斗部,对目标造成最大限度的杀伤,最佳引爆时机取决于目标类型及精确制导武器与目标的相对位置;战斗部的作用是摧毁被攻击的目标;安全引爆装置是为了保证精确制导武器使用维护时战斗部的安全性,同时又能保证引信可靠地引爆战斗部,它在精确制导武器发射后的飞行过程中逐级解除保险,全部保险解除后,引信可向战斗部传递引爆信息。

战斗部类型的选择与导弹对目标的杀伤效能和对战斗部炸点控制精度要求密切相关。常用的战斗部有:常规装药战斗部(包括爆破、聚能破甲、杀伤、碎甲战斗部等)、核战斗部和特种战斗部(激光、微波、碳纤维等)。

引信是指直接或间接地利用目标信息和环境信息,在预定条件下引爆或引燃弹药战斗部装药的控制系统或装置。它是弹药的重要组成部分,用于控制弹药战斗部在相对目标的最佳毁伤位置(或时机)处起爆。目标信息是表征目标物理场特征和目标状态的物理量,如目标的声、热辐射特征,电磁波反射、散射特征,磁、地震动特征以及目标的形状、尺度、强度、空间位置、姿态、速度、加速度特征等。环境信息包括弹药发射(投放、布撒)时引信经受的环境信息和目标所处的环境信息。前者如各种形式的作用力、气动加热等;后者如目标区的大气压力、水压力、地磁特征等。预定条件是保证引信自身使用安全和使各类战斗部充分发挥预定功能,特别是对目标发挥最大毁伤效能的相关条件,包括弹药正常发射使用时的各种环境条件、战斗部与目标各种交会条件、目标特征及引信作用方式、作用时间和引信启动区间等。引信的基本功能是保证勤务处理和发射使用时的安全,在预定发射或投放条件下可靠地解除保险,遇目标适时引爆或引燃战斗部主装药。

战斗部的主要特性是指对目标的毁伤能力,所以,通常用目标易损特性作为战斗部的分类依据。

1. 爆破型战斗部

爆破型战斗部常用于火炮发射的榴弹以及对地、对海目标的制导武器上。图 1-3 是典型的爆破战斗部。它应尽可能多装填炸药,当战斗部被引爆后,产生高温、高压的爆轰产物,作用于周围介质或目标本身,使目标遭受破坏。另外,炸药爆炸后产生爆轰产物猛烈地向四周膨胀,使弹丸壳体变形、破裂,形成破片,并赋予破片一定的速度向外飞散,靠其动能摧毁目标。超压是引起目标破坏的主要原因,其负压效应和壳体形成的破片作用可使毁伤效果进一步扩大。爆破战斗部有内爆型和外爆型两种,这类战斗部能对付战场多种类型目标。内爆型爆破战斗部用于对付较坚硬的目标,在命中目标条件下侵入目标

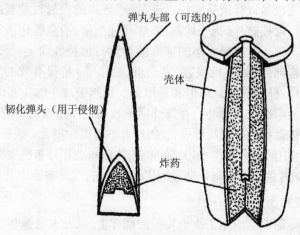

图 1-3　典型爆破战斗部

内部后再爆炸。当战斗部与较硬目标相碰时,战斗部壳体所采用的高韧高强特性材料,使战斗部能够承受高冲击载荷和一定的侵彻深度,这样才能起到良好的毁伤破坏效应。对付软目标如人和轻型建筑结构,冲击波的超压和比冲量以及超压作用时间,能产生侵彻和破坏效果(如轻型建筑结构物)。故外爆型战斗部适用于接近目标起爆,能起到预想的破坏效能。爆破型战斗部在对付水下目标时,因水密度大于空气,在一定限度内能增强爆破作用。

2. 杀伤型战斗部

杀伤型战斗部主要用于火炮发射的对地、对空射击的榴弹上,以及火箭弹和对地、对空的导弹。

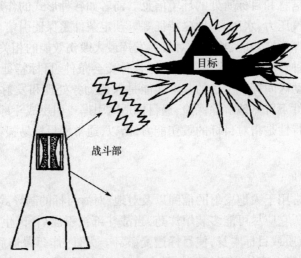

图 1 - 4　杀伤型战斗部

杀伤型战斗部(见图 1 - 4)内装的高能炸药装药起爆后,炸药在爆轰波作用下,驱动壳体经历膨胀、破裂直至破碎,形成大量高速破片抛向目标,靠破片动能或高比动能使人员、轻型装甲车辆、飞机等目标遭受毁伤。火箭弹、导弹的发射过载较小,所以壳体较薄,于是,采用预制破片、可控破片(指壳体刻槽、炸药柱刻槽、冶金脆化法等)技术,提高壳体形成破片的利用率。破片的质量大小的选取随对付目标特性而定。破片的效应对人员、空中目标的敏感要害部件(如飞机乘客、发动机、油箱等)是很有效的。破片形状可通过控制技术制成立方体、杆形、条形、球形和菱形等。预制破片在战斗部内的包装技术,应力求战斗部具有一定的承载能力,同时,在爆炸后单枚破片质量损失率应尽量小。自然破片是因炸药爆炸由壳体微裂纹扩展所形成,故破片大小随机性很大。表征杀伤型战斗部威力的主要参数有:破片初速、破片数量、破片质量、飞散角和破片分布密度等。战斗部的外形、传爆序列以及形成破片的金属重与炸药重的比值等,是直接影响破片主要威力的参数。

3. 杀伤/爆破型战斗部

这种形式的战斗部广泛应用于火炮发射的榴弹上,以及火箭弹和导弹的战斗部,主要用于对付工事、人员及设备(如雷达站等)。这种战斗部的结构参数选择及设计原理,应介于杀伤战斗部和爆破战斗部之间。当其爆炸时,产生强的破片效应和爆破效应,两种作

14

用的结合与叠加,产生连贯效应,增强了对目标的毁伤能力。

4. 分离杆式杀伤战斗部

这种类型的战斗部主要应用在空对空、地对空导弹上。实战表明,小的杀伤破片有时对付各类飞机目标显得威力不够,最理想的办法是破片能将空中目标的主要构件或框架结构切断。将大量的长杆形破片采用特殊的技术,置于炸药装药的周围,炸药起爆后,将这些长杆沿径向四周向外抛出,既有直线运动又有旋转运动,在预定的威力半径处,形成狭窄如线的杆条分布带,对遭遇目标产生非常有效的切割效应。虽然这种形状的破片速度衰减损失很快,但这类战斗部极适用于高空拦截和发射后自动寻的导弹上。

5. 连续杆式杀伤战斗部

这种战斗部又名条状层叠式杀伤战斗部,是在分离杆式战斗部基础上,把杆的端头交错地焊接起来,一根接一根形成连续杆式战斗部(见图 1－5),是对付空中目标非常有效的战斗部。杆的长度和厚度应与战斗部尺寸相匹配,与炸药装药相匹配,杆的截面为方形或梯形。连续杆头尾相接,通过爆轰波波形控制器技术扩展成环形,其扩张初速 1000 ～ 1600m/s。一旦与空中目标遭遇,扩张后的圆环像轮状切刀,具有切割飞机主要构件的能力,可使飞机立即被击毁。与破片式战斗部相比,该战斗部最大优点是杀伤效率高。缺点是对导弹制导精度要求高、生产成本较高。这种形式的战斗部是目前空对空、地对空、舰对空导弹上常用的战斗部类型之一。

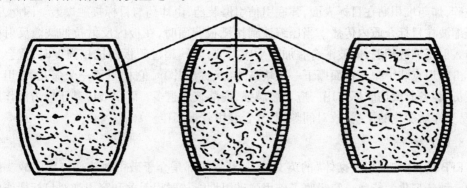

图 1－5　连续杆式战斗部

6. 聚能装药破甲战斗部

聚能装药又名空心装药、成形装药,是专门设计用于对付装甲目标的化学能弹种。常见的弹药有:反坦克聚能破甲弹、反坦克导弹的聚能战斗部、反军舰导弹的聚能爆破战斗部、聚能破甲航空炸弹以及线性聚能战斗部等。这种聚能破甲战斗部主要由壳体、炸药装药、金属药形罩(如锥形、喇叭形、双锥形等)、安全和保险执行机构等组成。金属药形罩起到能量会聚或集中作用,利用药形罩形成的高温、高压、高速射流侵彻目标。其破甲的机理是利用起爆空心排药装药所产生的爆破波,压垮金属药形罩,使罩形成金属射流和杆体,射流沿战斗部对称轴向外延伸拉长,具有很强的侵彻装甲能力。金属药形罩常用纯度高的紫铜制造,也可用铁、铝、钮等材料。一般罩质量的 20%(罩的内表面)形成射流,其头部运动速度高达 7000 ～ 9000m/s,尾部速度约为 1000m/s,罩质量的 80% 的金属则形成杆体,其速度低于射流约为 500m/s。

金属射流的侵彻威力靠的是金属射流所具有的高比动能(单位面积上的动能),其对装甲板的压力可高达 308MPa,装甲板在高压作用下迅速向径向分开,产生永久变形,破甲威力十分惊人,炸药装药不多且可穿透很厚的装甲,其穿深与装药直径成正比。性能较好的破甲战斗部,其侵彻深度可达 5~6 倍装药直径,甚至更高。

对付坦克装甲目标,侵彻性能无疑是重要的,但更应关注在装甲板后的后效作用。其基本作用形式有:射流本身的毁伤效应;射流破甲时装甲板形成二次破片飞散引起的毁伤效应;压力、温度、闪光等对乘员造成生理和心理的伤害。优越的射流性能、高破甲威力的稳定性和可靠性,需要采用优化设计技术、精密药形罩技术、精密装药技术和精密装配技术来保证。

近年来,坦克等装甲目标上披挂了爆炸反应装甲(ERA),干扰金属射流的破甲效应,为此发展了串联式聚能破甲战斗部,前置战斗部用于破坏爆炸反应装甲,后置战斗部用于对付主装甲。目前反坦克导弹的聚能破甲战斗部,其破甲能力普遍达到 1000mm,有的达到 1250mm。坦克的顶装甲较薄弱,最近又研制成击顶破甲战斗部技术。

7. 碎甲战斗部(或称碎甲弹)

碎甲弹,英国称为碎头榴弹(HESH),美国称为塑性榴弹,它是基于应力波机理破坏装甲的化学能弹。该弹底部装引信,而壳体较薄,内装炸药量大。当弹目相撞时,薄壳变形破碎,炸药堆积贴在目标表面,弹底引信引爆装药,由炸药与目标接触爆轰。因此,高速的压缩波在目标介质内传播。当压缩波到达靶板背面时,在板内反射拉伸波。反射拉伸波与入射压缩波相遇,两波汇合叠加产生应力波,当其超过靶板的抗拉强度时,就会导致被打击的坦克装甲靶板背面撕下一大块破片(又称痂片)。它相当于一个弹丸,对坦克内部人员、装备起毁伤破坏作用。应力波越强,崩落破片越多。碎甲效应基于应力波作用机理,易受介质变化的干扰,故对间隙靶、复合装甲效果不佳。

8. EFP 战斗部

EFP 是"爆炸成形侵彻体"的英文缩写,其战斗部是介于破甲战斗部与穿甲战斗部之间的一种新型化学能弹。它吸收了破甲弹破甲性能与射程无关和穿甲弹对目标毁伤威力大的特点,形成一种全新的战斗部装药结构,已应用在末敏弹、航弹、地雷和反坦克导弹中。战斗部上设置多个 EFP,可提高对目标的毁伤效能。

EFP 的性能特征是:金属药形罩在炸药爆轰加载作用下,经压垮、翻转和闭合而形成 EFP,它在很大程度上取决于装药及其几何结构。装药外壳、金属药形罩的几何结构,与小锥角金属药形罩聚能装药结构相比,有下列特征:EFP 形成条件是罩角应足够大(110° ~140°)。理论研究表明锥角为 137° 时,则不会产生金属射流,小于 137° 时,则可能形成射流和杆体合一的 EFP。对球缺罩应具有足够大的曲率半径,通常曲率半径取 (1~1.36) dk(dk 是罩口部直径)较合适。同时还要考虑合理的罩厚及分布,材质延性应好,否则锻造不出 EFP,可能被拉断成破片。

EFP 的初速约为 2000~3000m/s,其大小取决于罩材、罩结构、起爆传爆方式等。EFP 的直径约为罩径的 40%~60%。EFP 质量一般为罩重的 70% 以上。合理装药和罩结构,

EFP 质量可接近罩重。可见 EFP 特征是速度低、直径大、质量大。EFP 的侵彻性能是：适当炸高条件下，对靶板的最佳穿深约为 1 倍装药直径，后效远大于射流。故对装甲目标内部的毁伤效果比射流强。在炸高等于 800 ~ 1000 倍装药口径时，飞行稳定的 EFP，其侵彻能力未见明显下降，说明 EFP 对炸高不敏感。

9. 穿甲弹

穿甲弹是毁伤坦克、自行火炮、舰艇以及步兵战车等装甲目标的重要弹药。该弹是靠弹撞击目标时的功能或高比动能形成机械力侵彻和贯穿目标，故常称动能弹。动能弹主要配用在炮口动能大的反坦克加农炮、坦克炮和高射炮上。

穿甲弹的结构原理演变及性能的提高，是随战场装甲目标的发展而不断完善和更新的，已由实心弹、普通穿甲弹、半穿甲弹、次口径超速穿甲弹发展成尾翼稳定脱壳穿甲弹。尾翼稳定脱壳穿甲弹，简称杆式弹，其长径比已由 12 增至 29.4，是对付复合装甲和反应装甲最有效弹种之一。该弹由飞行体和弹托组成，飞行体包含侵彻体、尾翼、风帽、被帽、曳光管及压螺等。其中风帽作用是改善弹形、被帽及侵彻体，由高强、高硬材料（如优质合金钢、钨合金、贫铀合金等）制作，以确保火炮膛内发射强度，以及大着角穿甲性能。侵彻体上制有多个锯齿形槽以便与弹托连接。为了减小空气阻力和提高射击密集度，6 片尾翼取 53° 后掠角。弹托包括三块呈 120° 扇形截面的卡瓣、滑动弹带、橡胶密封圈和前、后紧固环等，每个卡瓣有 2 个与弹轴成 45° 的斜孔，弹托前后环形凹槽起减重作用，以利脱壳。

10. 子母式弹药

子母式弹药是各种弹药（炮弹、火箭弹、导弹和航空炸弹等）为扩大面毁伤威力，在弹药技术上的革新成果。对地面远程火炮来说，子母炮弹的出现使间瞄火炮武器系统具有直接参与远程攻击面目标的能力，从而增强了火炮的活力。由于弹药性能的改进和提高，故称之为改进的常规弹药（ICM）。实战证明，如 152mm 口径榴弹，对人员毁伤面积为 $800m^2$，改为杀伤型子母弹后杀伤面积可增至 $7524m^2$，后者是前者杀伤威力的 9 倍多。另据报道，摧毁一辆坦克需发射普通榴弹 1500 发，而采用双功能多用途 M483A1 子母弹只需 250 发。在同样条件下，后者效率是前者的 6 倍，大大提高了效费比。所以，各国都在大力发展子母弹，将其作为发展重点。

任何一种子母式弹药，都是在一个母弹（或战斗部）内装上众多小的子弹药（本身含炸药及起爆装置）。母弹（或战斗部）在目标区上空通过火药推动或爆炸分离等方式将子弹从母弹中推出或去掉战斗部的外皮，然后子弹靠空气动力和重力作用离开母弹被抛撒出来，并以一定的随机分布密度攻击目标。

11. 非致命弹药技术

非致命武器是指专门设计的、用于使人员或武器装备失去作战能力或效能，同时使死亡和附带破坏为最小的武器，其中含非致命弹药（Non-ammunition）。国内称"软杀伤"弹药，以区别传统的"硬杀伤"弹药（如用杀伤、爆破、穿甲、破甲等对目标的毁伤）。"软杀伤"弹药至今尚无完整的概念，但可理解为：不是利用弹丸的动能或携带炸药的弹丸直接摧毁敌方武器装备和人员，而是利用声、光、电、化学等特殊技术途径和手段，暂时或永久地降低目标的作战效能,即软硬杀伤的目的相同,但"软杀伤"在某些方面具有其特殊的优点。国内外有些警用弹药也属于非致命弹药。据报道,在海湾战争中,战斧巡航导弹上曾经使用了4种类型的战斗部,其中有2种是"软杀伤"技术战斗部。

(1)碳纤维战斗部技术:这种战斗部又名电力干扰弹药,战斗部装有大量镀覆金属的碳纤维丝带团,利用微弱爆炸(或燃烧)驱动力,将其抛撒到发电厂供电的高压线电网上使其短路。当短路时间大于电网短路跳闸时间阈值,立刻造成电网断电,而发电厂仍完好未遭破坏。在已造成高压线短路停电情况下,在没有清除飘落到高压线上的碳纤维前,会继续发挥短路效应,难以恢复供电。

(2)大功率微波战斗部技术:这种战斗部技术是利用特殊手段产生微波辐射、干扰而毁伤电子系统,如破坏敌方控制指挥中心和防空系统神经中枢(电子计算机芯片或微电子器件),使指挥失效,程序混乱。

另外,还有激光武器、次声武器和失能弹等多种非致命武器和弹药。

1.3.3 制导系统

制导武器的制导与控制系统是保证制导武器在飞行过程中,能够克服各种干扰因素,按照预先规定的弹道或根据目标的运动情况随时修正自己的弹道,命中目标的一种自动控制系统。制导系统以导弹为控制对象,包括导引系统和控制系统两部分。制导系统是导引系统与控制系统的总称。

1. 制导系统的功能和组成

将导弹导向并准确地命中目标是制导系统的中心任务。为了完成这个任务,制导系统必须具备下列两个基本功能:

(1)导弹在飞向目标的过程中,不断地测量导弹和目标的相对位置,确定导弹的实际运动相对于理想运动的偏差,并根据所测得的运动偏差形成适当的操纵指令,此即"导引"功能。

(2)按照导引系统所提供的操纵指令,通过控制系统产生一定的控制力,控制导弹改变主动状态,消除偏差的影响,即修正导弹的实际飞行弹道,使其尽量与理论弹道(基准弹道)相符,以使导弹准确地命中目标,此即"控制"功能。

制导武器制导系统的基本组成如图1-6所示,包括导引系统和飞行控制系统两部分。

导引系统一般由测量装置和导引计算机(装置)组成,其功能是测量导弹相对理论弹道或目标的运动偏差,按照预先设计好的导引规律,由导引计算机形成控制指令。该控制指令通过导弹控制系统控制导弹运动。

导弹飞行控制系统,一般由姿态敏感元件、控制器和伺服机构组成。在制导系统中,一般将飞行控制系统称为稳定回路或"小回路",其主要功能是保证导弹在导引指令作用下沿着要求的弹道飞行并能保证导弹的姿态稳定不受各种干扰的影响。早期的飞行控制系统一般在弹上可独立成为系统,又被称为"自动驾驶仪"。

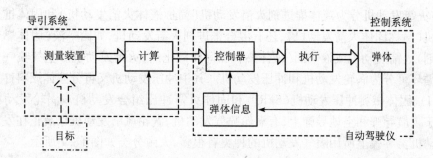

图 1-6　制导控制系统框图

2. 制导系统的分类

制导武器可选用的制导系统类型很多,按制导系统的特点和工作原理,可分为自主制导、遥控制导、自动寻的制导和复合制导系统。

按照制导中指令传输方式和所用能源不同,可分为有线制导、无线电制导、红外制导、激光制导及电视制导等。

按飞行弹道又可分为初始段制导、中段制导和末段制导。

制导系统是精确制导武器的核心,正是有了制导系统,制导武器可被划为信息化弹药。

1.3.4　推进装置

有推进装置的制导武器又称为导弹。推进装置是导弹武器的一个重要分系统,它的主要作用是为导弹提供飞行动力,以保证导弹获得所需的速度和射程。导弹推进装置产生推力的主要部件是发动机。目前导弹上所用的发动机都是喷气发动机。喷气发动机将推进剂的化学能转化为燃气的热能,然后又转化为燃气的动能,最后转化为对导弹的反作用力——推力,所以它既是动力装置,又是推进装置。但是发动机除了作为动力装置和推进装置这两个基本作用外,也参加导弹的控制。一方面,由于推进系统是导弹上唯一具有显著变质量性质的系统,又是产生推力的装置,它必然影响导弹的控制;另一方面,由于发动机的推力不仅可以推动导弹前进,也可用以操纵导弹的侧向移动和滚动。所以推进系统对导弹来说,既是要控制的对象,又是可用于控制的参量。这就是推进系统对导弹控制的两重性。当然,导弹上有专门起控制作用的控制系统,但它主要依靠外力控制,而发动机推力控制则是一种内力控制。例如,根据弹道要求调整推力的大小,甚至使推力中止和根据姿态要求进行推力向量控制等。但推进系统作为导弹的一个分系统,除了起到推进和控制的作用之外,对导弹的战术技术性能的影响也很大。它在导弹上的配置将影响导弹的总体布局、气动性能、弹道性能及使用性能等。

导弹用的发动机都是喷气发动机,利用反作用原理工作。目前喷气发动机都是利用化学能,其他以核能、电磁能、太阳能或激光能为能源的喷气发动机尚未在导弹上使用。喷气发动机一般可分为火箭发动机、空气喷气发动机和组合发动机。火箭发动机所用的推进剂—燃料和氧化剂—全部自身携带,因此可以在高空和大气层外使用,而空气喷气发动机是利用空气中的氧气与所携带的燃料燃烧产生高温燃气。按照推进剂是液态还是固态,可将火箭发动机分为液体推进剂火箭发动机(简称液体火箭发动机)和固体推进剂火箭发动机(简称固体火箭发动机),还有混合推进剂火箭发动机,如固—液(固体燃料和液体氧化剂)火箭发动机或液—固(液体燃料和固体氧化剂)火箭发动机。空气喷气发动机按工作循环可分为涡轮发动机和冲压发动机。其中冲压发动机又可分液体燃料冲压发动机(LFRJ)、固体燃料冲压发动机(SFRJ)和固体火箭冲压组合发动机。涡轮发动机目前主要用于飞航导弹和空地导弹上,有涡轮喷气发动机、涡轮风扇发动机以及正在发展中的桨扇发动机。导弹上所用喷气发动机的种类有很多,大致分类如图 1 - 7 所示。

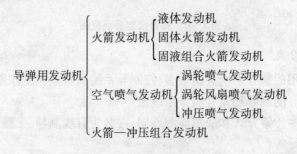

图 1 - 7　喷气发动机分类

随着现代科学技术的发展,已进一步将不同工作循环的发动机组合在一起作为导弹的动力,在导弹推进系统范畴内,有多种不同构型的组合发动机,如火箭—冲压组合发动机和涡轮—冲压组合发动机等。目前,整体式火箭—冲压组合发动机在导弹上的应用受到国内外普遍重视。这种组合发动机是火箭发动机和冲压发动机在工作循环和结构上有机结合而成,助推器和冲压发动机共用同一燃烧室,由于压力不同,助推器、冲压发动机有各自的喷管,嵌套安装。为便于导弹总体布局,减小气动阻力,整体式火箭—冲压发动机和导弹采用一体化设计技术,通常发动机本体直接构成弹体的后半段,选用的进气道类型有轴对称和二元进气道,这样不仅具有较高的进气效率,又能提供导弹机动飞行的法向力。当发动机启动时,助推器首先点火工作,助推器药柱燃烧完毕后,腾出了共用的燃烧室空间,同时,助推器的专用喷管脱落,进气道出口处的堵盖被打开,这时就成了固冲续航或液冲续航发动机了。固冲发动机采用燃气发生器,富燃料燃气喷入补燃室,与冲压空气掺混补燃,释放能量,通过冲压喷管转为功能,产生推进冲量。液冲发动机采用泵或挤压式供油系统,使用燃油调节器对供油进行调节。

冲压发动机具有结构简单、质量轻、成本低、推重比高、内部无转动部件和经济可靠的独特优点。但其工作条件较苛刻,低速时推力小,耗油率高,静止时不产生推力,给使用造成了一定的困难。冲压发动机的单位面积推力大,飞行速度越大,效率越高,这为超声速飞行提供了可能。冲压发动机最适宜于 $2 < Ma < 4$ 的高空飞行。在这个飞行范围内,它的推力因数大、燃油消耗率低、比冲较高。据估计,对飞行速度 $Ma = 2$,冲压发动机的质量是涡喷发动机的1/5,制造成本只有其1/20。

涡喷发动机的主要优点是耗油率低、比冲高。其缺点是构造复杂、成本高。其特性主要取决于压气机的增压比和涡轮前燃气温度。

固体火箭发动机具有结构简单、工作可靠、使用操作简便、安全性好、成本低、可长期储存、迅速启动等优点。并且在总质量相同的条件下,最大推力大,导弹的加速性能好。耐烧蚀喷管研制成功后,其工作时间可达数百秒,更增大了固体火箭发动机的应用范围。虽然固体火箭发动机在战术导弹上使用具有很多优点,但它的比冲低,环境温度对发动机的特性影响大,推力难调节,特别在比冲、密度、燃速、机械性能等方面受到限制,一般多在短程导弹上使用。

液体火箭发动机的优点是发动机本身的质量较小,特别是对于大推力、长时间工作的发动机;比推力高;可多次启动、关机及调节推力;发动机工作时间比较长。但系统结构复杂,成本较高,使用不方便,燃料毒性大,不便于长期储存,所以在战术导弹上使用受到限制。

根据固体和液体火箭发动机的特点,一般来说,对大型运载火箭宜采用液体火箭发动机,对于有翼导弹和弹道导弹,宜采用固体火箭发动机,以提高武器的作战使用性能。

火箭—冲压组合发动机是一种新型发动机,它同时具有火箭发动机和冲压发动机的特性,可完成导弹起飞、加速和续航飞行。它结构紧凑、质量小、推力大、比冲高,是导弹动力装置中很有优势的一种发动机。

1.3.5　能源装置

弹上能源装置是为精确制导武器弹上制导系统、引信战斗部等可靠工作提供所需电源或气源的装置或部件。

1.4　精确制导武器的战术技术指标

制导武器系统战术技术指标要求是指导弹完成特定的战术任务而必须保证的战术性能、技术性能和使用维护条件的总和。由于内容很多,不可能全部列出来,而且对每一种制导武器,其项目可增可减。但主要包括下列几个方面。

1.4.1　战术要求

(1)目标特征:通常设计一种制导武器要能对付几种目标,应给出典型目标的特性。例如目标是飞机时,就要说明:飞机名称、类型;飞行性能(如速度、高度、机动能力等);防护设备、装甲厚度与布置;外形及其几何尺寸;要害部位(驾驶员、发动机、油箱等);反射电磁波、辐射红外线的能力;防御武器及其性能;各种干扰措施等。

(2)发射条件:对于防空导弹,应说明发射点的环境条件、作战单位发射点的布置、发射点数、发射方式、发射速度等。对于空射导弹,应说明载机的性能、悬挂和发射导弹的方式、瞄准方式和发射条件(方位角、距离等)。对于水上或水下发射的制导武器,应说明运载舰艇、潜艇的主要数据、发射方式及环境条件等。

(3)制导武器的性能:制导武器的性能实质上指的是制导武器的作战能力,主要包括飞行性能、制导精度、威力、突防能力和生存能力、可靠性、使用性能、经济性能等。

(4)制导武器的杀伤概率:制导武器的杀伤概率(毁伤概率)是制导武器最重要的、最能代表性能优劣的主要战术指标。单发制导武器的杀伤概率除了取决于制导精度,弹体与目标的遭遇参数,引信和战斗部的配合效率,战斗部的威力大小等因素以外,还与目标要害部位分布情况及目标的易损性有关。

(5)制导系统的主要特征:发现目标的距离,制导精度,抗干扰能力等。

(6)其他要求:对单个目标和群体目标的作战能力,发射导弹的准备工作时间,二次发射的可能性等。

1.4.2　主要技术要求

为完成特定的战术任务,制导武器系统应满足以下几个方面的技术要求:

(1)导弹的外廓尺寸及起飞质量限制。

(2)制导控制系统的类型、质量和尺寸。

(3)动力装置的类型、燃料类型、质量与尺寸。

(4)材料的要求、限制及来源。

(5)作战环境条件:高度、温度、湿度等。

1.4.3　使用维护要求

在满足战术技术指标要求的同时,制导武器系统还应具备以下几种使用维护条件:

(1)部件互换能力。

(2)在技术站进行装配的快速性及自动检测设备工作状态的要求。

(3)装配、检验、加油、安装战斗部的安全条件。

(4)战时维修的简便性。

(5)导弹的储存条件及时间。

(6)导弹定期检查的工作内容。接近设备的开敞性、可达性。

(7)导弹包装、运输方式及条件等。

(8)导弹的使用期限、超期服役和定期检查的期限。

对于以上所述各项,已有许多规范,这些规范都有着通用性、完整性、适应性、相关性和强制性。

思考与练习

1-1　分析精确打击武器系统的主要组成部分及系统工作过程。

1-2　分析精确制导武器的组成和各部分的作用。

1-3　分析精确制导武器制导系统的功能和组成。

1-4　分析复杂电磁环境将影响到精确打击的哪些战技指标。

第 2 章　制导武器的基本数学模型

2.1　坐标系统

2.1.1　常用坐标系的定义

刚体制导武器的空间运动可以分为两部分:质心的平移运动和绕质心的转动。描述任意时刻的空间运动需要六个自由度:三个质心运动和三个角运动。当制导武器在大气中高速飞行时,其上作用着重力、发动机的推力以及极大的空气动力和气动力矩,导致制导武器发生弹性变形和空气动力学特性变化,而弹性变形的影响将会叠加到刚体制导武器的空间运动中。此外,分布在制导武器内部的部件与质量也将发生运动和变化(例如,动力装置等),因此,所谓的刚体制导武器实际上是作为一个刚体系统来描述的。

作用在制导武器上的重力、发动机推力和空气动力及其相应力矩的产生原因是各不相同的,因此,如何选择合适的坐标系来方便确切地描述制导武器的空间运动状态是非常重要的。例如,选择地面坐标轴系来描述制导武器的重力是比较方便的,选择弹体坐标轴系描述发动机的推力是很合适的,而选择气流坐标轴系描述空气动力就非常方便。

由此可见,合理地选择不同的坐标系来定义和描述制导武器的各类运动参数,是建立制导武器运动模型进行飞行控制系统分析和设计的重要环节之一。在通常情况下,由于制导武器运动模型的参数是定义在不同坐标系上的,那么在建模过程中通过坐标系变换进行向量的投影分解是不可避免的。因此,本节将首先定义和讨论必要的坐标系以及坐标系之间的转换方法。

1. 地面坐标轴系(earth-surface inertial reference frame)$S_g - O_g x_g y_g z_g$

(1)在地面上选一点 O_g;

(2)$O_g x_g$ 轴在水平面内指向某一方向;

(3)$O_g z_g$ 轴垂直于地面指向地心;

(4)$O_g y_g$ 轴垂直于 $O_g x_g z_g$ 平面,指向由右手定则确定。

在很多制导武器动力学问题中,可忽略地球自转和地球公转,此时该坐标系可看作惯性坐标系。制导武器的位置、姿态以及速度、加速度等都是相对于该坐标来衡量的。

2. 弹体坐标轴系(aircraft-body coordinate frame)$S_b - Oxyz$

(1)原点 O 取在制导武器质心处,坐标系与武器固连;

（2）Ox 轴在制导武器对称平面内，并平行于制导武器的设计轴线指向头部；

（3）Oy 轴垂直于制导武器对称平面指向弹身右方；

（4）Oz 轴在制导武器对称平面内，与 Ox 轴垂直并指向下方。

气动力矩的三个分量——俯仰力矩、偏航力矩和滚转力矩，通常在弹体坐标轴系的三个轴上定义，以便分析制导武器的角运动。

3. 气流坐标轴系（wind coordinate frame）$S_a - Ox_a y_a z_a$

（1）原点 O 取在制导武器质心处，坐标系与武器固连；

（2）Ox_a 轴始终指向空速方向；

（3）Oz_a 轴在制导武器对称平面内与 Ox_a 轴垂直并指向下方；

（4）Oy_a 轴垂直于 $Ox_a z_a$ 平面并指向弹身右方。

气流坐标系又称速度坐标系，气动力的三个分量——升力、阻力和侧力就是在气流坐标系中定义的。

4. 航迹坐标轴系（弹道坐标轴系）（path coordinate frame）$S_k - Ox_k y_k z_k$

（1）原点 O 取在制导武器质心处，坐标系与武器固连；

（2）Ox_k 轴始终指向地速方向；

（3）Oz_k 轴位于包含飞行速度 V 在内的铅垂面内，与 Ox_k 轴垂直并指向下方；

（4）Oy_k 轴垂直于 $Ox_k z_k$ 平面，指向按右手定则确定。

航迹坐标系的 Ox_k 轴指向地速方向，而气流坐标系的 Ox_a 轴指向空速方向，当风速不为零时，两者方向不同；只有在风速为零时，两者方向才一致。

2.1.2 常用坐标系间的转换

为了方便地描述制导武器的空间运动状态，必须选择合适的坐标系。如果选定弹体坐标轴系来描述制导武器的空间转动状态，那么对于推力而言则很方便，直接可以在弹体坐标轴系中描述，而空气动力则需要由气流坐标轴系转换到弹体坐标轴系，重力则需要由地面坐标轴系转换到弹体坐标轴系，只有这样才能使得作用在不同坐标系中的力统一到选定的坐标系中，并由此可以建立沿着各个轴向的力方程以及绕着各轴的力矩方程。综上所述，坐标系之间的转换是建立制导武器运动方程不可缺少的重要环节。

1. 地面坐标轴系与弹体坐标轴系之间的转换

弹体相对地面坐标系的姿态，通常用三个角度（称欧拉角）来描述。

俯仰角 θ（pitch angle）：弹体轴 Ox 与水平面间夹角，抬头为正。

偏航角 ψ（yaw angle）：弹体轴 Ox 在水平面上的投影与地轴 $O_g x_g$ 间夹角，头部右偏航为正。

滚转角 ϕ（roll or bank angle）：弹体轴 Oz 与通过弹体轴 Ox 的铅垂面之间的夹角，弹体向右滚转时为正。

首先，将地面坐标系原点平移至弹体坐标系原点，然后，由弹体的三个姿态角，按照连续旋转的方法，不难分步写出两坐标系间的转换关系。

（1）由地面坐标轴系 S_g 转动偏航角 ψ 到过渡坐标轴系 $S' - Ox'y'z'$，即

$$\begin{bmatrix} x' \\ y' \\ z' \end{bmatrix} = \begin{bmatrix} \cos\psi & \sin\psi & 0 \\ -\sin\psi & \cos\psi & 0 \\ 0 & 0 & 1 \end{bmatrix} \begin{bmatrix} x_g \\ y_g \\ z_g \end{bmatrix} \tag{2-1}$$

（2）由过渡坐标轴系 $S' - Ox'y'z'$ 转动俯仰角 θ 到过渡坐标轴系 $S'' - Ox''y''z''$，即

$$\begin{bmatrix} x'' \\ y'' \\ z'' \end{bmatrix} = \begin{bmatrix} \cos\theta & 0 & -\sin\theta \\ 0 & 1 & 0 \\ \sin\theta & 0 & \cos\theta \end{bmatrix} \begin{bmatrix} x' \\ y' \\ z' \end{bmatrix} \tag{2-2}$$

（3）由过渡坐标轴系 $S'' - Ox''y''z''$ 转动滚转角 ϕ 到弹体坐标轴系 S_b，即

$$\begin{bmatrix} x \\ y \\ z \end{bmatrix} = \begin{bmatrix} 1 & 0 & 0 \\ 0 & \cos\phi & \sin\phi \\ 0 & -\sin\phi & \cos\phi \end{bmatrix} \begin{bmatrix} x'' \\ y'' \\ z'' \end{bmatrix} \tag{2-3}$$

（4）由地面坐标轴系 S_g 到弹体坐标轴系 S_b 的转换矩阵为

$$C_g^b = \begin{bmatrix} \cos\theta\cos\psi & \cos\theta\sin\psi & -\sin\theta \\ \sin\theta\cos\psi\sin\phi - \sin\psi\cos\phi & \sin\theta\sin\psi\sin\phi + \cos\psi\cos\phi & \cos\theta\sin\phi \\ \sin\theta\cos\psi\cos\phi + \sin\psi\sin\phi & \sin\theta\sin\psi\cos\phi - \cos\psi\sin\phi & \cos\theta\cos\phi \end{bmatrix} \tag{2-4}$$

地面系到弹体系的转换关系如图 2-1 所示。

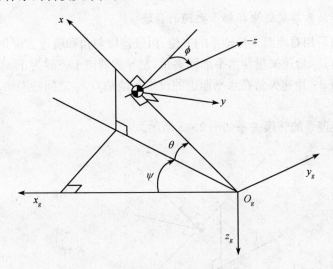

图 2-1　地面系到弹体系的转换关系

2. 弹体坐标轴系与气流坐标轴系之间的转换

弹体坐标轴系与气流坐标轴系之间的关系，通常由两个气流角来确定，分别是攻角 α 和侧滑角 β。

攻角 α（angle of attack）：空速矢量在制导武器对称平面上的投影与弹体轴 Ox 之间的夹角。投影线在弹体轴 Ox 下面为正。

侧滑角 β（sideslip angle）：空速矢量与制导武器对称平面之间的夹角。空速矢量在

武器对称面右侧为正。

以弹体坐标系为基准,依次旋转 $-\alpha$ 和 β,就可与气流坐标系重合。需特别注意的是,旋转方向必须是当前坐标轴的正轴方向。

$$C_b^a = \begin{bmatrix} \cos\beta & \sin\beta & 0 \\ -\sin\beta & \cos\beta & 0 \\ 0 & 0 & 1 \end{bmatrix} \begin{bmatrix} \cos\alpha & 0 & \sin\alpha \\ 0 & 1 & 0 \\ -\sin\alpha & 0 & \cos\alpha \end{bmatrix} = \begin{bmatrix} \cos\alpha\cos\beta & \sin\beta & \sin\alpha\cos\beta \\ -\cos\alpha\sin\beta & \cos\beta & -\sin\alpha\sin\beta \\ -\sin\alpha & 0 & \cos\alpha \end{bmatrix}$$

$$(2-5)$$

弹体系到气流系的转换关系如图 2 - 2 所示。

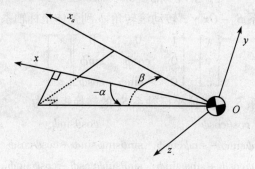

图 2 - 2 弹体系到气流系的转换关系

3. 地面坐标轴系与航迹坐标轴系之间的转换

航迹坐标轴系相对地面坐标轴系的方位,由航迹倾斜角和航迹方位角确定。

航迹倾斜角 μ:地速矢量与水平面间夹角,制导武器向上飞时为正。

航迹方位角 φ:地速矢量在水平面上的投影与地轴 $O_g x_g$ 之间的夹角,投影在 $O_g x_g$ 轴右侧为正。

地面系到航迹系的转换关系如图 2 - 3 所示。

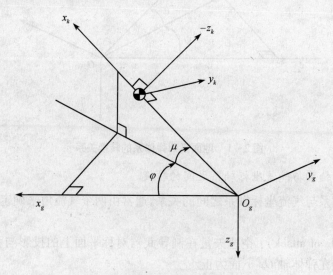

图 2 - 3 地面系到航迹系的转换关系

以地面坐标系为基准,依次旋转 φ 和 μ,就可与航迹坐标系重合。

$$C_g^k = \begin{bmatrix} \cos\mu & 0 & -\sin\mu \\ 0 & 1 & 0 \\ \sin\mu & 0 & \cos\mu \end{bmatrix} \begin{bmatrix} \cos\varphi & \sin\varphi & 0 \\ -\sin\varphi & \cos\varphi & 0 \\ 0 & 0 & 1 \end{bmatrix} = \begin{bmatrix} \cos\mu\cos\varphi & \cos\mu\sin\varphi & -\sin\mu \\ -\sin\varphi & \cos\varphi & 0 \\ \sin\mu\cos\varphi & \sin\mu\sin\varphi & \cos\mu \end{bmatrix}$$

$$(2-6)$$

4. 航迹坐标轴系与气流坐标轴系之间的转换

无风情况下,地速与空速相同,则 Ox_a 和 Ox_k 同轴,两坐标轴系之间的关系只需一个角度——速度滚转角 γ,即可确定。γ 定义为速度轴 Oz_a 与通过速度轴 Ox_a 的铅垂面间夹角,绕速度矢量向右滚转时为正。由航迹坐标系向气流坐标系的转换矩阵为

$$C_k^a = \begin{bmatrix} 1 & 0 & 0 \\ 0 & \cos\gamma & \sin\gamma \\ 0 & -\sin\gamma & \cos\gamma \end{bmatrix}$$

$$(2-7)$$

5. 欧拉角联系方程

各坐标系间的方向余弦阵的逆即为该方向余弦阵的转置;各坐标系之间的方向余弦阵具有传递性,因此有

$$C_k^a \cdot C_g^k = C_b^a \cdot C_g^b = C_g^a$$

$$(2-8)$$

坐标系转换关系如图 2-4 所示。

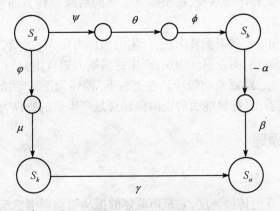

图 2-4　坐标系转换关系图

展开可得 φ、μ、γ 与 θ、ψ、ϕ、α、β 八个欧拉角之间的联系方程。在八个欧拉角中,只有五个是独立的,即已知其中的五个,通过联系方程可确定其余三个欧拉角。

$$\begin{cases} \sin\mu = \cos\alpha\cos\beta\sin\theta - \cos\theta(\sin\beta\sin\phi + \sin\alpha\cos\beta\cos\phi) \\ \sin\varphi\cos\mu = \cos\alpha\cos\beta\cos\theta\sin\psi + \sin\beta(\sin\theta\sin\psi\sin\phi + \cos\psi\cos\phi) \\ \qquad\quad + \sin\alpha\cos\beta(\sin\theta\sin\psi\cos\phi - \cos\psi\sin\phi) \\ \sin\gamma\cos\mu = \cos\alpha\sin\beta\sin\theta + \cos\theta(\cos\beta\sin\phi - \sin\alpha\sin\beta\cos\phi) \end{cases}$$

$$(2-9)$$

2.2　作用在制导武器上的力和力矩

在飞行中,作用在制导武器上的力主要有气动力、发动机推力和重力。

气动力是空气对在其中运动的物体的作用力。由于作用线一般不通过制导武器质心,因此气动力可归结为一个作用于武器质心处的合力 R_Σ(总空气动力)和一个绕其质心的合力矩 M_Σ(总空气动力矩)。

推力是发动机工作时,发动机内燃气流高速喷出,从而在制导武器上形成与喷流方向相反的作用力,它是制导武器飞行的动力。通常推力矢量与弹体纵轴重合,若推力作用线不通过制导武器的质心,还将形成对质心的推力矩。

2.2.1　制导武器的操纵机构

作用在制导武器上的力和力矩决定着制导武器的运动,因此,为了控制制导武器的运动必须改变这些作用在武器上的力和力矩,并使它们按照所要求的规律进行改变。具有常规布局制导武器的运动一般是通过升降舵(elevator)、方向舵(rudder)、副翼(ailerons)来改变作用在弹体上的力和力矩,从而达到控制制导武器的运动。

通常采用由制导武器尾部后视,按照操纵舵面的后缘偏转方向来定义操纵舵面的偏转极性。

(1)升降舵偏转角 δ_e:向下偏转为正,产生的俯仰力矩 M_A 为负,即产生低头力矩;

(2)方向舵偏转角 δ_r:向左偏转为正,产生的偏航力矩 N_A 为负;

(3)副翼偏转角 δ_a:副翼差动偏转,"左上右下"偏转为正,产生的滚转力矩 L_A 为负。

由上述定义可以看出,操纵舵面的正向偏转总是产生负的操纵力矩。

2.2.2　空气动力原理

1. 音速 a 与马赫数 Ma

所谓音速就是声音的传播速度,它是声源体的振动带动周围空气一起振动所致,即声源振动体的振动迫使空气层时而"压缩",时而"膨胀",也就是对空气产生了一种扰动,这种扰动会使空气一层层相继传递下去,犹如水中投石形成圈圈水波一样,不断地播向四面八方。其传播速度就是音速。

正常状态下,空气中的音速可表示成

$$a = 20.1 \sqrt{T} \ \text{m/s}$$

标准状态下,$T = 288\text{K}$,计得

$$a = 340\text{m/s}$$

同一气体,音速随温度的升高而增大。音速的大小还与气体的性质有关,故不同气体也有不同的音速。再有,气体的压缩性还随它的状态参数的变化而变化。于是,在一个非均匀、非定常流场中,流场中各点的状态参数不同,各点的音速也不同,所以这种情况下的

音速,指的是某一点在某一瞬时的音速,即所谓当地音速。

正是因为音速具有上述特性,因此飞行器在不同的大气状态下飞行时,不能用同一个音速值来量度飞行速度的大小及其接近或超过音速的程度,这就出现了飞行速度与当地音速之比这么一个无量纲准数 Ma 数:

$$Ma = \frac{V}{a}$$

因该准数由奥地利物理学家马赫首先提出,故称为马赫数。Ma 数可直截了当地显示出飞行速度与音速的接近或超过程度。比如,$Ma = 1$,就称达到了音速;$Ma < 1$,就称亚音速;$Ma > 1$,就称超音速。其大于或小于多少,可直接看出。

2. 阻力和升力产生机理

升力垂直于飞行方向向上,它托浮飞行器在空中不下落;阻力则顺气流的方向向后,它阻止飞行器前进,需要付出功力克服掉它才得以前进。

由于压差阻力的计算公式推导起来较为直观,所以首先从阻力讲起。弹翼(机翼)的阻力由三部分组成,即摩擦阻力、压差阻力和诱导阻力。摩擦阻力与空气粘性有关,这个力在飞行器不动时是不存在的,但只要一动,不管低速高速,它总是存在的,动得越快,摩擦阻力就越大。诱导阻力是升力的伴生物,没有升力就没有诱导阻力。

压差阻力是由物体前后部的压力之差而形成的一种阻止物体前进的力量。压差阻力的大小与物体形状有很大关系,流线型物体所造成的压差阻力相对较小。为了找出气流对物体所产生的压差阻力的计算公式,我们研究一块垂直于风向的平板受力问题。

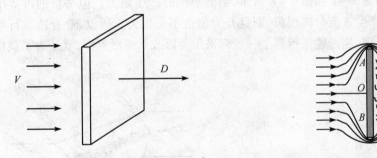

图 2-5　气流对平板的作用力图　　图 2-6　气流流经垂直平板时的流动图形

如图 2-5 所示,气流以速度 V 吹向与它垂直的平板,设平板面积为 S,气流对平板的作用力为 D,实际上它等同于平板以速度 V 在静止空气中运动时所受到的阻力。为了求解它,可利用伯努利方程,该方程指明不可压流或低速气流的动压与静压之和保持不变,但可以相互转换。即动压大的地方,静压就低。实际上,伯努利方程就是低速气流的能量方程或能量守恒方程。

$$\frac{\rho V^2}{2} + p = 常数 \tag{2-10}$$

为此,来流参数用脚注"1"表示,撞在平板上的气流参数用脚注"2"表示。假设气流撞在平板上以后全部被滞止为零,即 $V_2 = 0$。于是,根据伯努利方程得到:

$$\frac{\rho_1 V_1^2}{2} + p_1 = p_2 \qquad (2-11)$$

如果认为作用在平板背面上的气压就等于来流中的压强,即等于 p_1。那么,平板两面的压强差 $(p_2 - p_1)$ 乘以平板面积就得到我们所要寻求的阻力 D,即

$$D = (p_2 - p_1) \cdot S = \frac{\rho_1 V_1^2}{2} \cdot S \qquad (2-12)$$

由此可见,空气阻力与迎面气流动压乘以面积之积成正比(在此暂时是等于)。这就回答了阻力随速度增加而急剧增大的原因。但是,上面的分析和求解显然是粗糙的。因为并不是所有气体质点在撞击平板时都被滞止为零速,实际的流动情况如图 2-6 所示,除去中心一股气流在平板的 O 点附近可视为完全被滞止以外,所有其他股气流都要发生绕流现象。气流由 O 到 A(或 B)速度逐渐加大,压强逐渐降低。这样一来,气流作用于平板上的阻力显然要比式(2-12)所求出的小。此外,如图所示,平板背面存在一个尾涡区,这里空气稀薄,压强很低,它对平板产生一个拖吸的作用,相当于增加了一份阻力。总之,式(2-12)虽然初步反映了阻力与动压和面积的关系,但是它的解不精确。为了能准确地找出阻力的计算公式,人们采用了针对公式(2-12)引入一个修正系数的办法来完善,即

$$D = C_D \cdot \frac{\rho V^2}{2} \cdot S \qquad (2-13)$$

为了有效地产生升力,对翼剖面要作很深入的研究和选择。一块平板,在一定攻角下,也能产生升力,如图 2-7 和图 2-8 所示,当然也同时产生阻力。但平板的可实用攻角范围很小,稍大就产生气流分离现象,而且升力值也不是很大。所以,亚音速飞行器都是采用圆头尖尾的翼型,超音速飞行器上一般都采用菱形或双弧形翼型,就是为了获得最佳效果。

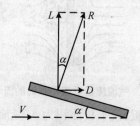

图 2-7 亚音速气流流经平板时产生升力和阻力

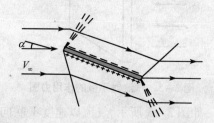

图 2-8 超音速气流流经平板时产生升力

3. 压心与焦点

在讨论气动力相对于重心的气动力矩时,必须事先确定气动力的作用点。

总的空气动力的作用线与弹体纵轴的交点称为全弹的压力中心,简称压心。在攻角不大的情况下,常近似地把总升力在纵轴上的作用点作为全弹的压心。

由攻角所引起的那部分升力在纵轴上的作用点,称为制导武器的气动焦点,简称焦点。焦点不随攻角变化,因此对于空气动力学计算无疑是很方便的。

一般情况下,焦点不与压心重合,仅当 $\delta_e = 0$ 且制导武器相对于 Oxy 平面完全对称($C_{L0} = 0$)时两者重合。根据上述焦点的概念,还可以这样定义焦点:该点位于纵向对称平面之内,升力对该点的力矩与攻角无关。

2.2.3　气动力与气动力矩

1. 总空气动力 R_Σ 沿气流坐标轴系的分解

在空气动力学中,常常将总空气动力 R_Σ 在气流坐标轴系分解为 X_A, Y_A, Z_A,又通常用 D 和 L 分别表示阻力和升力,于是有 $D = -X, L = -Z$。阻力 D(drag)、侧力 Y(sideforce)和升力 L(lift)的无量纲气动力系数(dimensionless aerodynamic coefficients)分别为:

(1)阻力系数(沿 x_a 轴的分量)$C_D = \dfrac{D}{QS_W}$,向后为正;

(2)侧力系数(沿 y_a 轴的分量)$C_Y = \dfrac{Y}{QS_W}$,向右为正;

(3)升力系数(沿 z_a 轴的分量)$C_L = \dfrac{L}{QS_W}$,向上为正。

2. 总空气动力矩 M_Σ 沿弹体坐标轴系的分解

由于弹体的转动惯量是以弹体坐标轴系来定义的,所以将作用在制导武器上的总空气动力矩 M_Σ 沿弹体坐标轴系各轴分解较为方便,分别为 L_A, M_A, N_A,各个力矩的极性按右手定则确定。

L_A 能使制导武器产生绕弹体坐标轴系 x 轴的滚转运动,因此称为滚转力矩(rolling moment);M_A 能产生使制导武器绕弹体坐标轴系 y 轴的俯仰运动,称为俯仰力矩(pitching moment);由于 N_A 能使制导武器产生绕弹体坐标轴系 z 轴的偏航运动,故称为偏航力矩(yawing moment)。

L_A, M_A, N_A 的无量纲力矩系数分别为:

(1)滚转力矩系数(绕 x 轴)$C_l = \dfrac{L_A}{QS_W b}$;

(2)俯仰力矩系数(绕 y 轴)$C_m = \dfrac{M_A}{QS_W c_A}$;

(3)偏航力矩系数(绕 z 轴)$C_n = \dfrac{N_A}{QS_W b}$。

式中,$Q = \dfrac{1}{2}\rho V^2$ 为动压(dynamic pressure),ρ 为空气密度(air density),V 为空速(air speed),S_W 为弹翼参考面积(wing reference area),b 为弹翼展长(wing span),c_A 为弹翼的平均几何弦长(wing mean geometric chord)。

3. 升力

升力 L 是制导武器总的空气动力 R_Σ 沿气流坐标轴系 z_a 轴的分量,向上为正。全弹的升力可以看成是弹翼、弹身、尾翼(或舵面)等各部件产生的升力之和,再加上各部件之间的相互干扰所引起的附加升力。弹翼是提供升力的最主要部件,尾翼和弹身产生的升力较小。

在气动布局和外形尺寸给定的条件下,升力系数 C_L 基本上取决于马赫数 Ma、攻角 α 和升降舵的偏转角 δ_e,即

$$C_L = C_L(\alpha, \delta_e, Ma) \qquad (2-14)$$

在攻角和升降舵偏角不大的情况下,升力系数可表示成 α 和 δ_e 的线性函数,即

$$C_L(\alpha, \delta_e, Ma) = C_{L0}(Ma) + C_{L\alpha}(Ma)\alpha + C_{L\delta_e}(Ma)\delta_e \qquad (2-15)$$

式中,C_{L0} 是攻角和升降舵偏角均为零时的升力系数,它是弹体外形相对于 Oxy 平面不对称引起的。对于轴对称制导武器,C_{L0} 等于零。

当马赫数 Ma 固定时,升力系数 C_L 随着攻角 α 的增大而呈线性增大,但升力曲线的线性关系只能保持攻角不大的范围内,而且随着攻角的继续增大,升力线斜率可能还会下降。当攻角增至一定程度时,升力系数将达到极值。与极值相对应的攻角,称为临界攻角。超过临界攻角以后,上翼面气流分离迅速加剧,升力急剧下降,这种现象称为失速。

4. 阻力

阻力 D 是制导武器总的空气动力 R_Σ 沿气流坐标轴系 X_a 轴的分量,它总是与速度方向相反,起阻碍制导武器运动的作用。与升力类似,阻力主要与制导武器的外形、飞行高度 h、马赫数 Ma、攻角 α、侧滑角 β 以及操纵面的偏角有关。

根据与升力的关系,可将总阻力分为零升阻力和升致阻力两部分进行研究。

(1)零升阻力是与升力无关的部分,包括摩擦阻力、压差阻力和零升波阻(超音速飞行);

(2)升致阻力则是伴随升力的产生而出现的阻力,也称诱导阻力。

可见,阻力系数由两部分组成,其表达式为

$$C_D = C_{D0} + C_{Di} \qquad (2-16)$$

其中,C_{D0},C_{Di} 分别为零升阻力系数和升致阻力系数。

在小攻角情况下,阻力系数还可写成

$$C_D = C_{D0}(Ma) + A(Ma)C_L^2 \qquad (2-17)$$

上式反映阻力系数与升力系数的关系,这种关系曲线称为极曲线。式中,A 为升致阻力因子或称极曲线弯度系数。

依据式(2-17),画出 $C_L - C_D$ 升阻极曲线,如图 2-9 所示。图中给出了相同高度不同马赫数情况下的升阻比(lift-to-drag ratio)关系,据此可方便地分析制导武器的飞行性能。值得注意的是,极曲线过原点的切线斜率即为对应飞行状态下的最大升阻比。

5. 侧力

侧力 Y 是制导武器总的空气动力 R_Σ 沿气流坐标轴系 y_a 轴的分量,向右为正。通常制导武器的外形是关于面 Oxz 对称,所以侧力是因气流不对称地流过制导武器对称面的两侧而引起的,这种飞行情况称为侧滑。

对于具有常规气动布局的制导武器,产生侧力的主要部件为垂直尾翼和弹体。而两者产生侧力的原因是基本相同的。以垂尾为例进行分析,设制导武器向右侧滑,即 $\beta > 0$。

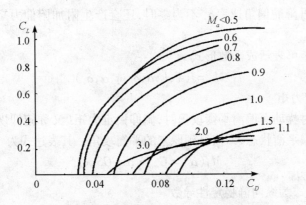

图 2 - 9　制导武器的 C_L - C_D 升阻极曲线

如图 2 - 10 所示,当 $\beta > 0$ 时,垂尾左表面的流速增加,因而压力下降;相反,其右表面的流速减小,压力增加,出现压力差,因此就产生了负侧力 $Y(\beta)$。

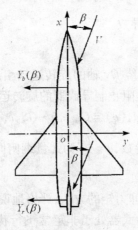

图 2 - 10　β 引起的侧力

与升力类似,在制导武器气动布局和外形尺寸给定的情况下,侧力系数基本上取决于马赫数 Ma、侧滑角 β 和方向舵的偏转角 δ_r。当 β 和 δ_r 较小时,侧力系数可表示为

$$C_Y = C_{Y\beta}\beta + C_{Y\delta_r}\delta_r \qquad\qquad (2-18)$$

对于轴对称制导武器,侧力的求法与升力相同。若把弹体绕纵轴转过 90°,这时侧滑角 β 起攻角 α 的作用,方向舵偏角 δ_r 起升降舵偏角 δ_e 的作用,侧力 Y 则起升力 L 的作用。于是轴对称制导武器,有

$$\begin{cases} C_{Y\beta} = -C_{L\alpha} \\ C_{Y\delta_r} = C_{L\delta_e} \end{cases} \qquad\qquad (2-19)$$

式中的负号由 α、β 的定义所致。

6. 俯仰力矩

俯仰力矩 M_A 又称纵向力矩,它的作用是使制导武器绕 Oy 轴作抬头或低头的动作。俯仰力矩取决于飞行速度 V、飞行高度 h、攻角 α、升降舵偏角 δ_e 和俯仰角速度 q,此外当

攻角变化率 $\dot{\alpha}$ 和升降舵偏角速率 $\dot{\delta}_e$ 不为零时,还会产生附加俯仰力矩,称为动态气动力矩。

因此俯仰力矩可表示成函数形式

$$M_A = f(V, h, \alpha, \delta_e, q, \dot{\alpha}, \dot{\delta}_e) \tag{2-20}$$

（1）俯仰稳定力矩

当攻角因瞬时扰动而偏离平衡攻角时,俯仰稳定力矩（又称俯仰恢复力矩）力图将制导武器恢复到原来平衡状态,即恢复到原来的平衡攻角。其表达式为

$$M_A(\alpha) = C_{m\alpha} \cdot \alpha \cdot QS_W c_A$$

式中, $C_{m\alpha} = \dfrac{\partial C_m}{\partial \alpha}$ 为纵向静稳定性导数。

（2）俯仰操纵力矩

升降舵面偏转产生的气动力对重心形成的力矩称为俯仰操纵力矩,其值为

$$M_A(\delta_e) = C_{m\delta_e} \cdot \delta_e \cdot QS_W c_A$$

式中, $C_{m\delta_e} = \dfrac{\partial C_m}{\partial \delta_e}$ 是俯仰操纵导数。

（3）俯仰阻尼力矩

俯仰阻尼力矩是由制导武器绕 Oy 轴的旋转运动引起的,其值与旋转角速度 q 成正比,而方向与 q 相反。该力矩总是阻止制导武器的旋转运动,故称为俯仰阻尼力矩。

$$M_A(q) = C_{m\bar{q}} \cdot \bar{q} \cdot QS_W c_A$$

式中, $C_{m\bar{q}} = \dfrac{\partial C_m}{\partial \bar{q}}$ 为俯仰阻尼导数, $\bar{q} = \dfrac{q c_A}{2V}$ 为无量纲俯仰角速度。

（4）动态附加力矩

前面所述关于计算升力和俯仰力矩的方法,严格地说,仅适用于制导武器定常飞行这一特殊情况。而一般情况下,制导武器处于非定常飞行状态,运动参数、气动力和力矩都是时间的函数。这时的空气动力系数和力矩系数不仅取决于该瞬时的 $V, h, \alpha, \delta_e, q$ 等参数值,还取决于这些参数随时间变化的特性。但作为初步近似计算,可认为作用在制导武器上的气动力和力矩仅取决于该瞬时的运动参数,这个假设通常称为"定常假设"。

对于正常式布局的制导武器,流经弹翼和弹身的气流,受到弹翼和弹身反作用力,导致气流速度方向发生偏斜,这种现象称为"下洗"。由于下洗,尾翼处的实际攻角将小于制导武器的飞行攻角。若制导武器以随时间变化的攻角作定常飞行,则弹翼后的气流也是随时间变化的,但是被弹翼下压的气流不可能瞬间到达尾翼,即所谓的"下洗延迟"现象。

由于下洗延迟现象,在 $\alpha > 0$ 的情况下,按"定常假设"计算得到的尾翼升力偏小,应在尾翼增加一个向上的附加升力,形成的附加气动力矩将使制导武器低头,使攻角减小;当 $\alpha < 0$ 时,下洗延迟引起的附加力矩将使制导武器抬头,阻止攻角的减小。可见,下洗延迟引起的附加力矩相当于一种阻尼力矩,力图阻止攻角的变化。

同样,若制导武器的气动布局为鸭式或旋转弹翼式,当 $\delta_e \neq 0$ 时,也存在"下洗延迟"现象。同理,由 $\dot{\delta}_e$ 引起的附加力矩也是一种阻尼力矩。

34

（5）俯仰力矩的计算

在分析了组成俯仰力矩的各项之后,不难写出俯仰力矩的计算式。

$$M_A = M_{A0} + M_A(\alpha) + M_A(\delta_e) + M_A(q) + M_A(\dot{\alpha}) + M_A(\dot{\delta}_e) \tag{2-21}$$

相应地,忽略次要因素如攻角的变化率 $\dot{\alpha}$ 和舵偏角变化率 $\dot{\delta}_e$ 等,无因次总俯仰力矩系数也可表达为

$$C_m = C_{m0} + C_{m\alpha}\alpha + C_{m\delta_e}\delta_e + C_{m\bar{q}}\bar{q} \tag{2-22}$$

式中,C_{m0} 是 $\alpha = \delta_e = \bar{q} = 0$ 时的俯仰力矩系数,由弹体外形相对于 Oxy 平面不对称引起的。尽管影响俯仰力矩的因素很多,但通常情况下,起主要作用的是由攻角产生的俯仰稳定力矩和俯仰操纵力矩。

7. 偏航力矩

偏航力矩 N_A 是气动力矩在弹体坐标系 Oz 轴上的分量,它的作用是使制导武器绕 Oz 轴转动。偏航力矩与俯仰力矩的物理成因是相同的。对于轴对称制导武器,偏航力矩特性与俯仰力矩类似。偏航力矩的表达式可写成如下形式

$$N_A = N_A(\beta) + N_A(\delta_r) + N_A(r) + N_A(\dot{\beta}) + N_A(\dot{\delta}_r) \tag{2-23}$$

由于制导武器相对于 Oxz 平面总是对称的,故在偏航力矩中不存在 N_{A0} 这一项。

忽略次要因素,则偏航力矩系数为

$$C_n = C_{n\beta}\beta + C_{n\delta_r}\delta_r + C_{n\bar{r}}\bar{r} \tag{2-24}$$

式中,$\bar{r} = \dfrac{rb}{2V}$ 为无量纲偏航角速度。$C_{n\beta}$ 表征着制导武器的航向静稳定性,若 $C_{n\beta} < 0$,航向静稳定;反之,航向静不稳定。

需要特别注意的是,当面对称制导武器存在绕弹体 Ox 轴的滚动角速度 p 时,安装在弹身上方的垂尾各剖面将产生附加的侧滑角,因此垂尾将产生侧力,进而出现偏航力矩。该力矩有使制导武器做螺旋运动的趋势,故称为螺旋偏航力矩。对于面对称制导武器这个力矩不可忽视,因为力臂较大。可见,对于面对称制导武器,其偏航力矩需要增加一项 $N_A(p)$。

8. 滚转力矩

滚转力矩 L_A（又称滚动力矩或倾斜力矩）是气动力矩在弹体坐标系 Ox 轴上的分量,由迎面气流不对称地流过制导武器所产生,作用是使制导武器绕 Ox 轴转动。通常将滚转力矩与偏航力矩统称为横侧向力矩。

当存在侧滑角,或操纵舵面偏转,或制导武器绕 Ox、Oz 轴旋转时,都会使气流流动的对称性遭到破坏。此外,因生产工艺误差造成的弹翼（或安定面）不对称安装或尺寸大小不一致,也会破坏气流流动的对称性。因此,影响滚转力矩的因素很多,当略去一些次要参数时,滚转力矩 L_A 由侧滑角 β 引起的滚转稳定力矩 $L_A(\beta)$,副翼偏转角 δ_a 引起的滚转操纵力矩 $L_A(\delta_a)$,滚转角速度 p 引起的滚转阻尼力矩 $L_A(p)$ 三部分组成。

（1）滚动稳定力矩

滚转稳定力矩 $L_A(\beta)$ 主要由弹翼和垂尾在侧滑角 $\beta \neq 0$ 时产生。所引起的力矩可表示为

$$L_A(\beta) = C_{l\beta} \cdot \beta \cdot QS_W b$$

式中，$C_{l\beta} = \dfrac{\partial C_l}{\partial \beta}$ 为横滚静稳定性导数。$C_{l\beta}$ 表征着制导武器的横向静稳定性，若 $C_{l\beta} < 0$，横向静稳定，即制导武器有能力消除某种原因产生的倾斜运动的趋势；若 $C_{l\beta} > 0$，则横向静不稳定。

（2）滚动操纵力矩

副翼偏转角 δ_a 引起的滚转力矩 $L_A(\delta_a)$ 又称为滚转操纵力矩，是操纵制导武器产生滚转运动的主要措施。其表达式为

$$L_A(\delta_a) = C_{l\delta_a} \cdot \delta_a \cdot QS_W b$$

当副翼正向偏转 $\delta_a > 0$ 即"左上右下"偏转时，相当于右弹翼的翼型弯度增大；而左弹翼的翼型弯度减小。所以右弹翼的升力增大，而左弹翼的升力减小，故此将产生负的滚转力矩 $L_A(\delta_a) < 0$，滚转操纵导数 $C_{l\delta_a}$ 为负值。

（3）滚动阻尼力矩

滚转角速度 p 引起的滚转力矩 $L_A(p)$ 称为滚转阻尼力矩。其表达式为

$$L_A(p) = C_{l\bar{p}} \cdot \bar{p} \cdot QS_W b$$

式中，$C_{l\bar{p}} = \dfrac{\partial C_l}{\partial \bar{p}}$ 为滚转阻尼导数，$\bar{p} = \dfrac{pb}{2V}$ 为无量纲滚转角速度。由滚转角速度 p 引起的滚转力矩 $L_A(p)$ 主要由弹翼产生，平尾和垂尾也有一些影响。

（4）滚动力矩的计算

另外，考虑到方向舵偏角 δ_r 引起的操纵交叉力矩和偏航角速度 r 引起的交叉动态力矩，滚转力矩的计算式可写成如下形式

$$L_A = L_{A0} + L_A(\beta) + L_A(\delta_a) + L_A(p) + L_A(\delta_r) + L_A(r) \qquad (2-25)$$

式中，L_{A0} 由制造误差引起的外形不对称产生的。

相应地，滚转力矩系数为

$$C_l = C_{l0} + C_{l\beta}\beta + C_{l\delta_a}\delta_a + C_{l\bar{p}}\bar{p} + C_{l\delta_r}\delta_r + C_{l\bar{r}}\bar{r} \qquad (2-26)$$

2.2.4 推力与重力

1. 发动机的推力

制导武器的推力一般由固联于弹体的发动机产生。推力的大小通常是通过燃料的质量流量和尾喷管的面积来控制的；而推力矢量的控制可有多种实现方法，其中包括采用尾喷流偏转板（如燃气舵等）、尾喷管的偏转控制以及整个发动机的转向控制等方案。

在这里仅讨论较为一般的情况，即安装单台发动机与弹体固定在一起并且不考虑推力的转向。下面讨论装有单台发动机制导武器的推力情况。

通常发动机固定于制导武器纵轴的方向。设发动机的推力作用点在弹体坐标轴系的坐标为 (l_x, l_y, l_z)。并将发动机推力 T 的偏置角 α_T 和 β_T 定义为：发动机推力 T 在制导武器的对称面 Oxz 内的投影与 x 轴的夹角为 α_T，规定其投影在 x 轴之下为正；推力 T 在 Oxy 面内的投影与对称面 Oxz 间的夹角为 β_T，规定其投影在对称面 Oxz 之左为正。

发动机的推力 T 在弹体坐标轴系的分量 T_x，T_y 和 T_z 分别为

$$\begin{cases} T_x = T\cos\alpha_T\cos\beta_T \\ T_y = -T\sin\beta_T \\ T_z = T\sin\alpha_T\cos\beta_T \end{cases} \qquad (2-27)$$

如果发动机推力的偏置角 $\alpha_T = \beta_T = 0$，则推力只有弹体坐标轴系 x 轴上的分量。即 $T_x = T$。

2. 发动机的推力力矩

由上述发动机的推力 T 在弹体坐标轴系的分量 T_x，T_y 和 T_z 以及发动机的推力作用点在弹体坐标轴系的坐标 (l_x, l_y, l_z)，可将发动机的推力力矩 (M_T, N_T, L_T) 表示为

$$\begin{cases} M_T = T_x l_z - T_z l_x \\ N_T = -T_x l_y + T_y l_x \\ L_T = -T_y l_z + T_z l_y \end{cases} \qquad (2-28)$$

将式(2-27)代入上式后，有

$$\begin{cases} M_T = T(\cos\alpha_T\cos\beta_T l_z - \sin\alpha_T\cos\beta_T l_x) \\ N_T = -T(\cos\alpha_T\cos\beta_T l_y + \sin\beta_T l_x) \\ L_T = T(\sin\alpha_T\cos\beta_T l_y + \sin\beta_T l_z) \end{cases} \qquad (2-29)$$

对于装有两台或者三台甚至更多台发动机的制导武器，其推力和推力力矩的计算与单台发动机的情况类似，只是要将每台发动机的推力和推力力矩进行求和计算。假设制导武器安装有 n 台发动机，则 n 台发动机的总推力 T 在弹体坐标轴系分量 T_x，T_y 和 T_z 的表达式为

$$\begin{cases} T_x = \sum_{i=1}^{n} T_{xi} \\ T_y = \sum_{i=1}^{n} T_{yi} \\ T_z = \sum_{i=1}^{n} T_{zi} \end{cases} \qquad (2-30)$$

而 n 台发动机的总推力力矩 (M_T, N_T, L_T) 的表达式为

$$\begin{cases} M_T = \sum_{i=1}^{n} M_{Ti} \\ N_T = \sum_{i=1}^{n} N_{Ti} \\ L_T = \sum_{i=1}^{n} L_{Ti} \end{cases} \qquad (2-31)$$

3. 重力

制导武器受到的重力 G 可表示为

$$G = mg \qquad (2-32)$$

式中，m 为制导武器的质量，g 为重力加速度。

严格地讲,制导武器在飞行过程中,随着燃料的消耗和飞行高度的变化,其质量 m 和重力加速度 g 都在发生变化,因此,重力 G 也在不断地变化。

但是,对于在大气层内飞行的制导武器而言,重力加速度 g 的变化很小。因此,重力加速度 g 的微小变化,在通常情况下可忽略不计,认为重力加速度 g 为常量。而对于由燃料消耗引起的制导武器质量 m 的变化,则应根据具体情况分别加以处理。

由于重力 G 属于惯性向量,其方向总是指向地心,所以在惯性坐标系——地面坐标轴系 S_g 中的分量可表示为

$$\begin{bmatrix} G_{xg} \\ G_{yg} \\ G_{zg} \end{bmatrix} = \begin{bmatrix} 0 \\ 0 \\ mg \end{bmatrix}_{\text{earth}} \tag{2-33}$$

根据在 2.1 节中讨论的常用坐标系间的转换关系,可以很方便地得到重力 G 在弹体坐标轴系和气流坐标轴系中的关系式。

由于重力总是通过制导武器的重心,所以重力 G 不会对制导武器产生重力力矩。因此对于制导武器的重力 G 而言,不存在力矩的问题。

2.3 制导武器的运动方程组

制导武器在外力作用下的运动规律一般是用运动方程来描述的,即应用微分方程的形式描述制导武器的运动和状态参数随时间的变化规律。制导武器的运动方程通常又可分为动力学方程和运动学方程。在建立制导武器运动方程之前,有必要先讨论与此相关的两个问题:刚体制导武器运动的假设和刚体制导武器运动的自由度。

1. 刚体制导武器运动的假设

制导武器是一个复杂的动力学系统。严格地说,由于制导武器在飞行过程中质量是时变的,其结构也是具有弹性形变特性的,此外,地球是一旋转的球体,不但存在着离心加速度和哥氏加速度,而且重力加速度也随高度而变化。所以,作用于制导武器外部的空气动力与制导武器几何形状、飞行状态参数等因素呈现非常复杂的函数关系。

在建立制导武器运动方程时考虑所有这些因素将是极其复杂的,因此,我们采取抓主要矛盾、略去次要因素的方法进行研究。做如下假设:

(1)制导武器为刚体且质量是常数。

(2)地面坐标轴系为惯性坐标系。

(3)忽略地球曲率,即采用所谓的"平板地球假设"。

(4)重力加速度不随飞行高度而变化。

(5)对于面对称布局的制导武器,弹体坐标轴系的 Oxz 平面为制导武器的对称平面,制导武器不仅几何外形对称,而且内部质量分布也对称,即惯性积 $I_{xy} = I_{zy} = 0$。对于轴对称布局的制导武器,弹体坐标轴系的 Oxz 面和 Oxy 面为制导武器的对称平面,制导武器不仅几何外形对称,而且内部质量分布也对称,即惯性积 $I_{xy} = I_{zy} = I_{xz} = 0$。

以上假设是针对飞行速度不太高($Ma < 3$),在大气层内飞行的制导武器近似适用,对于某些空间飞行器需修改上述假设。

2. 刚体制导武器运动的自由度

对于刚体而言,其在空间的运动需要六个自由度(six-degrees-of-freedom)来描述。

(1)质心的位移:制导武器的质心沿着地面坐标轴系的三个轴向的位移;

(2)绕质心的转动:制导武器绕弹体坐标轴系的三个轴的转动。

而对于制导武器来说,如果将其视为刚体,那么制导武器的空间运动也同样需要六个自由度描述。

(1)质心的位移(线运动):飞行速度的增减运动以及升降运动和侧移运动;

(2)绕质心的转动(角运动):俯仰角运动和偏航角运动以及滚转角运动。

由于制导武器具有一个几何和质量的对称面,根据各自由度之间的耦合强弱程度,可以将六个自由度的运动分成对称平面内和非对称平面内的运动。

(1)纵向运动(对称平面内运动):速度的增减、质心的升降、绕 y 轴的俯仰角运动;

(2)横侧向运动(非对称平面内运动):质心的侧向移动、绕 z 轴的偏航角运动、绕 x 轴的滚转角运动。

2.3.1 动力学方程

在惯性参考系中应用牛顿第二定律可以建立起制导武器在外合力 $\boldsymbol{F}$ 作用下的线运动和外合力矩 $\boldsymbol{M}$ 作用下的角运动方程。

在外合力作用下的线运动方程为

$$\boldsymbol{F} = \frac{\mathrm{d}}{\mathrm{d}t}(m\boldsymbol{V}) \tag{2-34}$$

在外合力矩作用下的角运动方程为

$$\boldsymbol{M} = \frac{\mathrm{d}}{\mathrm{d}t}(\boldsymbol{L}) \tag{2-35}$$

式中,m 为制导武器的质量,$\boldsymbol{V}$ 为制导武器质心的速度向量,$\boldsymbol{L}$ 为动量矩。

由于已假设制导武器的质量 m 为常量以及地面坐标轴系为惯性系。所以,上式在地面坐标轴系中可写成

$$\boldsymbol{F} = m\frac{\mathrm{d}\boldsymbol{V}}{\mathrm{d}t} \tag{2-36}$$

$$\boldsymbol{M} = \frac{\mathrm{d}\boldsymbol{L}}{\mathrm{d}t} \tag{2-37}$$

工程实践表明,对研究弹体质心运动来说,航迹坐标系中的方程表示最为简单,且便于分析弹体的运动特性。选用航迹坐标轴系作为动坐标系,它相对地面系既有位移运动,又有转动运动,位移速度为 $\boldsymbol{V}$,转动角速度为 $\boldsymbol{\Omega}$。而选定弹体坐标轴系来描述弹体绕质心转动的问题,最为合适。设弹体坐标系相对于地面坐标系的角速度向量为 $\boldsymbol{\omega}$。

1. 航迹坐标系中的质心动力学方程

式(2-36)的右端在航迹坐标系中可表示为

$$\frac{\mathrm{d}\boldsymbol{V}}{\mathrm{d}t} = \frac{\delta \boldsymbol{V}}{\delta t} + \boldsymbol{\Omega} \times \boldsymbol{V} \tag{2-38}$$

式中，$\dfrac{\delta \boldsymbol{V}}{\delta t}$ 表示速度在航迹坐标系的相对导数，"$\times$" 为向量积符号（叉积）。

将 $\boldsymbol{V}$ 和 $\boldsymbol{\Omega}$ 在航迹坐标系中分解

$$\boldsymbol{V} = V_{x_k}\boldsymbol{i}_k + V_{y_k}\boldsymbol{j}_k + V_{z_k}\boldsymbol{k}_k = V\boldsymbol{i}_k \tag{2-39}$$

$$\boldsymbol{\Omega} = \Omega_{x_k}\boldsymbol{i}_k + \Omega_{y_k}\boldsymbol{j}_k + \Omega_{z_k}\boldsymbol{k}_k \tag{2-40}$$

式中，$\boldsymbol{i}_k, \boldsymbol{j}_k, \boldsymbol{k}_k$ 分别为航迹系的 x_k 轴、y_k 轴和 z_k 轴的单位向量；V_{x_k}、V_{y_k}、V_{z_k} 分别为制导武器质心速度矢量 $\boldsymbol{V}$ 在 $Ox_ky_kz_k$ 各轴上的分量；Ω_{x_k}、Ω_{y_k}、Ω_{z_k} 分别为航迹坐标系相对地面坐标系的转动角速度 $\boldsymbol{\Omega}$ 在 $Ox_ky_kz_k$ 各轴上的分量。

这样，利用上述两式，可将式（2-38）中的各项分别表示为

第一项：
$$\frac{\delta \boldsymbol{V}}{\delta t} = \frac{\mathrm{d}V}{\mathrm{d}t}\boldsymbol{i}_k \tag{2-41}$$

第二项：
$$\boldsymbol{\Omega} \times \boldsymbol{V} = \begin{vmatrix} \boldsymbol{i}_k & \boldsymbol{j}_k & \boldsymbol{k}_k \\ \Omega_{x_k} & \Omega_{y_k} & \Omega_{z_k} \\ V & 0 & 0 \end{vmatrix} = V\Omega_{z_k}\boldsymbol{j}_k - V\Omega_{y_k}\boldsymbol{k}_k \tag{2-42}$$

根据航迹坐标系与地面坐标系之间的转换关系可得

$$\boldsymbol{\Omega} = \dot{\varphi} + \dot{\mu} \tag{2-43}$$

式中，$\dot{\varphi}$、$\dot{\mu}$ 分别在地面坐标系 O_gz_g 轴上和航迹坐标系 Oy_k 轴上，于是有

$$\begin{bmatrix} \Omega_{x_k} \\ \Omega_{y_k} \\ \Omega_{z_k} \end{bmatrix} = \begin{bmatrix} \cos\mu & 0 & -\sin\mu \\ 0 & 1 & 0 \\ \sin\mu & 0 & \cos\mu \end{bmatrix} \begin{bmatrix} 0 \\ 0 \\ \dot{\varphi} \end{bmatrix} + \begin{bmatrix} 0 \\ \dot{\mu} \\ 0 \end{bmatrix} = \begin{bmatrix} -\dot{\varphi}\sin\mu \\ \dot{\mu} \\ \dot{\varphi}\cos\mu \end{bmatrix} \tag{2-44}$$

将上式代入式（2-42）得

$$\boldsymbol{\Omega} \times \boldsymbol{V} = V\dot{\varphi}\cos\mu \boldsymbol{j}_k - V\dot{\mu}\boldsymbol{k}_k \tag{2-45}$$

将式（2-41）、（2-45）代入式（2-36），展开后得

$$\begin{cases} m\dfrac{\mathrm{d}V}{\mathrm{d}t} = R_{x_k} + T_{x_k} + G_{x_k} \\[2mm] mV\cos\mu \dfrac{\mathrm{d}\varphi}{\mathrm{d}t} = R_{y_k} + T_{y_k} + G_{y_k} \\[2mm] -mV\dfrac{\mathrm{d}\mu}{\mathrm{d}t} = R_{z_k} + T_{z_k} + G_{z_k} \end{cases} \tag{2-46}$$

式中，R_{x_k}、R_{y_k}、R_{z_k} 为总空气动力 $\boldsymbol{R}_\Sigma$ 在航迹坐标系 $Ox_ky_kz_k$ 各轴上的分量；G_{x_k}、G_{y_k}、G_{z_k} 为重力 $\boldsymbol{G}$ 在航迹坐标系 $Ox_ky_kz_k$ 各轴上的分量；T_{x_k}、T_{y_k}、T_{z_k} 为发动机推力 $\boldsymbol{T}$ 在航迹坐标系 $Ox_ky_kz_k$ 各轴上的分量。

下面分别给出总空气动力 $\boldsymbol{R}_\Sigma$、重力 $\boldsymbol{G}$ 和推力 $\boldsymbol{T}$ 在航迹坐标系上的投影表达式。

总空气动力 $\boldsymbol{R}_\Sigma$ 沿气流坐标系可分解为阻力 D、侧力 Y 和升力 L，即

$$\begin{bmatrix} R_{x_a} \\ R_{y_a} \\ R_{z_a} \end{bmatrix} = \begin{bmatrix} -D \\ Y \\ -L \end{bmatrix} \qquad (2-47)$$

根据气流坐标系和航迹坐标系之间的转换关系(2-7)式,得

$$\begin{bmatrix} R_{x_k} \\ R_{y_k} \\ R_{z_k} \end{bmatrix} = C_a^k \begin{bmatrix} -D \\ Y \\ -L \end{bmatrix} = \begin{bmatrix} -D \\ Y\cos\gamma + L\sin\gamma \\ Y\sin\gamma - L\cos\gamma \end{bmatrix} \qquad (2-48)$$

重力 G 在地面系表示为(2-33)式,根据地面系和航迹系之间的转换关系(2-6)式,得

$$\begin{bmatrix} G_{x_k} \\ G_{y_k} \\ G_{z_k} \end{bmatrix} = C_g^k \begin{bmatrix} 0 \\ 0 \\ mg \end{bmatrix} = \begin{bmatrix} -mg\sin\mu \\ 0 \\ mg\cos\mu \end{bmatrix} \qquad (2-49)$$

考虑发动机推力偏置角 $\alpha_T = \beta_T = 0$ 的情况,则推力只有弹体坐标轴系 x 轴上的分量,即 $T_x = T$,那么根据弹体系与航迹系之间的转换关系式,则有

$$\begin{bmatrix} T_{x_k} \\ T_{y_k} \\ T_{z_k} \end{bmatrix} = C_a^k C_b^a \begin{bmatrix} T \\ 0 \\ 0 \end{bmatrix} = \begin{bmatrix} T\cos\alpha\cos\beta \\ T(-\cos\alpha\sin\beta\cos\gamma + \sin\alpha\sin\gamma) \\ T(-\cos\alpha\sin\beta\sin\gamma - \sin\alpha\cos\gamma) \end{bmatrix} \qquad (2-50)$$

将式(2-48)、(2-49)、(2-50)代入式(2-46),即可得到质心运动的动力学方程组

$$\begin{cases} m\dfrac{\mathrm{d}V}{\mathrm{d}t} = -D - mg\sin\mu + T\cos\alpha\cos\beta \\[2mm] mV\cos\mu\dfrac{\mathrm{d}\varphi}{\mathrm{d}t} = Y\cos\gamma + L\sin\gamma + T(-\cos\alpha\sin\beta\cos\gamma + \sin\alpha\sin\gamma) \\[2mm] -mV\dfrac{\mathrm{d}\mu}{\mathrm{d}t} = Y\sin\gamma - L\cos\gamma + mg\cos\mu + T(-\cos\alpha\sin\beta\sin\gamma - \sin\alpha\cos\gamma) \end{cases} \qquad (2-51)$$

2. 绕质心动力学方程在弹体坐标系的分解

下面讨论由式(2-37)表示的角运动方程。

$$\frac{\mathrm{d}\boldsymbol{L}}{\mathrm{d}t} = \frac{\delta\boldsymbol{L}}{\delta t} + \boldsymbol{\omega} \times \boldsymbol{L} \qquad (2-52)$$

式中,$\dfrac{\delta\boldsymbol{L}}{\delta t}$ 表示动量矩在弹体坐标系的相对导数。

$$\boldsymbol{\omega} = \boldsymbol{i}p + \boldsymbol{j}q + \boldsymbol{k}r \qquad (2-53)$$

式中,$\boldsymbol{i},\boldsymbol{j},\boldsymbol{k}$ 分别为弹体系的 x 轴、y 轴和 z 轴的单位向量。

根据理论力学中质点系对于固定点的动量矩定理可知,质点系对于定点 O 的动量矩对时间的向量导数等于作用于质点系的外力对同一点 O 的力矩的向量和,即

$$\sum\boldsymbol{M} = \frac{\mathrm{d}\boldsymbol{L}}{\mathrm{d}t}$$

对于运动质点系的动量矩定理,以质心为动坐标系(弹体坐标轴系)的原点,则在弹体坐标系内表示的动量矩定理为

$$L = \int \mathrm{d}L = \int (r \times V)\delta_m \qquad (2-54)$$

式中,r 为单元质量 δ_m 对原点的向径,V 为质点系的速度向量。

将关系式 $r = ix + jy + kz, \omega = ip + jq + kr$ 和 $V = \omega \times r$ 代入式(2-54)后,展开得

$$L = \begin{bmatrix} \int [(y^2 + z^2)p - xyq - xzr]\delta_m \\ \int [(x^2 + z^2)q - yzr - xyp]\delta_m \\ \int [(x^2 + y^2)r - xzp - yzq]\delta_m \end{bmatrix}$$

$$= \begin{bmatrix} p\int (y^2 + z^2)\delta_m - q\int xy\delta_m - r\int xz\delta_m \\ q\int (x^2 + z^2)\delta_m - r\int yz\delta_m - p\int xy\delta_m \\ r\int (x^2 + y^2)\delta_m - p\int xz\delta_m - q\int yz\delta_m \end{bmatrix} \qquad (2-55)$$

因为绕 x 轴的转动惯量为 $I_x = \int (y^2 + z^2)\delta_m$,绕 y 轴的转动惯量为 $I_y = \int (x^2 + z^2)\delta_m$,绕 z 轴的转动惯量为 $I_z = \int (x^2 + y^2)\delta_m$,以及惯性积为 $I_{xy} = I_{yx} = \int xy\delta_m, I_{yz} = I_{zy} = \int yz\delta_m$ 和 $I_{xz} = I_{zx} = \int xz\delta_m$。又因制导武器有一个 Oxz 对称平面,故 $I_{xy} = I_{yx} = I_{yz} = I_{zy} = 0$。所以,动量矩 L 在动坐标系(弹体坐标轴系)内的分量 L_x, L_y 和 L_z 可以表示为

$$\begin{bmatrix} L_x \\ L_y \\ L_z \end{bmatrix} = \begin{bmatrix} pI_x - rI_{xz} \\ qI_y \\ rI_z - pI_{xz} \end{bmatrix} \qquad (2-56)$$

利用式(2-56),可以将式(2-52)右端第一项写成如下形式,即

$$\frac{\delta L}{\delta t} = i\frac{\delta L_x}{\delta t} + j\frac{\delta L_y}{\delta t} + k\frac{\delta L_z}{\delta t} \qquad (2-57)$$

由此可以得到下列关系式

$$\begin{cases} \dfrac{\delta L_x}{\delta t} = \dot{p}I_x - p\dot{I}_x - \dot{r}I_{xz} - r\dot{I}_{xz} \\[2mm] \dfrac{\delta L_y}{\delta t} = \dot{q}I_y + q\dot{I}_y \\[2mm] \dfrac{\delta L_z}{\delta t} = \dot{r}I_z + r\dot{I}_z - \dot{p}I_{xz} - p\dot{I}_{xz} \end{cases} \qquad (2-58)$$

因为假设制导武器为质量不变的刚体,所以惯性矩和惯性积均为时不变的常量,因此,式(2-58)可以简化为

$$\begin{cases} \dfrac{\delta L_x}{\delta t} = \dot{p} I_x - \dot{r} I_{xz} \\[2mm] \dfrac{\delta L_y}{\delta t} = \dot{q} I_y \\[2mm] \dfrac{\delta L_z}{\delta t} = \dot{r} I_z - \dot{p} I_{xz} \end{cases} \qquad (2-59)$$

因为式(2-52)右端第二项可写成

$$\boldsymbol{\omega} \times \boldsymbol{L} = \begin{vmatrix} \boldsymbol{i} & \boldsymbol{j} & \boldsymbol{k} \\ p & q & r \\ L_x & L_y & L_z \end{vmatrix} = \boldsymbol{i}(qL_z - rL_y) + \boldsymbol{j}(rL_x - pL_z) + \boldsymbol{k}(pL_y - qL_x) \qquad (2-60)$$

再将外合力矩 $\sum M$ 向弹体坐标系分解后,有

$$\sum M = \boldsymbol{i}L + \boldsymbol{j}M + \boldsymbol{k}N \qquad (2-61)$$

将式(2-59)和(2-60)代入式(2-52),并结合式(2-37)可得到动坐标系(弹体坐标系)中制导武器在外合力矩 $\sum M$ 作用下的角运动方程组为

$$\begin{cases} L = \dot{p} I_x - \dot{r} I_{xz} + qr(I_z - I_y) - pq I_{xz} \\ M = \dot{q} I_y + pr(I_x - I_z) + (p^2 - r^2) I_{xz} \\ N = \dot{r} I_z - \dot{p} I_{xz} + pq(I_y - I_x) + qr I_{xz} \end{cases} \qquad (2-62)$$

整理上式可以得到下列力矩方程组(moment equations)

$$\begin{cases} \dot{p} = (c_1 r + c_2 p)q + c_3 L + c_4 N \\ \dot{q} = c_5 pr - c_6(p^2 - r^2) + c_7 M \\ \dot{r} = (c_8 p - c_2 r)q + c_4 L + c_9 N \end{cases} \qquad (2-63)$$

式中, $c_1 = \dfrac{(I_y - I_z)I_z - I_{xz}^2}{I_x I_z - I_{xz}^2}$, $c_2 = \dfrac{(I_x - I_y + I_z)I_{xz}}{I_x I_z - I_{xz}^2}$, $c_3 = \dfrac{I_z}{I_x I_z - I_{xz}^2}$, $c_4 = \dfrac{I_{xz}}{I_x I_z - I_{xz}^2}$, $c_5 = \dfrac{I_z - I_x}{I_y}$,

$c_6 = \dfrac{I_{xz}}{I_y}$, $c_7 = \dfrac{1}{I_y}$, $c_8 = \dfrac{I_x(I_x - I_y) + I_{xz}^2}{I_x I_z - I_{xz}^2}$, $c_9 = \dfrac{I_x}{I_x I_z - I_{xz}^2}$ 。

到此为止,在操纵舵面锁定条件下,在弹体坐标轴系上建立起了在外合力 $\sum F$ 和外合力矩 $\sum M$ 的作用下制导武器的动力学方程组,即式(2-51)和式(2-63)。

采用弹体坐标轴系作为动坐标系有下列几个优点:

(1)由于制导武器具有弹体坐标轴系的对称面 Oxz ,所以惯性积 I_{xy} 和 I_{yz} 为零,这样可以使运动方程简化;

(2)在制导武器质量不变的假设条件下,各个转动惯量和惯性积为非时变的常量;

(3)由于姿态角及其角速度传感器是在弹体坐标轴系测量的,所以其测量值不需要转换可直接采用。

2.3.2 运动学方程

在建立制导武器的动力学方程时,主要研究了外合力 F 与外合力矩 M 对制导武器运动的作用。下面将讨论动坐标系(弹体坐标轴系)相对于静止坐标系(地面坐标轴系)的

相对空间位置。

前面已经讨论过,视为刚体的制导武器空间运动可用三个线坐标和三个角坐标的六自由度关系来描述,即制导武器质心的位移(线运动),包括飞行速度的增减运动、升降运动和侧移运动以及绕质心的转动(角运动),包括俯仰角运动、偏航角运动和滚转角运动。

1. 质心运动的运动学方程

首先讨论制导武器质心的位移运动,即线运动,其中包括飞行速度的增减运动、升降运动和侧移运动。要确定质心相对于地面坐标系的运动轨迹,需要建立质心相对于地面坐标系运动的运动学方程。

利用地面系与航迹系之间的转换关系

$$\begin{bmatrix} \dot{x}_g \\ \dot{y}_g \\ -\dot{h} \end{bmatrix}_g = C_k^g \begin{bmatrix} V \\ 0 \\ 0 \end{bmatrix}_a \tag{2-64}$$

得到质心运动学方程

$$\begin{cases} \dot{x}_g = V\cos\mu\cos\varphi \\ \dot{y}_g = V\cos\mu\sin\varphi \\ \dot{h} = V\sin\mu \end{cases} \tag{2-65}$$

2. 绕质心转动的运动学方程

制导武器绕质心的旋转运动,即角运动,其中包括俯仰角运动、偏航角运动和滚转角运动。也就是确定三个姿态角的角速率 $\dot{\theta}$(俯仰角变化率)、$\dot{\psi}$(偏航角变化率)和 $\dot{\phi}$(滚转角变化率)与弹体坐标轴系的三个角速度分量 p(x 轴的角速度分量)、q(y 轴的角速度分量)和 r(z 轴的角速度分量)之间的关系。

由弹体系与地面系之间的关系不难写出姿态角速率($\dot{\theta},\dot{\psi},\dot{\varphi}$)与弹体坐标轴系的三个角速度分量($p,q,r$)之间的关系式

$$\begin{cases} p = \dot{\phi} - \dot{\psi}\sin\theta \\ q = \dot{\theta}\cos\phi + \dot{\psi}\cos\theta\sin\phi \\ r = -\dot{\theta}\sin\phi + \dot{\psi}\cos\theta\cos\phi \end{cases} \tag{2-66}$$

或者写成运动方程组(kinematic equations)

$$\begin{cases} \dot{\phi} = p + (r\cos\phi + q\sin\phi)\tan\theta \\ \dot{\theta} = q\cos\phi - r\sin\phi \\ \dot{\psi} = \dfrac{1}{\cos\theta}(r\cos\phi + q\sin\phi) \end{cases} \tag{2-67}$$

至此,已经建立了描述制导武器空间运动的方程组。为了查阅方便,将动力学方程和运动学方程整理成如下形式

力方程组

$$\begin{cases} m\dfrac{\mathrm{d}V}{\mathrm{d}t} = -D - mg\sin\mu + T\cos\alpha\cos\beta \\[2mm] mV\cos\mu\,\dfrac{\mathrm{d}\varphi}{\mathrm{d}t} = Y\cos\gamma + L\sin\gamma + T(-\cos\alpha\sin\beta\cos\gamma + \sin\alpha\sin\gamma) \\[2mm] -mV\dfrac{\mathrm{d}\mu}{\mathrm{d}t} = Y\sin\gamma - L\cos\gamma + mg\cos\mu + T(-\cos\alpha\sin\beta\sin\gamma - \sin\alpha\cos\gamma) \end{cases}$$

$$(2-68(\mathrm{a}))$$

力矩方程组

$$\begin{cases} \dot{p} = (c_1 r + c_2 p)q + c_3 L + c_4 N \\ \dot{q} = c_5 pr - c_6(p^2 - r^2) + c_7 M \\ \dot{r} = (c_8 p - c_2 r)q + c_4 L + c_9 N \end{cases} \qquad (2-68(\mathrm{b}))$$

线运动方程组

$$\begin{cases} \dot{x}_g = V\cos\mu\cos\varphi \\ \dot{y}_g = V\cos\mu\sin\varphi \\ \dot{h} = V\sin\mu \end{cases} \qquad (2-68(\mathrm{c}))$$

角运动方程组

$$\begin{cases} \dot{\phi} = p + (r\cos\phi + q\sin\phi)\tan\theta \\ \dot{\theta} = q\cos\phi - r\sin\phi \\ \dot{\psi} = \dfrac{1}{\cos\theta}(r\cos\phi + q\sin\phi) \end{cases} \qquad (2-68(\mathrm{d}))$$

角度联系方程组

$$\begin{cases} \sin\mu = \cos\alpha\cos\beta\sin\theta - \cos\theta(\sin\beta\sin\phi + \sin\alpha\cos\beta\cos\phi) \\ \sin\varphi\cos\mu = \cos\alpha\cos\beta\cos\theta\sin\psi + \sin\beta(\sin\theta\sin\psi\sin\phi + \cos\psi\cos\phi) \\ \qquad\qquad + \sin\alpha\cos\beta(\sin\theta\sin\psi\cos\phi - \cos\psi\sin\phi) \\ \sin\gamma\cos\mu = \cos\alpha\sin\beta\sin\theta + \cos\theta(\cos\beta\sin\phi - \sin\alpha\sin\beta\cos\phi) \end{cases} \qquad (2-68(\mathrm{e}))$$

式(2-68)是以标量形式描述的制导武器空间运动方程组,它是一组非线性变系数微分方程,确定了状态向量 $X^{\mathrm{T}} = \begin{bmatrix} V & \varphi & \mu & p & q & r & x_g & y_g & h & \phi & \theta & \psi & \alpha & \beta & \gamma \end{bmatrix}$ 与控制输入向量 $U^{\mathrm{T}} = \begin{bmatrix} \delta_e & \delta_a & \delta_r & \delta_T \end{bmatrix}$ 之间的非线性函数关系。12 个方程是封闭的,只要已知制导武器相关的特征参数,根据飞行高度 h、马赫数 Ma 以及飞行状态,就可以确定力和力矩 (L,M,N),对方程组进行积分,便可以求解制导武器在任何时刻的运动状态。

2.3.3　运动方程组的数值积分

运动方程组即弹体运动的数学模型建立之后,需要计算机编程求解。首先,应准备原始数据,选定计算方案,包括准备环境参数、结构参数、气动数据等,选定计算方法(数值积分方法)、计算步长(积分步长)和计算要求等。然后,根据给定的原始数据和选定的计算方案编写弹道计算程序。最后,设定初始条件,进行弹道仿真(数值积分),将所关心的运动参数以曲线等图形化方式显示,或存储在指定变量中,以便今后调用分析。

特别说明的是,无论选取何种数值积分方法,每积分一个步长,都需要计算出微分方程的右端函数值,再根据具体的数值积分方法,对右函数值进行组合,求出被积函数的增量。因此,右函数的计算次数与计算量和计算速度直接相关,综合考虑积分精度、计算速度以及数值解的稳定性等因素,才能选出适合计算要求的数值积分方法。

2.4 制导武器的纵向运动、横侧向运动

2.4.1 研究方法及前提条件

制导武器的空间运动模型是用一组非线性变系数微分方程描述的。我们用如下方法研究其稳定性和操纵性等动态特性。

(1)如果外界干扰作用小,但仍然在未干扰弹道附近,即扰动运动和未扰动运动的运动参数偏差很小,因而可以在方程式里忽略二阶以上的项。这一事实,就是把描述实际弹道的微分方程线性化的根据。线性微分方程的动态特性分析相对容易。

(2)线性化后的干扰运动方程,一般是变系数线性微分方程组。固化系数法是在弹道上选择有代表性的特征点,认为在这些点附近的小范围内,运动参数都固定不变,将变系数微分方程化成常系数微分方程。如果在每个特征点常系数微分方程的零解是稳定的,便认为整个干扰运动是稳定的。

(3)制导武器有一个对称面 Oxz,再加上未扰动运动的侧向参数是一阶微量,可以略去所有空气动力的耦合项,这是扰动运动能够分解成纵向扰动运动和侧向扰动运动的依据。

(4)将纵向扰动运动分成长周期和短周期两种模态,侧向扰动运动分成偏航运动和滚动运动,从而达到降阶的目的。

(5)求出俯仰通道、偏航通道和滚动通道的传递函数,通过传递函数的特征行列式分析运动稳定性;为传递函数加入舵面阶跃偏转,分析动态特性。

总而言之,首先把干扰运动方程线性化,得到一次近似方程,并分成纵向和侧向两组独立的方程组。然后,进一步把变系数的一次近似方程在各特征点固化,得到常系数线性微分方程。用研究常系数线性微分方程的动态特性的方法研究制导武器的动态特性。

约定以下前提条件:

(1)只讨论在短促干扰作用下,李雅普诺夫意义上的运动稳定性问题。

(2)由外界干扰而引起的运动参数的增量是微量,因而在微分方程线性化时,这些运动参数的增量的高次项以及其相互之间的乘积可以略去,即小扰动假设。

(3)在研究扰动运动时,人们关心的是运动参数对舵偏角的反应以及运动参数对干扰的反应,所以对一些次要因素不予讨论,主要有三点:

① 不考虑结构参数的偏差 Δm,ΔI_x,ΔI_y,ΔI_z 对干扰运动的影响,认为这些参数在扰动运动和未扰动运动中是一样的,是已知的时间函数。

② 略去高度增量 Δh 对空气动力和空气动力矩的影响,当高度发生变化时,空气动力

和空气动力矩是要发生变化的,但其影响小,所以可以忽略。

③ 操纵性一般理解为舵面偏转后,弹体反应舵面偏转改变原有飞行状态的能力,以及反应快慢的程度。因此,在研究弹体本身的动态特性时,不考虑改变发动机推力的调节参数 δ_T,也不考虑控制系统的工作。

(4)假设未扰动运动的侧向运动参数 $\phi,\psi,\varphi,\gamma,\beta,p,r$ 以及侧向运动的舵偏角 δ_a,δ_r,纵向运动的参数 $\dot{\mu},q,\alpha$ 均是微量,可以在线性化时忽略其乘积,以及这些参数和其他微量的乘积。

(5)制导武器有一个对称面 Oxz 弹体坐标系,这一条件是将扰动运动分解成纵向扰动运动和侧向扰动运动所必需的。因为这一条件,加上未扰动运动的侧向参数是一阶微量,就可以略去所有空气动力的耦合项。因为有对称性,作用于对称面内的力和力矩对任何一个侧向参数的导数都等于零。这一条件保证了纵向扰动运动中无侧向运动参数。而侧向运动参数很小,可以保证侧向扰动运动中不出现纵向运动参数。

2.4.2　运动方程组的线性化

1. 气动力和气动力矩的线性化

在进行运动方程组线性化之前,先要对气动力和气动力矩进行线性化。为此,必须了解气动力和气动力矩与哪些因素有关,其中哪些因素的影响可忽略。由 2.2.3 节介绍的内容可知,对于面对称制导武器,影响气动力和气动力矩的主要参数有:Ma、α、β、p、q、r、δ_a、δ_r、δ_e。其中,马赫数 Ma 取决于 V 和 h,又因所有气动参数需要通过 Ma 和 α 作为索引查表得到,因此 V,h,α 是气动力和气动力矩的自变量。根据 2.4.1 节约定的前提(3),略去高度增量 Δh 对空气动力和空气动力矩的影响。

$$\begin{cases} D = D(V,\alpha,\delta_a,\delta_r,\delta_e) \\ Y = Y(V,\alpha,\beta,\delta_r) \\ L = L(V,\alpha,\delta_e) \\ L_A = L_A(V,\alpha,\beta,p,r,\delta_a) \\ M_A = M_A(V,\alpha,q,\delta_e) \\ N_A = N_A(V,\alpha,\beta,p,r,\delta_r) \end{cases} \tag{2-69}$$

在未扰动运动的近旁展开,忽略一阶以上的项,可得

$$\begin{cases} \Delta D = D_V\Delta V + D_\alpha\Delta\alpha + D_\beta\Delta\beta + D_{\delta_a}\Delta\delta_a + D_{\delta_r}\Delta\delta_r + D_{\delta_e}\Delta\delta_e \\ \Delta Y = Y_V\Delta V + Y_\alpha\Delta\alpha + Y_\beta\Delta\beta + Y_{\delta_r}\Delta\delta_r \\ \Delta L = L_V\Delta V + L_\alpha\Delta\alpha + L_{\delta_e}\Delta\delta_e \\ \Delta L_A = L_{AV}\Delta V + L_{A\alpha}\Delta\alpha + L_{A\beta}\Delta\beta + L_{Ap}\Delta p + L_{Ar}\Delta r + L_{A\delta_a}\Delta\delta_a + L_{A\delta_r}\Delta\delta_r \\ \Delta M_A = M_{AV}\Delta V + M_{A\alpha}\Delta\alpha + M_{Aq}\Delta q + M_{A\delta_e}\Delta\delta_e \\ \Delta N_A = N_{AV}\Delta V + N_{A\alpha}\Delta\alpha + N_{A\beta}\Delta\beta + N_{Ap}\Delta p + N_{Ar}\Delta r + N_{A\delta_r}\Delta\delta_r \end{cases} \tag{2-70}$$

将气动力和气动力矩的偏导数分别列于表 2-1 和 2-2。

表 2-1　气动力的各项偏导数

阻力的偏导数	侧力的偏导数	升力的偏导数
$D_V = \dfrac{\partial D}{\partial V} = QS_W\left(\dfrac{2}{V}C_D + \dfrac{Ma}{V}\dfrac{\partial C_D}{\partial Ma}\right)$	$Y_V = \dfrac{\partial Y}{\partial V} = QS_W\left(\dfrac{2}{V}C_Y + \dfrac{Ma}{V}\dfrac{\partial C_Y}{\partial Ma}\right)$	$L_V = \dfrac{\partial L}{\partial V} = QS_W\left(\dfrac{2}{V}C_L + \dfrac{Ma}{V}\dfrac{\partial C_L}{\partial Ma}\right)$
$D_\alpha = \dfrac{\partial D}{\partial \alpha} = QS_W\dfrac{\partial C_D}{\partial \alpha}$	$Y_\alpha = \dfrac{\partial Y}{\partial \alpha} = QS_W\dfrac{\partial C_Y}{\partial \alpha}$	$L_\alpha = \dfrac{\partial L}{\partial \alpha} = QS_W\dfrac{\partial C_L}{\partial \alpha}$
$D_\beta = \dfrac{\partial D}{\partial \beta} = QS_W\dfrac{\partial C_D}{\partial \beta}$	$Y_\beta = \dfrac{\partial Y}{\partial \beta} = QS_W\dfrac{\partial C_Y}{\partial \beta}$	$L_{\delta_e} = \dfrac{\partial L}{\partial \delta_e}$
$D_{\delta_a} = \dfrac{\partial D}{\partial \delta_a}$	$Y_{\delta_r} = \dfrac{\partial Y}{\partial \delta_r}$	
$D_{\delta_r} = \dfrac{\partial D}{\partial \delta_r}$		
$D_{\delta_e} = \dfrac{\partial D}{\partial \delta_e}$		

表 2-2　气动力矩的各项偏导数

滚转力矩的偏导数	俯仰力矩的偏导数	偏航力矩的偏导数
$L_{AV} = \dfrac{\partial L_A}{\partial V}$	$M_{AV} = \dfrac{\partial M_A}{\partial V}$	$N_{AV} = \dfrac{\partial N_A}{\partial V}$
$L_{A\alpha} = \dfrac{\partial L_A}{\partial \alpha}$	$M_{A\alpha} = \dfrac{\partial M_A}{\partial \alpha}$	$N_{A\alpha} = \dfrac{\partial N_A}{\partial \alpha}$
$L_{A\beta} = \dfrac{\partial L_A}{\partial \beta}$	$M_{Aq} = \dfrac{\partial M_A}{\partial q}$	$N_{A\beta} = \dfrac{\partial N_A}{\partial \beta}$
$L_{Ap} = \dfrac{\partial L_A}{\partial p}$	$M_{A\delta_e} = \dfrac{\partial M_A}{\partial \delta_e}$	$N_{Ap} = \dfrac{\partial N_A}{\partial p}$
$L_{Ar} = \dfrac{\partial L_A}{\partial r}$		$N_{Ar} = \dfrac{\partial N_A}{\partial r}$
$L_{A\delta_a} = \dfrac{\partial L_A}{\partial \delta_a}$		$N_{A\delta_r} = \dfrac{\partial N_A}{\partial \delta_r}$
$L_{A\delta_r} = \dfrac{\partial L_A}{\partial \delta_r}$		

2. 运动方程组的线性化及分组

根据 2.4.1 节给出的研究方法和前提条件,利用气动力与气动力矩线性化的结果,就可以对运动方程组进行线性化。

对于力方程组的第一个方程

$$m \frac{dV}{dt} = - D - mg\sin\mu + T\cos\alpha\cos\beta$$

可以线性化为

$$m \frac{d\Delta V}{dt} = f_1 (\Delta V, \Delta\alpha, \Delta\beta, \Delta\delta_a, \Delta\delta_r, \Delta\delta_e, \Delta\mu, \Delta\delta_T)$$

$$= (- D_V + T_V\cos\alpha\cos\beta) \Delta V + (- D_\alpha - T\sin\alpha\cos\beta) \Delta\alpha$$

$$+ (- D_\beta - T\cos\alpha\sin\beta) \Delta\beta + (- D_{\delta_a}) \Delta\delta_a$$

$$+ (- D_{\delta_r}) \Delta\delta_r + (- D_{\delta_e}) \Delta\delta_e$$

$$+ (- mg\cos\mu) \Delta\mu + (T_{\delta_T}\cos\alpha\cos\beta) \Delta\delta_T \tag{2-71}$$

假设未扰动运动的侧向运动参数 β 以及侧向运动的舵偏角 δ_a、δ_r 均是微量,且不考虑 δ_T 的变化,参见前提条件(3 - ①)和(4),式(2 - 71)可简化为

$$m \frac{d\Delta V}{dt} = (- D_V + T_V\cos\alpha) \Delta V + (- D_\alpha - T\sin\alpha) \Delta\alpha$$

$$+ (- D_{\delta_e}) \Delta\delta_e + (- mg\cos\mu) \Delta\mu \tag{2-72}$$

对于力方程组的第二个方程

$$mV\cos\mu \frac{d\varphi}{dt} = Y\cos\gamma + L\sin\gamma + T(- \cos\alpha\sin\beta\cos\gamma + \sin\alpha\sin\gamma)$$

可以线性化为

$$mV\cos\mu \frac{d\Delta\varphi}{dt} = f_2 (\Delta V, \Delta\alpha, \Delta\beta, \Delta\gamma, \Delta\delta_r, \Delta\delta_e, \Delta\delta_T)$$

$$= [Y_V\cos\gamma + L_V\sin\gamma + T_V(- \cos\alpha\sin\beta\cos\gamma + \sin\alpha\sin\gamma)] \Delta V$$

$$+ [Y_\alpha\cos\gamma + L_\alpha\sin\gamma + T(\sin\alpha\sin\beta\cos\gamma + \cos\alpha\sin\gamma)] \Delta\alpha$$

$$+ [Y_\beta\cos\gamma - T(\cos\alpha\cos\beta\cos\gamma)] \Delta\beta$$

$$+ [- Y\sin\gamma + L\cos\gamma + T(\cos\alpha\sin\beta\sin\gamma + \sin\alpha\cos\gamma)] \Delta\gamma$$

$$+ [Y_{\delta_r}\cos\gamma] \Delta\delta_r + [L_{\delta_e}\sin\gamma] \Delta\delta_e$$

$$+ [T_{\delta_T}(- \cos\alpha\sin\beta\cos\gamma + \sin\alpha\sin\gamma)] \Delta\delta_T \tag{2-73}$$

侧向运动参数很小,可以保证侧向扰动运动中不出现纵向运动参数,参见前提(5)。式(2 - 73)可简化为

$$mV\cos\mu \frac{d\Delta\varphi}{dt} = (Y_\beta - T\cos\alpha) \Delta\beta + (L + T\sin\alpha) \Delta\gamma + (Y_{\delta_r}) \Delta\delta \tag{2-74}$$

对于力方程组的第三个方程

$$- mV \frac{d\mu}{dt} = Y\sin\gamma - L\cos\gamma + mg\cos\mu + T(- \cos\alpha\sin\beta\sin\gamma - \sin\alpha\cos\gamma)$$

可以线性化为

49

$$-mV\frac{\mathrm{d}\Delta\mu}{\mathrm{d}t} = f_3(\Delta V,\Delta\alpha,\Delta\beta,\Delta\gamma,\Delta\delta_r,\Delta\delta_e,\Delta\mu,\Delta\delta_T)$$

$$= [Y_V\sin\gamma - L_V\cos\gamma + T_V(-\cos\alpha\sin\beta\sin\gamma - \sin\alpha\cos\gamma)]\Delta V$$

$$+ [Y_\alpha\sin\gamma - L_\alpha\cos\gamma + T(\sin\alpha\sin\beta\sin\gamma - \cos\alpha\cos\gamma)]\Delta\alpha$$

$$+ [Y_\beta\sin\gamma - T\cos\alpha\cos\beta\sin\gamma]\Delta\beta$$

$$+ [Y\cos\gamma + L\sin\gamma + T(-\cos\alpha\sin\beta\cos\gamma + \sin\alpha\sin\gamma)]\Delta\gamma$$

$$+ [Y_{\delta_r}\sin\gamma]\Delta\delta_r + [-L_{\delta_e}\cos\gamma]\Delta\delta_e + [-mg\sin\mu]\Delta\mu$$

$$+ [T_{\delta_T}(-\cos\alpha\sin\beta\sin\gamma - \sin\alpha\cos\gamma)]\Delta\delta_T \tag{2-75}$$

假设未扰动运动的侧向运动参数 β、γ 以及侧向运动的舵偏角 δ_r 均是微量,且不考虑 δ_T 的变化,参见前提条件(3 - ③)和(4),式(2-75)可简化为

$$-mV\frac{\mathrm{d}\Delta\mu}{\mathrm{d}t} = (-L_V - T_V\sin\alpha)\Delta V + (-L_\alpha - T\cos\alpha)\Delta\alpha$$

$$+ (-L_{\delta_e})\Delta\delta_e + (-mg\sin\mu)\Delta\mu \tag{2-76}$$

至此,三个力方程都已完成线性化处理。下面对力矩方程进行线性化。

因重力 G 总是通过制导武器重心,故不会产生重力力矩;通常发动机固定于制导武器纵轴方向,即只考虑发动机推力偏置角 $\alpha_T = \beta_T = 0$ 且作用点位于制导武器纵轴情况,则根据公式(2-29),推力也不会产生力矩。所以,力矩方程组包含的力矩只有气动力矩。

对于力矩方程组的第一个方程

$$\dot{p} = (c_1 r + c_2 p)q + c_3 L_A + c_4 N_A$$

利用式(2-70),可以线性化为

$$\frac{\mathrm{d}\Delta p}{\mathrm{d}t} = f_4(V,\alpha,\beta,p,q,r,\delta_a,\delta_r)$$

$$= (c_1 r + c_2 p)\Delta q + c_1 q\Delta r + c_2 q\Delta p + c_3(\Delta L_A) + c_4(\Delta N_A)$$

$$= (c_3 L_{AV} + c_4 N_{AV})\Delta V + (c_3 L_{A\alpha} + c_4 N_{A\alpha})\Delta\alpha + (c_3 L_{A\beta} + c_4 N_{A\beta})\Delta\beta$$

$$+ (c_2 q + c_3 L_{Ap} + c_4 N_{Ap})\Delta p + (c_1 r + c_2 p)\Delta q + (c_1 q + c_3 L_{Ar} + c_4 N_{Ar})\Delta r$$

$$+ c_3 L_{A\delta_a}\Delta\delta_a + (c_3 L_{A\delta_r} + c_4 N_{A\delta_r})\Delta\delta_r \tag{2-77}$$

略去 $L_{AV}\Delta V$、$N_{AV}\Delta V$ 中包含有微量参数与小偏量 ΔV 乘积的各项,同理略去 $L_{A\alpha}\Delta\alpha$ 和 $N_{A\alpha}\Delta\alpha$。还应忽略角速度与角速度小偏量的乘积,保证侧向运动参数很小时,侧向扰动运动中不出现纵向运动参数,参见前提(5)。因此,式(2-77)可简化为

$$\frac{\mathrm{d}\Delta p}{\mathrm{d}t} = (c_3 L_{A\beta} + c_4 N_{A\beta})\Delta\beta + (c_3 L_{Ap} + c_4 N_{Ap})\Delta p + (c_3 L_{Ar} + c_4 N_{Ar})\Delta r$$

$$+ c_3 L_{A\delta_a}\Delta\delta_a + (c_3 L_{A\delta_r} + c_4 N_{A\delta_r})\Delta\delta_r \tag{2-78}$$

对于力矩方程组的第二个方程

$$\dot{q} = c_5 pr - c_6(p^2 - r^2) + c_7 M_A$$

利用式(2-70),可以线性化为

$$\frac{\mathrm{d}\Delta q}{\mathrm{d}t} = f_5(V,\alpha,p,q,r,\delta_e)$$

$$= c_5 r\Delta p + c_5 p\Delta r - 2c_6(p\Delta p - r\Delta r) + c_7(\Delta M_A)$$

$$= c_5 r\Delta p + c_5 p\Delta r - 2c_6(p\Delta p - r\Delta r) + c_7 M_{AV}\Delta V$$

$$+ c_7 M_{A\alpha} \Delta\alpha + c_7 M_{Aq} \Delta q + c_7 M_{A\delta_e} \Delta\delta_e \tag{2-79}$$

可以简化为

$$\frac{\mathrm{d}\Delta q}{\mathrm{d}t} = c_7 M_{AV} \Delta V + c_7 M_{A\alpha} \Delta\alpha + c_7 M_{Aq} \Delta q + c_7 M_{A\delta_e} \Delta\delta_e \tag{2-80}$$

对于力矩方程组的第三个方程

$$\dot{r} = (c_8 p - c_2 r) q + c_4 L_A + c_9 N_A$$

利用式(2-70),可以线性化为

$$\begin{aligned}
\frac{\mathrm{d}\Delta r}{\mathrm{d}t} &= f_6(V, \alpha, \beta, p, q, r, \delta_a, \delta_r) \\
&= (c_8 p - c_2 r) \Delta q + c_8 q \Delta p - c_2 q \Delta r + c_4 (\Delta L_A) + c_9 (\Delta N_A) \\
&= (c_4 L_{AV} + c_9 N_{AV}) \Delta V + (c_4 L_{A\alpha} + c_9 N_{A\alpha}) \Delta\alpha + (c_4 L_{A\beta} + c_9 N_{A\beta}) \Delta\beta \\
&\quad + (c_8 q + c_4 L_{Ap} + c_9 N_{Ap}) \Delta p + (c_8 p - c_2 r) \Delta q + (-c_2 q + c_4 L_{Ar} + c_9 N_{Ar}) \Delta r \\
&\quad + c_4 L_{A\delta_a} \Delta\delta_a + (c_4 L_{A\delta_r} + c_9 N_{A\delta_r}) \Delta\delta_r
\end{aligned} \tag{2-81}$$

同理可简化为

$$\begin{aligned}
\frac{\mathrm{d}\Delta r}{\mathrm{d}t} &= (c_4 L_{A\beta} + c_9 N_{A\beta}) \Delta\beta + (c_4 L_{Ap} + c_9 N_{Ap}) \Delta p + (c_4 L_{Ar} + c_9 N_{Ar}) \Delta r \\
&\quad + c_4 L_{A\delta_a} \Delta\delta_a + (c_4 L_{A\delta_r} + c_9 N_{A\delta_r}) \Delta\delta_r
\end{aligned} \tag{2-82}$$

对质心运动方程组(2-65)和绕质心运动方程组(2-66)线性化结果如下

$$\begin{cases}
\dfrac{\mathrm{d}\Delta x}{\mathrm{d}t} = \cos\mu \Delta V - V\sin\mu \Delta\mu \\[2mm]
\dfrac{\mathrm{d}\Delta y}{\mathrm{d}t} = V\cos\mu \Delta\varphi \\[2mm]
\dfrac{\mathrm{d}\Delta h}{\mathrm{d}t} = \sin\mu \Delta V + V\cos\mu \Delta\mu \\[2mm]
\dfrac{\mathrm{d}\Delta\phi}{\mathrm{d}t} = \Delta p + \tan\theta \Delta r \\[2mm]
\dfrac{\mathrm{d}\Delta\theta}{\mathrm{d}t} = \Delta q \\[2mm]
\dfrac{\mathrm{d}\Delta\psi}{\mathrm{d}t} = \dfrac{\Delta r}{\cos\theta}
\end{cases} \tag{2-83}$$

八个欧拉角之间的关系方程(2-9)线性化结果如下

$$\begin{cases}
\Delta\mu = \Delta\theta - \Delta\alpha \\
\Delta\varphi = \Delta\psi + \Delta\beta \\
\Delta\phi = \Delta\gamma
\end{cases} \tag{2-84}$$

综合上述线性化结果,最终得到线性化扰动运动方程组

$$\begin{cases} m\dfrac{\mathrm{d}\Delta V}{\mathrm{d}t} = (-D_V + T_V\cos\alpha)\Delta V + (-D_\alpha - T\sin\alpha)\Delta\alpha + (-D_{\delta_e})\Delta\delta_e + (-mg\cos\mu)\Delta\mu \\[2mm] mV\cos\mu\dfrac{\mathrm{d}\Delta\varphi}{\mathrm{d}t} = (Y_\beta - T\cos\alpha)\Delta\beta + (L + T\sin\alpha)\Delta\gamma + (Y_{\delta_r})\Delta\delta_r \\[2mm] -mV\dfrac{\mathrm{d}\Delta\mu}{\mathrm{d}t} = (-L_V - T_V\sin\alpha)\Delta V + (-L_\alpha - T\cos\alpha)\Delta\alpha + (-L_{\delta_e})\Delta\delta_e + (-mg\sin\mu)\Delta\mu \\[2mm] \dfrac{\mathrm{d}\Delta p}{\mathrm{d}t} = (c_3 L_{A\beta} + c_4 N_{A\beta})\Delta\beta + (c_3 L_{Ap} + c_4 N_{Ap})\Delta p + (c_3 L_{Ar} + c_4 N_{Ar})\Delta r \\[1mm] \qquad\quad + c_3 L_{A\delta_a}\Delta\delta_a + (c_3 L_{A\delta_r} + c_4 N_{A\delta_r})\Delta\delta_r \\[2mm] \dfrac{\mathrm{d}\Delta q}{\mathrm{d}t} = c_7 M_{AV}\Delta V + c_7 M_{A\alpha}\Delta\alpha + c_7 M_{Aq}\Delta q + c_7 M_{A\delta_e}\Delta\delta_e \\[2mm] \dfrac{\mathrm{d}\Delta r}{\mathrm{d}t} = (c_4 L_{A\beta} + c_9 N_{A\beta})\Delta\beta + (c_4 L_{Ap} + c_9 N_{Ap})\Delta p + (c_4 L_{Ar} + c_9 N_{Ar})\Delta r \\[1mm] \qquad\quad + c_4 L_{A\delta_a}\Delta\delta_a + (c_4 L_{A\delta_r} + c_9 N_{A\delta_r})\Delta\delta_r \\[2mm] \dfrac{\mathrm{d}\Delta x}{\mathrm{d}t} = \cos\mu\Delta V - V\sin\mu\Delta\mu \\[2mm] \dfrac{\mathrm{d}\Delta y}{\mathrm{d}t} = V\cos\mu\Delta\varphi \\[2mm] \dfrac{\mathrm{d}\Delta h}{\mathrm{d}t} = \sin\mu\Delta V + V\cos\mu\Delta\mu \\[2mm] \dfrac{\mathrm{d}\Delta\phi}{\mathrm{d}t} = \Delta p + \tan\theta\Delta r \\[2mm] \dfrac{\mathrm{d}\Delta\theta}{\mathrm{d}t} = \Delta q \\[2mm] \dfrac{\mathrm{d}\Delta\psi}{\mathrm{d}t} = \dfrac{\Delta r}{\cos\theta} \\[2mm] \Delta\mu = \Delta\theta - \Delta\alpha \\[1mm] \Delta\varphi = \Delta\psi + \Delta\beta \\[1mm] \Delta\phi = \Delta\gamma \end{cases}$$

$$(2-85)$$

2.4.3　纵向和横侧向扰动运动分组

根据研究方法及前提条件,式(2-85)扰动运动方程组可以分为两个独立的方程组。一组描述纵向运动参数偏量的变化,即纵向运动

$$\begin{cases} \dfrac{\mathrm{d}\Delta V}{\mathrm{d}t} = \dfrac{(-D_V + T_V\cos\alpha)}{m}\Delta V + \dfrac{(-D_\alpha - T\sin\alpha)}{m}\Delta\alpha \\[2mm] \qquad\quad + \dfrac{(-D_{\delta_e})}{m}\Delta\delta_e + (-g\cos\mu)\Delta\mu \\[2mm] \dfrac{\mathrm{d}\Delta\mu}{\mathrm{d}t} = \dfrac{(L_V + T_V\sin\alpha)}{mV}\Delta V + \dfrac{(L_\alpha + T\cos\alpha)}{mV}\Delta\alpha \\[2mm] \qquad\quad + \dfrac{L_{\delta_e}}{mV}\Delta\delta_e + \dfrac{(g\sin\mu)}{V}\Delta\mu \\[2mm] \dfrac{\mathrm{d}\Delta q}{\mathrm{d}t} = c_7 M_{AV}\Delta V + c_7 M_{A\alpha}\Delta\alpha + c_7 M_{Aq}\Delta q + c_7 M_{A\delta_e}\Delta\delta_e \\[2mm] \dfrac{\mathrm{d}\Delta x}{\mathrm{d}t} = \cos\mu\Delta V - V\sin\mu\Delta\mu \\[2mm] \dfrac{\mathrm{d}\Delta h}{\mathrm{d}t} = \sin\mu\Delta V + V\cos\mu\Delta\mu \\[2mm] \dfrac{\mathrm{d}\Delta\theta}{\mathrm{d}t} = \Delta q \\[2mm] \Delta\alpha = \Delta\theta - \Delta\mu \end{cases} \tag{2-86}$$

另一组描述横侧向运动参数偏量的变化,即横侧向运动

$$\begin{cases} \cos\mu\,\dfrac{\mathrm{d}\Delta\varphi}{\mathrm{d}t} = \dfrac{(Y_\beta - T\cos\alpha)}{mV}\Delta\beta + \dfrac{(L + T\sin\alpha)}{mV}\Delta\gamma + \dfrac{(Y_{\delta_r})}{mV}\Delta\delta_r \\[2mm] \dfrac{\mathrm{d}\Delta p}{\mathrm{d}t} = (c_3 L_{A\beta} + c_4 N_{A\beta})\Delta\beta + (c_3 L_{Ap} + c_4 N_{Ap})\Delta p + (c_3 L_{Ar} + c_4 N_{Ar})\Delta r \\[2mm] \qquad\quad + c_3 L_{A\delta_a}\Delta\delta_a + (c_3 L_{A\delta_r} + c_4 N_{A\delta_r})\Delta\delta_r \\[2mm] \dfrac{\mathrm{d}\Delta r}{\mathrm{d}t} = (c_4 L_{A\beta} + c_9 N_{A\beta})\Delta\beta + (c_4 L_{Ap} + c_9 N_{Ap})\Delta p + (c_4 L_{Ar} + c_9 N_{Ar})\Delta r \\[2mm] \qquad\quad + c_4 L_{A\delta_a}\Delta\delta_a + (c_4 L_{A\delta_r} + c_9 N_{A\delta_r})\Delta\delta_r \\[2mm] \dfrac{\mathrm{d}\Delta\gamma}{\mathrm{d}t} = V\cos\mu\Delta\varphi \\[2mm] \dfrac{\mathrm{d}\Delta\phi}{\mathrm{d}t} = \Delta p + \tan\theta\Delta r \\[2mm] \dfrac{\mathrm{d}\Delta\psi}{\mathrm{d}t} = \dfrac{\Delta r}{\cos\theta} \\[2mm] \Delta\varphi = \Delta\psi + \Delta\beta \\[2mm] \Delta\phi = \Delta\gamma \end{cases} \tag{2-87}$$

严格意义上讲,经过线性化的纵向运动和横侧向运动方程组是变系数线性微分方程组。通常求解变系数线性系统比较复杂,而求解常系数线性方程则简单得多,可使用的成熟方法也很多。因此,在研究弹体动态特性时,并不对所有可能弹道逐条逐点进行分析,而是选取典型弹道上的特征点进行分析,近似认为各扰动运动方程中的扰动偏量前的系数,在特征点的附近冻结不变,将变系数线性微分方程变为常系数线性微分方程,求解得

到简化。

2.4.4 扰动运动的传递函数

在制导控制系统中,弹体运动是其中的一个环节,同时也是控制对象,求出弹体的传递函数,不仅可以分析弹体的动态特性,还可以将弹体作为操纵对象分析整个控制回路的特性。因此,建立弹体的传递函数是十分必要的。

1. 纵向扰动运动的传递函数

由公式(2-86)可知,纵向扰动运动方程的运动参数有 ΔV、$\Delta \mu$、Δq、Δx、Δh、$\Delta \theta$、$\Delta \alpha$,舵偏输入有 $\Delta \delta_e$。其中,Δx 和 Δh 并不包含于其他方程中,可以将描述 Δx 和 Δh 的两个方程独立出去。另外,三个角度运动参数 $\Delta \mu$、$\Delta \theta$ 和 $\Delta \alpha$ 之间存在简单的代数关系,所以只有两个参数是独立的。选择 $\Delta \mu$ 和 $\Delta \alpha$ 进行动态特性研究时,可以将描述 $\Delta \theta$ 的方程替换为描述 $\Delta \alpha$ 的方程。因此,纵向扰动运动方程组变为如下形式

$$\begin{cases} \dfrac{d\Delta V}{dt} = \dfrac{(-D_V + T_V\cos\alpha)}{m}\Delta V + \dfrac{(-D_\alpha - T\sin\alpha)}{m}\Delta\alpha \\ \qquad\quad + \dfrac{(-D_{\delta_e})}{m}\Delta\delta_e + (-g\cos\mu)\Delta\mu \\ \dfrac{d\Delta\mu}{dt} = \dfrac{(L_V + T_V\sin\alpha)}{mV}\Delta V + \dfrac{(L_\alpha + T\cos\alpha)}{mV}\Delta\alpha \\ \qquad\quad + \dfrac{L_{\delta_e}}{mV}\Delta\delta_e + \dfrac{(g\sin\mu)}{V}\Delta\mu \\ \dfrac{d\Delta q}{dt} = c_7 M_{AV}\Delta V + c_7 M_{A\alpha}\Delta\alpha + c_7 M_{Aq}\Delta q + c_7 M_{A\delta_e}\Delta\delta_e \\ \dfrac{d\Delta\alpha}{dt} = \Delta q - \dfrac{d\Delta\mu}{dt} \end{cases} \tag{2-88}$$

按如下规律对运动参数和舵偏输入进行编号:ΔV、$\Delta \mu$、$\Delta \alpha$、Δq、$\Delta \delta_e$ 分别定义为 1,2,3,4,5。按规定的顺序得到如下方程

$$\begin{cases} \dfrac{d\Delta V}{dt} = \dfrac{(-D_V + T_V\cos\alpha)}{m}\Delta V + (-g\cos\mu)\Delta\mu + \dfrac{(-D_\alpha - T\sin\alpha)}{m}\Delta\alpha + \dfrac{(-D_{\delta_e})}{m}\Delta\delta_e \\ \dfrac{d\Delta\mu}{dt} = \dfrac{(L_V + T_V\sin\alpha)}{mV}\Delta V + \dfrac{(g\sin\mu)}{V}\Delta\mu + \dfrac{(L_\alpha + T\cos\alpha)}{mV}\Delta\alpha + \dfrac{L_{\delta_e}}{mV}\Delta\delta_e \\ \dfrac{d\Delta\alpha}{dt} = -\dfrac{(L_V + T_V\sin\alpha)}{mV}\Delta V - \dfrac{(g\sin\mu)}{V}\Delta\mu - \dfrac{(L_\alpha + T\cos\alpha)}{mV}\Delta\alpha + \Delta q - \dfrac{L_{\delta_e}}{mV}\Delta\delta_e \\ \dfrac{d\Delta q}{dt} = c_7 M_{AV}\Delta V + c_7 M_{A\alpha}\Delta\alpha + c_7 M_{Aq}\Delta q + c_7 M_{A\delta_e}\Delta\delta_e \end{cases}$$

$$\tag{2-89}$$

按方程和运动参数的编号规律定义纵向动力系数:

$$a_{11} = \dfrac{(-D_V + T_V\cos\alpha)}{m}, \; a_{12} = -g\cos\mu, \; a_{13} = \dfrac{(-D_\alpha - T\sin\alpha)}{m}, \; a_{14} = 0, \; a_{15} = \dfrac{(-D_{\delta_e})}{m}$$

$$a_{21} = \frac{(L_V + T_V \sin\alpha)}{mV}, a_{22} = \frac{(g\sin\mu)}{V}, a_{23} = \frac{(L_\alpha + T\cos\alpha)}{mV}, a_{24} = 0, a_{25} = \frac{L_{\delta_e}}{mV}$$

$$a_{31} = -a_{21}, a_{32} = -a_{22}, a_{33} = -a_{23}, a_{34} = 1, a_{35} = -a_{25}$$

$$a_{41} = c_7 M_{AV}, a_{42} = 0, a_{43} = c_7 M_{A\alpha}, a_{44} = c_7 M_{Aq}, a_{45} = c_7 M_{A\delta_e}$$

通常在求解弹体纵向传递函数时,更为关心的是俯仰角扰动量 $\Delta\theta$ 的变化规律,因此换掉 Δq,用纵向动力系数重写纵向运动方程

$$\begin{cases} \dfrac{\mathrm{d}\Delta V}{\mathrm{d}t} - a_{11}\Delta V - a_{12}\Delta\mu - a_{13}\Delta\alpha = a_{15}\Delta\delta_e \\[2mm] -a_{21}\Delta V + \dfrac{\mathrm{d}\Delta\mu}{\mathrm{d}t} - a_{22}\Delta\mu - a_{23}\Delta\alpha = a_{25}\Delta\delta_e \\[2mm] -a_{41}\Delta V + \dfrac{\mathrm{d}^2\Delta\theta}{\mathrm{d}t^2} - a_{44}\dfrac{\mathrm{d}\Delta\theta}{\mathrm{d}t} - a_{43}\Delta\alpha = a_{45}\Delta\delta_e \\[2mm] \Delta\theta - \Delta\mu - \Delta\alpha = 0 \end{cases} \qquad (2-90)$$

对式(2-90)进行拉普拉斯变换,得到

$$\begin{cases} (s - a_{11})\Delta V(s) - a_{12}\Delta\mu(s) - a_{13}\Delta\alpha(s) = a_{15}\Delta\delta_e(s) \\ -a_{21}\Delta V(s) + (s - a_{22})\Delta\mu(s) - a_{23}\Delta\alpha(s) = a_{25}\Delta\delta_e(s) \\ -a_{41}\Delta V(s) + s(s - a_{44})\Delta\theta(s) - a_{43}\Delta\alpha(s) = a_{45}\Delta\delta_e(s) \\ \Delta\theta(s) - \Delta\mu(s) - \Delta\alpha(s) = 0 \end{cases}$$

调整方程顺序,化成行列式形式

$$\begin{bmatrix} s - a_{11} & 0 & -a_{12} & -a_{13} \\ -a_{41} & s(s - a_{44}) & 0 & -a_{43} \\ -a_{21} & 0 & s - a_{22} & -a_{23} \\ 0 & 1 & -1 & -1 \end{bmatrix} \begin{bmatrix} \Delta V(s) \\ \Delta\theta(s) \\ \Delta\mu(s) \\ \Delta\alpha(s) \end{bmatrix} = \begin{bmatrix} a_{15} \\ a_{45} \\ a_{25} \\ 0 \end{bmatrix} \Delta\delta_e(s) \qquad (2-91)$$

因此,输出量的象函数为

$$\Delta V(s) = \frac{\Delta_V}{\Delta}, \quad \Delta\theta(s) = \frac{\Delta_\theta}{\Delta}, \quad \Delta\mu(s) = \frac{\Delta_\mu}{\Delta}, \quad \Delta\alpha(s) = \frac{\Delta_\alpha}{\Delta}$$

其中,Δ 为方程的系数行列式,即特征行列式,而 $\Delta_V, \Delta_\theta, \Delta_\mu, \Delta_\alpha$ 是用方程右端所组成的列带入系数行列式相应各列得到的行列式。

特征行列式 $\Delta = \begin{bmatrix} s - a_{11} & 0 & -a_{12} & -a_{13} \\ -a_{41} & s(s - a_{44}) & 0 & -a_{43} \\ -a_{21} & 0 & s - a_{22} & -a_{23} \\ 0 & 1 & -1 & -1 \end{bmatrix}$ 的特征方程式为:

$$s^4 + a_1 s^3 + a_2 s^2 + a_3 s + a_4 = 0 \qquad (2-92)$$

其中

$$\begin{cases} a_1 = -a_{11} - a_{22} + a_{23} - a_{44} \\ a_2 = a_{22}a_{44} - a_{23}a_{44} - a_{43} + a_{11}a_{22} - a_{11}a_{23} + a_{11}a_{44} - a_{21}a_{12} + a_{21}a_{13} \\ a_3 = a_{43}a_{22} - a_{11}a_{44}a_{22} + a_{11}a_{44}a_{23} + a_{11}a_{43} - a_{41}a_{13} + a_{21}a_{44}a_{12} - a_{21}a_{44}a_{13} \\ a_4 = -a_{11}a_{43}a_{22} - a_{41}a_{12}a_{23} + a_{41}a_{13}a_{22} + a_{21}a_{12}a_{43} \end{cases}$$

弹体运动的纵向稳定性可以由特征方程(2-92)的根来描述。如果弹体纵向扰动运动由两个振荡运动组成,则一对大复根所对应的高频快衰减运动,称为短周期运动;一对小复根对应的低频慢衰减运动,称为长周期运动。

由于弹体飞行速度的惯性相比弹体旋转的惯性大得多,在扰动运动的初期,飞行速度来不及发生显著变化,特别是有翼式制导武器具有较大的阻尼,弹体的转动实际上在扰动运动最初几秒内就结束了。另外,在设计制导武器及其制导系统时,只研究扰动运动短周期阶段。因为飞行必须控制法向力,而控制法向力是通过改变攻角和侧滑角来达到的,而攻角实际上仅在短周期阶段变化,因此主要研究制导武器在这一阶段内对操纵机构偏转的反应。

设 $\Delta V = 0$,得到简化的纵向扰动运动方程

$$\begin{cases} (s - a_{22})\Delta\mu(s) - a_{23}\Delta\alpha(s) = a_{25}\Delta\delta_e(s) \\ s(s - a_{44})\Delta\theta(s) - a_{43}\Delta\alpha(s) = a_{45}\Delta\delta_e(s) \\ \Delta\theta(s) - \Delta\mu(s) - \Delta\alpha(s) = 0 \end{cases}$$

化成行列式形式

$$\begin{bmatrix} 0 & s - a_{22} & -a_{23} \\ s(s - a_{44}) & 0 & -a_{43} \\ 1 & -1 & -1 \end{bmatrix} \begin{bmatrix} \Delta\theta(s) \\ \Delta\mu(s) \\ \Delta\alpha(s) \end{bmatrix} = \begin{bmatrix} a_{25} \\ a_{45} \\ 0 \end{bmatrix} \Delta\delta_e(s)$$

特征行列式

$$\begin{aligned} \Delta &= \begin{bmatrix} 0 & s - a_{22} & -a_{23} \\ s(s - a_{44}) & 0 & -a_{43} \\ 1 & -1 & -1 \end{bmatrix} \\ &= s(s - a_{22})(s - a_{44}) + s(s - a_{44})a_{23} - (s - a_{22})a_{43} \\ &= s^3 + (a_{23} - a_{22} - a_{44})s^2 + (a_{22}a_{44} - a_{23}a_{44} - a_{43})s + a_{22}a_{43} \end{aligned}$$

行列式

$$\begin{aligned} \Delta_\theta &= \begin{bmatrix} a_{25} & s - a_{22} & -a_{23} \\ a_{45} & 0 & -a_{43} \\ 0 & -1 & -1 \end{bmatrix} \\ &= s \cdot a_{45} + a_{23}a_{45} - a_{43}a_{25} - a_{22}a_{45} \end{aligned}$$

则

$$W_{\delta_e}^\theta = \frac{\Delta\theta(s)}{\Delta\delta_e(s)} = \frac{s \cdot a_{45} + a_{23}a_{45} - a_{43}a_{25} - a_{22}a_{45}}{s^3 + (a_{23} - a_{22} - a_{44})s^2 + (a_{22}a_{44} - a_{23}a_{44} - a_{43})s + a_{22}a_{43}}$$

若忽略重力影响,则 $a_{32} = -a_{22} = 0$,从而得到纵向短周期运动的弹体传递函数为

$$W_{\delta_e}^{\theta} = \frac{\Delta\theta(s)}{\Delta\delta_e(s)} = \frac{s \cdot a_{45} + a_{23}a_{45} - a_{43}a_{25}}{s^3 + (a_{23} - a_{44})s^2 + (-a_{23}a_{44} - a_{43})s} \tag{2-93}$$

在弹体的操纵性分析中,一般选用 $\Delta\dot\theta$ 为输出量,得到简化的传递函数

$$W_{\delta_e}^{\dot\theta} = \frac{\Delta\dot\theta(s)}{\Delta\delta_e(s)} = \frac{s \cdot a_{45} + a_{23}a_{45} - a_{43}a_{25}}{s^2 + (a_{23} - a_{44})s + (-a_{23}a_{44} - a_{43})}$$

$$= \frac{\dfrac{a_{45}}{(-a_{23}a_{44} - a_{43})}s + \dfrac{a_{23}a_{45} - a_{43}a_{25}}{(-a_{23}a_{44} - a_{43})}}{\dfrac{1}{(-a_{23}a_{44} - a_{43})}s^2 + \dfrac{(a_{23} - a_{44})}{(-a_{23}a_{44} - a_{43})}s + 1} \tag{2-94}$$

计算出(2-94)公式中的动力系数 a_{ij},即可判断制导武器纵向运动的稳定性及操纵性。例如,某型制导武器,选择特征点:高度 $h = 12000\text{m}$,速度 $V = 0.9$ 马赫,攻角 $\alpha = 10°$(其他初始条件均为零)。与纵向传递函数相关的动力系数 a_{ij},如表 2-3 所示。

表 2-3　特征点对应的纵向传递函数的动力系数

动力系数 a_{ij}	取值
a_{23}	-0.004092
a_{25}	0.0003586
a_{43}	-2.824
a_{44}	-4.963
a_{45}	-3.965

则弹体纵向传递函数为

$$W_{\delta_e}^{\dot\theta} = \frac{-1.414s + 0.006148}{0.3567s^2 + 1.769s + 1} \tag{2-95}$$

特征方程为

$$0.3567s^2 + 1.769s + 1 = 0 \tag{2-96}$$

解得,其特征根为:$s_1 = -4.3087$,$s_2 = -0.6507$。因为特征根为两个负实根,所以在该特征点制导武器的纵向运动是稳定的。

2. 横侧向扰动运动的传递函数

由公式(2-87)可知,侧向扰动运动方程的运动参数有 $\Delta\varphi$、Δp、Δr、Δy、$\Delta\phi$、$\Delta\psi$、$\Delta\beta$ 和 $\Delta\gamma$,舵偏输入有 $\Delta\delta_a$ 和 $\Delta\delta_r$。其中,Δy 不包含于其他方程中,可将描述 Δy 的方程独立出去。另外,三个角度运动参数 $\Delta\varphi$、$\Delta\psi$ 和 $\Delta\beta$ 之间存在简单的代数关系,所以只有两个参数是独立的。选择 $\Delta\beta$ 进行动态特性研究时,可以将描述 $\Delta\varphi$ 的方程替换为描述 $\Delta\beta$ 的方程。因此,侧向扰动运动方程组变为如下形式

$$\begin{cases} \dfrac{\mathrm{d}\Delta\beta}{\mathrm{d}t} = \dfrac{(Y_\beta - T\cos\alpha)}{mV\cos\mu}\Delta\beta + \dfrac{g}{V}\Delta\varphi - \dfrac{1}{\cos\theta}\Delta r + \dfrac{(Y_{\delta_r})}{mV\cos\mu}\Delta\delta_r \\[2mm] \dfrac{\mathrm{d}\Delta p}{\mathrm{d}t} = (c_3 L_{A\beta} + c_4 N_{A\beta})\Delta\beta + (c_3 L_{Ap} + c_4 N_{Ap})\Delta p + (c_3 L_{Ar} + c_4 N_{Ar})\Delta r \\[1mm] \qquad\quad + c_3 L_{A\delta_a}\Delta\delta_a + (c_3 L_{A\delta_r} + c_4 N_{A\delta_r})\Delta\delta_r \\[2mm] \dfrac{\mathrm{d}\Delta r}{\mathrm{d}t} = (c_4 L_{A\beta} + c_9 N_{A\beta})\Delta\beta + (c_4 L_{Ap} + c_9 N_{Ap})\Delta p + (c_4 L_{Ar} + c_9 N_{Ar})\Delta r \\[1mm] \qquad\quad + c_4 L_{A\delta_a}\Delta\delta_a + (c_4 L_{A\delta_r} + c_9 N_{A\delta_r})\Delta\delta_r \\[2mm] \dfrac{\mathrm{d}\Delta\phi}{\mathrm{d}t} = \Delta p + \tan\theta\Delta r \end{cases} \tag{2-97}$$

其中,式(2-97)第一个方程右端 $\Delta\phi$ 的系数,根据下面的推导可得。力方程组(2-68(a))的第三个方程为

$$-mV\frac{\mathrm{d}\mu}{\mathrm{d}t} = Y\sin\gamma - L\cos\gamma + mg\cos\mu + T(-\cos\alpha\sin\beta\sin\gamma - \sin\alpha\cos\gamma)$$

由于 μ 和 γ 都很小,则有 $L + T\sin\alpha = mg\cos\mu$,代入式(2-87)即可。

按如下规律对运动参数和舵偏输入进行编号:$\Delta\beta$、$\Delta\phi$、Δp、Δr、$\Delta\delta_a$、$\Delta\delta_r$ 分别定义为 1,2,3,4,5,6。按规定的顺序得到如下方程

$$\begin{cases} \dfrac{\mathrm{d}\Delta\beta}{\mathrm{d}t} = b_{11}\Delta\beta + b_{12}\Delta\phi + b_{14}\Delta r + b_{16}\Delta\delta_r \\[2mm] \dfrac{\mathrm{d}\Delta\phi}{\mathrm{d}t} = b_{23}\Delta p + b_{24}\Delta r \\[2mm] \dfrac{\mathrm{d}\Delta p}{\mathrm{d}t} = b_{31}\Delta\beta + b_{33}\Delta p + b_{34}\Delta r + b_{35}\Delta\delta_a + b_{36}\Delta\delta_r \\[2mm] \dfrac{\mathrm{d}\Delta r}{\mathrm{d}t} = b_{41}\Delta\beta + b_{43}\Delta p + b_{44}\Delta r + b_{45}\Delta\delta_a + b_{46}\Delta\delta_r \end{cases} \tag{2-98}$$

其中,侧向动力系数

$b_{11} = \dfrac{(Y_\beta - T\cos\alpha)}{mV\cos\mu}$, $b_{12} = \dfrac{g}{V}$, $b_{14} = -\dfrac{1}{\cos\theta}$, $b_{16} = \dfrac{(Y_{\delta_r})}{mV\cos\mu}$

$b_{23} = 1$, $b_{24} = \tan\theta$

$b_{31} = (c_3 L_{A\beta} + c_4 N_{A\beta})$, $b_{33} = (c_3 L_{Ap} + c_4 N_{Ap})$, $b_{34} = (c_3 L_{Ar} + c_4 N_{Ar})$,

$b_{35} = c_3 L_{A\delta_a}$, $b_{36} = (c_3 L_{A\delta_r} + c_4 N_{A\delta_r})$

$b_{41} = (c_4 L_{A\beta} + c_9 N_{A\beta})$, $b_{43} = (c_4 L_{Ap} + c_9 N_{Ap})$, $b_{44} = (c_4 L_{Ar} + c_9 N_{Ar})$,

$b_{45} = c_4 L_{A\delta_a}$, $b_{46} = (c_4 L_{A\delta_r} + c_9 N_{A\delta_r})$

对式(2-98)进行拉普拉斯变换,简化得到

$$\begin{cases} (s - b_{11})\Delta\beta(s) - b_{12}\Delta\phi(s) - b_{14}\Delta r(s) = b_{16}\Delta\delta_r(s) \\ s\Delta\phi(s) - b_{23}\Delta p(s) - b_{24}\Delta r(s) = 0 \\ -b_{31}\Delta\beta(s) + (s - b_{33})\Delta p(s) - b_{34}\Delta r(s) = b_{35}\Delta\delta_a(s) + b_{36}\Delta\delta_r(s) \\ -b_{41}\Delta\beta(s) - b_{43}\Delta p(s) + (s - b_{44})\Delta r(s) = b_{45}\Delta\delta_a(s) + b_{46}\Delta\delta_r(s) \end{cases}$$

化成行列式形式

$$\begin{bmatrix} s-b_{11} & -b_{12} & 0 & -b_{14} \\ 0 & s & -b_{23} & -b_{24} \\ -b_{31} & 0 & (s-b_{33}) & -b_{34} \\ -b_{41} & 0 & -b_{43} & s-b_{44} \end{bmatrix} \begin{bmatrix} \Delta\beta(s) \\ \Delta\phi(s) \\ \Delta p(s) \\ \Delta r(s) \end{bmatrix} = \begin{bmatrix} b_{16}\Delta\delta_r(s) \\ 0 \\ b_{35}\Delta\delta_a(s)+b_{36}\Delta\delta_r(s) \\ b_{45}\Delta\delta_a(s)+b_{46}\Delta\delta_r(s) \end{bmatrix} \quad (2-99)$$

侧向运动特征行列式 $\Delta = \begin{bmatrix} s-b_{11} & -b_{12} & 0 & -b_{14} \\ 0 & s & -b_{23} & -b_{24} \\ -b_{31} & 0 & (s-b_{33}) & -b_{34} \\ -b_{41} & 0 & -b_{43} & s-b_{44} \end{bmatrix}$ 的特征方程式为

$$s^4 + b_1 s^3 + b_2 s^2 + b_3 s + b_4 = 0 \quad (2-100)$$

其中

$$\begin{cases} b_1 = -b_{11} - b_{33} - b_{44} \\ b_2 = b_{33}b_{44} + b_{11}b_{44} + b_{11}b_{33} - b_{14}b_{41} - b_{34}b_{43} \\ b_3 = -b_{11}b_{33}b_{44} - b_{12}b_{23}b_{31} - b_{12}b_{24}b_{41} - b_{14}b_{31}b_{43} + b_{14}b_{33}b_{41} + b_{11}b_{34}b_{43} \\ b_4 = b_{12}b_{23}b_{31}b_{44} + b_{12}b_{24}b_{33}b_{41} - b_{12}b_{23}b_{34}b_{41} - b_{12}b_{24}b_{31}b_{43} \end{cases}$$

通常制导武器有气动对称外形,在忽略重力影响的情况下,可假设偏航舵和滚动舵两者互不相关。也就是说,当偏航舵偏转时,滚动舵固定不动,反之滚动舵偏转时,偏航舵固定不动,这样可将侧向运动分成偏航运动和倾斜运动来研究。

偏航扰动运动方程如下

$$\begin{cases} \dfrac{\mathrm{d}\Delta\beta}{\mathrm{d}t} = \dfrac{(Y_\beta - T\cos\alpha)}{mV\cos\mu}\Delta\beta - \dfrac{1}{\cos\theta}\Delta r + \dfrac{(Y_{\delta_r})}{mV\cos\mu}\Delta\delta_r \\ \dfrac{\mathrm{d}\Delta r}{\mathrm{d}t} = (c_4 L_{A\beta} + c_9 N_{A\beta})\Delta\beta + (c_4 L_{Ar} + c_9 N_{Ar})\Delta r + (c_4 L_{A\delta_r} + c_9 N_{A\delta_r})\Delta\delta_r \\ \dfrac{\mathrm{d}\Delta\psi}{\mathrm{d}t} = \dfrac{\Delta r}{\cos\theta} \\ \Delta\varphi = \Delta\psi + \Delta\beta \end{cases} \quad (2-101)$$

求解弹体偏航传递函数

$$\begin{cases} \dfrac{\mathrm{d}\Delta\beta}{\mathrm{d}t} - b_{11}\Delta\beta - b_{14}\Delta r = b_{16}\Delta\delta_r \\ -b_{41}\Delta\beta + \dfrac{\mathrm{d}\Delta r}{\mathrm{d}t} - b_{44}\Delta r = b_{46}\Delta\delta_r \end{cases}$$

对上式进行拉普拉斯变换,简化得到

$$\begin{cases} (s-b_{11})\Delta\beta(s) - b_{14}\Delta r(s) = b_{16}\Delta\delta_r(s) \\ -b_{41}\Delta\beta(s) + (s-b_{44})\Delta r(s) = b_{46}\Delta\delta_r(s) \end{cases}$$

化成行列式形式

$$\begin{bmatrix} s-b_{11} & -b_{14} \\ -b_{41} & s-b_{44} \end{bmatrix} \begin{bmatrix} \Delta\beta(s) \\ \Delta r(s) \end{bmatrix} = \begin{bmatrix} b_{16}\Delta\delta_r(s) \\ b_{46}\Delta\delta_r(s) \end{bmatrix} \quad (2-102)$$

特征行列式

$$\Delta = \begin{bmatrix} s - b_{11} & -b_{14} \\ -b_{41} & s - b_{44} \end{bmatrix} = s^2 - (b_{11} + b_{44})s + (b_{11}b_{44} - b_{14}b_{41})$$

$$\Delta_{\Delta r} = \begin{bmatrix} s - b_{11} & b_{16} \\ -b_{41} & b_{46} \end{bmatrix} = b_{46}s + (b_{16}b_{41} - b_{11}b_{46})$$

$$\Delta \dot{\psi} = -b_{14}\Delta r$$

则偏航弹体传递函数

$$
\begin{aligned}
W_{\delta_r}^{\dot{\psi}} &= \frac{-b_{14}b_{46}s - b_{14}(b_{16}b_{41} - b_{11}b_{46})}{s^2 - (b_{11} + b_{44})s + (b_{11}b_{44} - b_{14}b_{41})} \\
&= \frac{\dfrac{-b_{14}b_{46}}{(b_{11}b_{44} - b_{14}b_{41})}s + \dfrac{-b_{14}(b_{16}b_{41} - b_{11}b_{46})}{(b_{11}b_{44} - b_{14}b_{41})}}{\dfrac{1}{(b_{11}b_{44} - b_{14}b_{41})}s^2 - \dfrac{(b_{11} + b_{44})}{(b_{11}b_{44} - b_{14}b_{41})}s + 1}
\end{aligned}
\tag{2-103}
$$

计算出 $(2-103)$ 公式中的动力系数 b_{ij}，即可判断制导武器偏航运动的稳定性及操纵性。例如，某型制导武器，选择特征点：高度 $h = 12000\text{m}$，速度 $V = 0.9$ 马赫，攻角 $\alpha = 10°$（其他初始条件均为零）。可得到与侧向传递函数相关的动力系数 b_{ij}，如表 $2-4$ 所示。

表 $2-4$ 特征点对应的侧向传递函数的动力系数

动力系数 b_{ij}	取值
b_{11}	0.004454
b_{14}	1
b_{16}	0.0004214
b_{41}	-0.1279
b_{44}	-0.02525
b_{46}	0.5419

则偏航弹体传递函数为

$$W_{\delta_r}^{\dot{\psi}} = \frac{-4.24s + 0.01931}{7.825s^2 + 0.1627s + 1} \tag{2-104}$$

特征方程为

$$7.825s^2 + 0.1627s + 1 = 0 \tag{2-105}$$

解得，其特征根为：$s_1 = -0.0104 + i0.3573$，$s_2 = -0.0104 - i0.3573$。易知方程的根都在虚轴左侧，则该型制导武器的偏航运动是稳定的。操纵性可由传递函数的阶跃响应获得。

滚动运动可以从侧向运动中单独出来，不考虑偏航运动和滚动运动的交连，滚动运动可以简化为

$$
\begin{cases}
\dfrac{\mathrm{d}\Delta p}{\mathrm{d}t} = (c_3 L_{Ap} + c_4 N_{Ap})\Delta p + c_3 L_{A\delta_a}\Delta \delta_a \\
\dfrac{\mathrm{d}\Delta \phi}{\mathrm{d}t} = \Delta p
\end{cases}
$$

求解弹体滚动传递函数

$$\frac{\mathrm{d}\Delta p}{\mathrm{d}t} = b_{33}\Delta p + b_{35}\Delta\delta_a$$

对上式进行拉普拉斯变换，简化得到

$$(s - b_{33})\Delta p(s) = b_{35}\Delta\delta_a(s)$$

滚动弹体传递函数

$$W_{\delta_a}^{\dot\phi} = \frac{\Delta\dot\phi(s)}{\Delta\delta_a(s)} = \frac{b_{35}}{(s - b_{33})} \qquad (2-106)$$

计算出(2-106)公式中相关的动力系数 b_{ij}，即可判断制导武器滚转运动的稳定性及操纵性。例如，某型制导武器，其特征点：高度 $h = 12000\mathrm{m}$，速度 $V = 0.9$ 马赫，攻角 $\alpha = 10°$（其他初始条件均为零）。可得到与滚动传递函数相关的动力系数：$b_{33} = -0.01438$，$b_{35} = 0.9179$。

滚动弹体传递函数为

$$W_{\delta_a}^{\dot\phi} = \frac{0.9179}{s + 0.01438} \qquad (2-107)$$

特征方程为

$$s + 0.01438 = 0 \qquad (2-108)$$

解得，其特征根为：$s = -0.01438$。易知方程的根都在虚轴左侧，则此制导武器滚动运动是稳定的。操纵性可由滚动传递函数的阶跃响应获得。

2.5　制导武器的静稳定性分析

制导武器在作定态直线飞行时，被称作处于飞行的（纵向）平衡状态。此时相对于重心的力矩必为零。考虑到定态直线飞行时，$q = 0$，于是，平衡状态的必要条件为

$$C_m = C_{m0} + C_{m\alpha}\alpha + C_{m\delta_e}\delta_e = 0$$

从上式可看出，制导武器可以保持在某一攻角下，实现平衡状态飞行。当然也可以在攻角 $\alpha = 0$ 时保持平衡状态飞行。

平衡状态有三种：稳定平衡、不稳定平衡和中立平衡，并由此引出制导武器的稳定性与不稳定性概念。

制导武器的稳定性是指它抵制扰动影响的一种能力。常遇到的扰动因素有阵风、大气湍流、风切变和制导武器某些系统的运作（机弹分离）等。处于平衡飞行状态的制导武器，当受到扰动后一般会偏离其平衡状态，致使质心的运动状况和弹体的空间姿态有所改变。但扰动消失后，制导武器具有恢复到原始平衡飞行状态的能力，则称制导武器具有飞行的稳定性，否则称为不稳定。

稳定性有静稳定性和动稳定性两种。静稳定性着眼于制导武器在静止状态下受扰动后所显现出来的一种带趋向性的气动特性，并未联系到它的运动方程。本文只讨论静稳定性。

1. 静稳定性

下面以纵向静稳定性为例进行讨论,并假设制导武器在平衡状态下飞行时,$\alpha = 0$。

图 2-11 是尾翼式制导武器具有纵向静稳定性的机理示意图。$\alpha = 0$ 情况下的原始姿态,制导武器只受重力和阻力,而且压心在重心后面。阻力虽不作用在重心上,但其延长线通过重心,所以在重心处无气动力矩出现。当扰动引起 $\Delta\alpha > 0$ 时(引起 $+\Delta\alpha$ 出现的原因,可以是下降气流,或是大气湍流等),压心处有升力 L 产生,随即在重心处产生俯仰力矩 $-M_A$,它使弹体低头,即有消除 $+\Delta\alpha$ 的性质,这就是说由 $\Delta\alpha$ 导致的抬头,随即被 M_A 的低头给抵制了。这就是弹体具有静稳定性的表现。$\Delta\alpha < 0$ 时,M_A 抵制弹的低头而使其仰头,这又是具有静稳定性的表现。

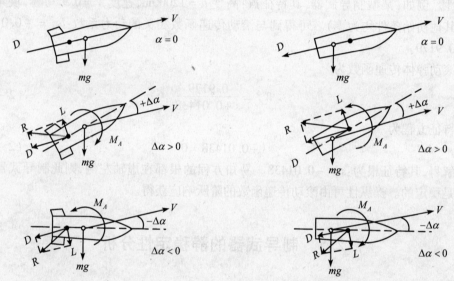

图 2-11 尾翼式制导武器的静稳定性示意图   图 2-12 无尾翼制导武器的静不稳定性示意图

2. 静不稳定性

图 2-12 是某种无尾式制导武器具有纵向静不稳定性的机理示意图。当注意到压心在重心前面以后,读者可按照上述方法自行分析这种制导武器为何是静不稳定的。需强调的是,并不是无尾式制导武器必定是静不稳定的。关键的一点是压心、重心的相互位置。凡是压心在重心之后的,它就具有静稳定性,反之,它就是静不稳定的。

3. 制导武器静稳定性判据

制导武器纵向静稳定性的判据是俯仰力矩系数 C_m 对攻角 α 的导数,即 $C_{m\alpha}$。判别方法是看 $C_{m\alpha}$ 的符号:

(1) 如果 $C_{m\alpha}\big|_{\alpha=\alpha_B} < 0$,即重心在压心之前,制导武器是纵向静稳定的。

(2) 如果 $C_{m\alpha}\big|_{\alpha=\alpha_B} > 0$,即重心在压心之后,制导武器是纵向静不稳定的。

(3) 如果 $C_{m\alpha}\big|_{\alpha=\alpha_B} = 0$,即重心与压心重合,制导武器纵向中立静稳定。

此处 α_B 是平衡攻角,制导武器在这个攻角下的运动状态是定态直线飞行,绕质心没有力矩存在。

思考与练习

2-1　利用坐标轴系之间的转换关系推导出公式(2-9)。

2-2　按质心动力学、绕质心动力学、质心运动学、绕质心运动学以及 8 个欧拉角联系方程的顺序,列写制导武器空间运动方程组。

2-3　分析说明研究制导武器动态特性的一般思路。

2-4　举例说明制导武器纵向静稳定性和静不稳定性机理。

第3章　制导武器飞行控制系统设计

制导武器飞行控制系统的作用是:使制导武器能稳定飞行,并提供执行导引指令的可能。制导武器飞行控制系统的功能是通过控制作用使制导武器的运动状态按预定的要求变化。当制导武器受到干扰时能克服干扰,使其能稳定在给定的弹道上;当制导武器攻击目标时,能接受导引信号,自动跟踪并飞向目标。

早期的制导武器飞行控制系统是指由自动驾驶仪和弹体构成的闭合回路(又称为稳定控制系统)。在飞行控制系统中,自动驾驶仪是控制器,制导武器是控制对象。由于制导武器的飞行动力学特性在飞行过程中会发生大范围、快速度和事先无法预知的变化,飞行控制系统还必须把制导武器改造成为动态和静态特性变化不大,且具有良好操纵特性的制导对象,使制导控制系统在制导武器的各种飞行条件下,均具有必要的制导精度。

3.1　制导武器的控制方法

用数学方法详细描述制导武器在导引指令作用下所产生的空间运动之前,需要做一些规定和讨论。例如,要让制导武器自由地滚动,还是要控制它的滚动方位? 操纵制导武器采用转动控制面的方法,还是采用改变推力方向的办法?

为了方便,先从规定制导武器控制系统任务开始。制导武器的导引系统的任务之一是测出制导武器相对于目标是否飞得太高或太低、太偏左或太偏右。在测出这些偏差或误差之后,经过导引律的计算形成指令信号,送到控制系统中,通过控制系统的作用把这些误差减小到零。总之,制导武器控制系统的作用就是,在保证制导武器稳定飞行的前提下,接受导引指令信号后,能迅速而有效地操纵制导武器。

假定导引设备"看见"制导武器与目标的位置关系如图 3-1(a)所示(如在遥控制导中,制导武器位于瞄准线外的 M 点),其中 M 点代表制导武器,O 点代表目标,此时意味着制导武器偏右且偏低。很自然地,可用直角坐标系统表示。导引设备只要产生两个角误差信号,即一个高低角误差信号和一个左右(方位)角误差信号,就能将这些信号发送到制导武器上的两个独立的伺服机构(如升降舵伺服机构和方向舵伺服机构),以消除这些误差。这种控制方式也称直角坐标法控制。

制导武器与目标的位置关系的同样信息,也可用极坐标表示,即用 R 和 ϕ 表示,如图 3-1(b)所示。在这种情况下,控制系统必须采用与直角坐标法不同的机构来实现。通常的方法是把 ϕ 信号作为滚动指令,使制导武器从垂直面算起滚动一个 ϕ 角,用制导武器的升降舵操纵制导武器向目标机动。这种控制方法也称作按极坐标控制。

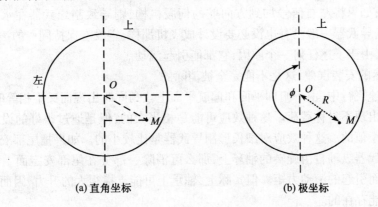

(a) 直角坐标　　　　　　　　(b) 极坐标

图 3-1 坐标控制方法

制导武器通常有一个或两个对称轴。如果制导武器装有如图 3-2 所示的四个控制舵面,那么一般情况下可以把控制面 1 和 3 看作是升降舵,而把控制面 2 和 4 看作是方向舵。如果控制面 1 和 3 互相是机械连接的,那么舵机必定给这两个舵面以同样的转动,此时这些舵面是单纯的升降舵;对于方向舵也是这样的道理。当四个舵面各有其单独的舵机时,不同的舵面偏转角度组合,可产生不同的运动。假如朝图 3-2 所示的 y 方向看过去,控制面 1 顺时针旋转了 δ_0,而控制面 3 逆时针旋转了 δ_0,这就使制导武器产生一个绕纵轴的纯力偶,这个力偶将使制导武器滚动,此时控制面就起到了相当于飞机副翼的作用。若用同样的方法控制舵面 2 和 4,那么就能取得双倍的副翼能力。如果此飞行状态下的气动力特性是线性的,也即法向力与攻角成正比,那么就可以应用叠加原理,使升降舵、方向舵和副翼转动的指令信号,分别分解到各个舵面,然后叠加起来作用到相应的控制面上,产生相应的运动。采用这种方式可以控制制导武器的俯仰(即上下)、偏航(即左右)和滚动运动。

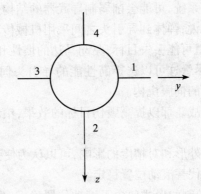

图 3-2 从制导武器尾部观看的控制面

3.1.1 滚动控制

采用直角坐标式控制时,人们希望制导武器在整个飞行过程中都保持在发射时的滚动位置上。如果将上下方面的导引信号加到升降舵的伺服机构,则导致制导武器在垂直方向的机动;如果将左右信号加到方向舵的伺服机构,则导致制导武器在水平方向的机动。但是,制导武器一般没有也没必要设计成飞机那样,它没有保持同一的滚动位置的倾向。事实上,由于下述任何一个原因,它都能引起滚动。

(1)偶然的安装误差,这是不能完全被消除的。

在超音速飞行中,由于俯仰平面和偏航平面上攻角同时出现而又不相等时,在升力面和控制面上出现不对称载荷。这种效应可能是相当大的,但是通过很好的设计是可以把它减小到最小值的。这种效应对细长形制导武器是比较小的。如果把尾部安定面装在一个可绕制导武器纵轴自由旋转的轴环上,那么可消除一部分在尾部安定面上由于不对称的激波冲击而引起的滚动力矩。但实际上,轴承上可能支撑很大的升力,因而完全的转动自由是不可能存在的。

(2)大气的扰动,尤其是当制导武器贴近地面飞行时是非常严重的。

若导引系统探测装置是在弹外,而制导武器装有测量滚动的陀螺仪和分解器来保证指令按正确的比例混合(叠加)后送到升降舵和方向舵那里,那么上下和左右的信号是能够被正确执行的。但是,制导武器的动力学特性表明,高速滚动会产生两个通道的耦合,并且容易使系统趋于不稳定。若导引系统探测装置是安装在弹上(如自寻的制导),则导引系统和控制系统共用同一参考轴,因此在制导武器旋转时,导引探测器和控制系统一同旋转,就不需要分解导引信号了。但是,还是有很多理由使制导武器系统的设计者总是希望对制导武器的滚动位置进行控制(也就是稳定),比如:如果制导武器可能由地面或海上的低角度雷达导引,则在制导武器中一起使用垂直极化制导指令和垂直极化天线,将有利于制导武器接收机鉴别以地面或海面为背景的反射波,以克服"多径"效应。

对于用无线电高度表来控制高度而贴近海面飞行的制导武器,高度表必须向下指向 $\pm15°$ 左右,如果有足够的窗口可用,就可以安装一个圆周扫描式天线系统。尽管如此,制导武器向所有方向辐射能量,不仅浪费功率,而且容易暴露自己——这不是一个很通用的方法;此外,圆周扫描式天线系统,可能会削弱制导武器的结构强度。

对于自寻的制导武器来说,弹体到导引头之间采用机械传动时,那么当制导武器高速滚动且导引头指向侧方时,就可能丢失目标;驱动马达的惯性和传动中的摩擦往往会使得导引头跟随制导武器运动,尽管这可以选择高性能的导引头伺服机构来克服。而滚动位置控制则容许采用性能较低的伺服机构。

如果制导武器采用定向战斗部以提高毁伤目标的效果,滚动位置控制(稳定)可以保证战斗部指向目标方向。

考虑到制导武器的气动外形和对精度的影响,可以认为使弹体高速滚动是不合适的。一般可以用滚动速度稳定来代替滚动位置稳定。

应当注意,按极坐标法控制的形式包含了滚动位置稳定,更确切地说,它包含了滚动位置的指令。

3.1.2　气动力(侧向)控制

在采用直角坐标式控制系统时,它的俯仰控制系统和偏航控制系统是完全相同的,所以只要讨论一个通道就行了(这方面所用的术语与飞机上的不同,在制导武器中,侧向运动意味着上下或左右的运动)。在采用极坐标式控制时,制导武器作滚动和升降运动。下面的叙述也适合按极坐标式控制的制导武器的升降通道。

1. 尾控制面

大多数的战术导弹都安装了压力中心接近导弹重心的主升力面(通常叫弹翼)和尾控制面。对于亚音速制导武器,采用直接装在弹翼后面的襟翼(flap)控制更有效,因为它控制整个翼面上的环流。对于超音速气流,控制面不能影响它前面的气流,所以为了获得最大控制力矩,它应装得尽可能靠后。尾部安装控制面给其他弹上部件的安排往往带来了方便。通常希望将推进系统放在制导武器的中心,这样可以将由推进剂的消耗所引起的重心移动减到最小。有时必须把战斗部、引信与包括导引系统在内的电子设备一起放在弹体的前部,而将控制系统放在尾部,让发动机的喷管穿过它的中心,这样安排也是很方便的。如果有四个伺服机构,那么可以围绕着喷管设计一个精巧的伺服机构组件。

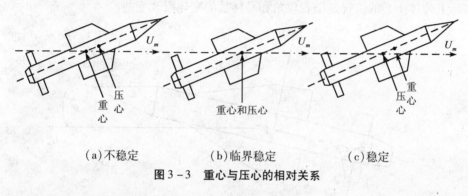

(a)不稳定　　　　(b)临界稳定　　　　(c)稳定

图 3 - 3　重心与压心的相对关系

在研究制导武器上的侧向力和力矩时,首先认为由于攻角而在弹体、弹翼和控制面上所产生的合成法向力是通过弹体上压力中心(简称压心)这一点的,并且把控制面看作是一直是锁定在中心位置。压心在重心前面的导弹称为静不稳定的导弹;压心和重心重合的导弹称为临界稳定的导弹;而压心在重心之后的导弹称为静稳定的导弹。箭的尾部装有羽毛,就是为了使其压心往后移。这三种可能的情况如图 3 - 3(a) ~ 3 - 3(c)所示。在不稳定的情况下,任何使弹体离开速度矢量方向的扰动,都会引起绕重心的力矩,而这力矩将使扰动的影响增大。相反,在稳定的情况下,任何弹体方向的扰动引起的力矩都是趋向于阻止或减小这个扰动。压心与重心之间的距离称为静稳定度。因为侧向力和用气动方法形成的侧向机动,是靠作用于弹体上的一个力矩使得弹体产生某个攻角而获得的。如果静稳定度过大,导弹过分稳定,则控制力矩产生相应机动的能力就比较弱。

为了兼顾导弹的机动性和稳定性,只得采取折衷的办法。现在考虑一个导弹,它的前向速度是常数,弹体和弹翼有一个不变的攻角 α,控制面从中心位置转动了 δ 角度。我们仅考虑导弹在水平面上的运动,并假设导弹不滚动;在这个平面上重力效应为零。图 3 - 4 表示假设在弹体、弹翼以及尾部控制面处于中心位置时所产生的法向力 N,这个力 N 作用在压心上。当一个控制面偏转了角度 δ,产生一个作用力 N_e(作用在舵面中心),该力的作用点与弹体重心的距离为 l。假设忽略弹体转动的阻尼力矩(平稳转动,阻尼很小),

如果舵偏转产生的力矩 $N_c l_c$ 在数值上等于 Nx^*,这里 x^* 是重心到压心的距离(该数值与弹头部到重心的距离之比是静稳定度),那么这个图就表示了动态平衡的情况。如果说 $l_c / x^* = 10$,则 $N = 10N_c$,而总的侧向力等于 $9N_c$。要注意到这个力是与 N_c 的方向相反的。典型情况下,x^* 为弹体长度的 5% 或更小一些,因此不难看出,在静稳定度上作很小的变化就能有效地影响制导武器的机动性。所以为使制导武器得到较大的侧向力,一般是把控制面放在尽可能远离重心的地方,这样可以得到一个较大的力臂;再就是把制导武器设计成具有较小的静稳定度。可以证明,当弹翼和弹身的压心在重心上时,控制面偏转 δ,将使制导武器产生同样大小的攻角。如果压心在重心前面,那么舵面转角 δ 将使弹体攻角大于 δ;如果压心在重心后面,那么弹体攻角小于 δ。如果制导武器没有控制系统(或自动驾驶仪,或仪表反馈),那么为保证在飞行时的稳定性,需要相当大的静稳定度,比如说为全长的 5% 或更大一些。如果有控制系统,则静稳定度可以是零甚至是负值,因为这样有利于操纵性。必须指出的是,决不能认为压心在全部飞行过程中都是处在固定的位置上,实际上弹体压心的位置是随着攻角和马赫数的变化而改变的。

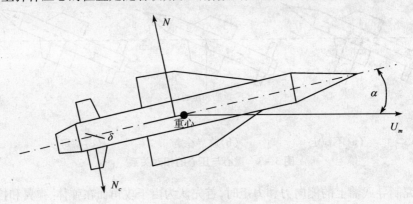

(a)超音速的尾部控制面

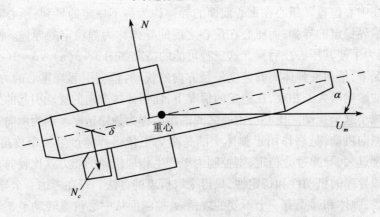

(b)亚音速的尾部控制面

图 3 - 4　尾部控制面

2. 控制面的规定

正的副翼偏转角产生绕 x 轴的负方向力矩。正的升降舵偏转角产生负 z 轴方向的力和绕 y 轴的负方向力矩。正的方向舵偏转角产生负 y 轴方向的力和绕 z 轴的负方向力矩,具体规定可参见 2.2.1 节制导武器的操纵机构。

3. 前控制面

由于控制面配置的主要目的是把它放在离重心尽可能远的地方,因此把它放在远离重心的前面,也是实际中可能出现的一种合乎逻辑的选择。前控制面通常称为"鸭式",因为鸭子是通过转动头部来控制自己的。图 3-5 所表示的是另一种可能的动态平衡情况。在这种情况下,制导武器作为整体,它所产生的侧向力与控制面偏转时所产生的力是相加的,因此和前面一样,如果 $l_c/x^* = 10$,那么总的侧向力等于 $11N_c$(在尾部控制面时为 $9N_c$)。而且总法向力的最终方向与控制力的方向相同,因此在使用侧向控制力时,鸭式控制的效率略有提高。也许有人认为鸭式控制会使制导武器变得不稳定,但应注意到鸭式控制的制导武器已将主升力面更靠后移,以使全弹的压心位于重心的后面。对于控制面处于中心位置的情况,这个全弹压心相对于重心的位置是衡量制导武器稳定性的准则。既然鸭式控制比尾部控制好,那么如此多的制导武器都还是采用尾部控制呢? 首先我们将看到,采用反馈控制后,在静稳定度是零甚至是负值的时候,仍能保持全弹的稳定性,所以总法向力的差别通常不是主要的。其次是方便包装的问题,这点通常对于尾部控制是有利的。最后,在很多布局中,由于鸭翼下洗对主升力面的影响,使控制制导武器滚动的办法失效。在这方面细长的弹体比短粗的弹体要好一些。解决这个问题有两种办法:如果制导武器是按极坐标式控制的,它前面的一小段可以用轴承装到弹体上,这样便容许后部的弹体自由旋转,从而解除了头部与弹翼所引起的滚动力矩之间的交叉耦合。另一个方法是把弹翼装在轴环上,像已提到过的那样,这样做可使它们围绕弹体比较自由地旋转。

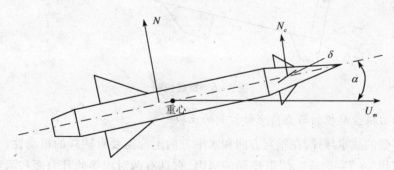

图 3-5　鸭式控制

4. 旋转弹翼

采用小的固定的尾部安定面而用伺服机构去转动主升力面,这样的布局是不常用的。有时要让伺服机构放得靠近制导武器的重心。例如,如果一枚中程导弹具有两台单独的发动机:一台助推发动机和一台续航发动机,那么前者要占据导弹的整个尾部,而后者为了通过两个倾斜喷管向大气排气而可能要占据后半弹身的大部分。在这种情况下,尾部再也没有空间来安装伺服机构了。如果导弹带有自动导引头,那么伺服机构也不能安装在前面。然而采用这种布局的主要原因是要在最小弹体攻角的情况下获得给定的侧向加速度。如果推进系统是冲压式发动机,而弹体攻角很大(例如15°或更大些),那么进气口就好像阻塞一样。另一方面,对于靠无线电高度表来进行高度控制而贴近海面飞行的导弹,也必须规定最大弹体攻角。在图3-6中表示在给定攻角下弹翼上产生的法向力是弹翼、弹身和安定面联合产生的法向力的一半。这种情况,在有相当大的固定安定面的情况下是有可能的。如果弹翼的压心在重心的前面,距离是静稳定度的2倍,那么稳态的弹体攻角等于弹翼的偏转角,而所给出的全弹法向力将3倍于弹翼原来的法向力。换句话说,10°的弹翼偏转角产生10°的弹体攻角,结果使得最终的弹翼攻角为20°。但是在用旋转弹翼时,也要付出一些代价。随着负载惯性和气动铰链力矩的增大,伺服机构也要变大。旋转弹翼是一种低效率的方法,因为它是用一个小的力臂去产生一个大的法向力。由于翼根的全部弯矩必须由轴来承受,所以在翼弦的中部附近要设计得很厚才行,这不仅增加了结构重量,而且在超音速飞行时将会增大阻力,因为压差阻力是随相对厚度的平方而变化的。弹身中心部分的横截面最好做成方形,使得弹翼偏转时能除去翼体之间所产生的大的缝隙,因为这条缝隙将显著减少所产生的法向力。最后,由于力臂很小,重心的位置是很关键的,重心位置的很小变化都会使控制力臂发生明显的变化。尽管如此,如果所需的最大 g 值很低,且飞行速度是亚音速的,那么使用小的旋转弹翼所花的全部代价还是可以承受的。

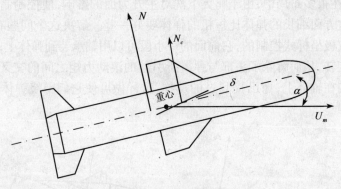

图3-6　旋转控制

5. 气动力极坐标控制与直角坐标控制的比较

对大多数的战术导弹,在垂直方向和水平方向上都需要有同样的机动性。这就是为什么通常采用"+"字形或"×"形布局的原因,它具有两对相等的升力面和两对控制面。在需要滚动控制时,至少需要3个伺服机构,实际上通常用4个伺服机构。如果仅用3个伺服机构,且它们是同样大小,那么仅控制一个舵面的那2个伺服机构就会大得超过需要。采用极坐标控制的优点是可以只使用一对升力面和一对控制面,这种布局既减小了重量和阻力,而且对于在舰船的甲板间水平储存和在飞机机翼下面发射的情况都是有利的。作为减少阻力的例子,一般的超音速制导武器的总阻力大约有一半来自四个弹翼和四个控制面。所以采用极坐标控制这种方法是有好处的。具体操纵制导武器的方法是这样的:将 Φ 指令变成一个正指令传到一个控制面和一个负指令传到另一个控制面,这时将引起制导武器滚动,而 R 指令传到两个控制面,且一直都是正指令。其目的是为了使滚动响应快,从而指令可以同时加上,这样系统构成比较简单。尽管如此,操纵不可能像采用直角坐标控制那样有效和迅速。在某些情况下,还有这种可能,即按极坐标控制的性能,显著低于直角坐标控制的性能。假设在一个面对空的系统中,目标几乎迎面而来,制导武器只要获得非常小的 g 即可,但如果系统里有很多噪声,那么在噪声的干扰下,目标好像时而出现在制导武器的上方,时而又出现在下方,于是制导武器就很容易在 $180°$ 附近作正向或反向滚动。在这种情况下,对系统准确性的影响是很难预测的。"警犬"(Blood-hound)导弹是有名的极坐标控制的例子。在这种导弹中选择冲压发动机作为推进发动机。如果在导弹的主体外面用两个冲压式喷气发动机,那么只有安排一对翼的余地。此时由于有弹体的干扰,进气口仅在小的弹体攻角时才能正常工作,所以采用了旋转弹翼的形式。于是这两片翼同时用作副翼和升降舵,分别由伺服机构控制。有时称这种控制面为"升降副翼"。

在自动寻的导引系统中采用极坐标控制后,保证系统稳定和估价系统性能都有些困难。采用直角坐标控制,就有可能把目标和制导武器的运动分解为两个平面里的运动,而认为俯仰和偏航通道是独立的二维问题。这种简化,在极坐标控制情况下是不可能的。的确,采用极坐标控制得出的运动方程一般是不易分析的,因而必须使用详细的三维仿真。应该记住,直角坐标控制对任何方向的侧向运动都是一个较快的运动方法,而且直角坐标系统的性能分析是比较简单的,这就不难理解为什么在大多数制导武器系统中都采用了这种控制方式。"海标枪"导弹使用了一台整体式头部进气的冲压式喷气发动机,采用这样的布局,由于没有来自弹体的干扰,所以允许有较大的攻角,不需用旋转弹翼来减小弹体攻角。因此就使用直角坐标控制和尾部控制面而构成普通的"＋"字形弹体。因此,如果要求滚动位置稳定,则极坐标控制也是行不通的。对于自寻的制导武器,如果因为滚动角速度很高而干扰了导引头的工作,则极坐标控制也是行不通的。事实上,大多数设计者不会只考虑如何节省重量和空间而忽视精度和响应速度的要求。因此,目前只有少数制导武器采用极坐标控制。

6. 推力矢量控制

改变从推进发动机排出的气流方向,是操纵制导武器的一个完全不同的方法,这种方法称为推力矢量控制(TVC)。很明显,这种控制方法的主要特点是不依赖于大气的气动压力,但是另一方面,当发动机燃烧停止以后,它就不能操纵了。许多情况下,具有助推—滑行速度分布是有好处的。所以推力矢量控制的应用多半是有一定限制的。在下列几种情况下最好是采用推力矢量控制(TVC)。

在所有的弹道式导弹的垂直发射阶段中,应用 TVC 是必要的,因为这类导弹的燃料重量大大超过它的总重的 90%,必须缓慢地发射,以避免动态载荷过大。气动控制在某一段时间是完全无效的。如果不用姿态敏感元件和 TVC,那么由于一个微小的、不可避免的推力偏心,将会使导弹翻倒。

如果制导武器和控制站隔开一段距离,如像反坦克导弹系统中那样,则需要导弹快速进入制导以便能得到较小的射程,这样就必须使导弹在发射后能立即实施机动。

在近程的空对空导弹中,为了命中快速通过的目标,这时没有瞄准提前量,飞行时间又很短(只有几秒),在这种情况下导弹采用 TVC 所能获得的特殊机动性将使系统有一个较好的作用范围。

采用垂直发射的战术导弹,可以实现全向攻击,还可使发射系统价廉且简单。垂直发射后的转向一般需使用 TVC。

7. 实现推力矢量控制的方法

可通过改变发动机(喷管的)喷射方向,或在喷管后加扰流片的方式,实现推力矢量控制。前者要求复杂且精确的伺服机构,后者会带来一定的推力损失。若要实现滚动控制,则情况更加复杂,可能需要两个旋转喷管。

综上所述,战术导弹的控制一般采用直角坐标式控制方法,控制它的滚动方位,而将其分解为垂直和水平两个方向上独立的运动控制,即采用侧滑转弯的三通道控制。操纵导弹主要采用转动操纵面,利用气动力的方法。

3.2 自动驾驶仪的组成和工作原理

在开始对制导武器控制系统进行详细设计时,必须作一定的假设。一个基本的常用假设是:弹上的测量和伺服执行机构等部件的特性以及运动方程都是线性的;在小扰动的情况下,气动力特性也被认为是线性的,因此运动方程可以线性化。

设计制导武器控制系统的一般方法是:首先,考虑一典型的导弹速度(对超音速导弹来说为马赫数 Ma)和导弹的使用高度,并对应这个速度和高度取一组零攻角气动力系数来设计控制系统(参数)。设计时假设导弹在零攻角附近的全部小扰动状态下运用。即是说,把这个小范围内的气动力导数看作常数。在这些假设的基础上,就可以研究系统的频率(和时域)特性并设计控制系统,使其达到稳态增益、带宽、相位滞后和阻尼系数等方面的技术指标。接着,我们再看(比方说)5°攻角的气动力系数,并进行同样的计算,以确定这些新的参数值能否满足规定的技术指标。对于那些经过判断认为是合理的攻角和滚动的组合,重复进行以上计算。最后,因为导弹需要在某个速度和高度范围内运用,所以对这些工作条件中的典型数值,也要进行验证。如果再考虑到由于推进剂的消耗而使得导弹的惯性、质量和重心位置可能发生改变,那么在设计中与验算和可能的修改有关的工作量可能是相当大的。在完成以上这些步骤的基础上得出的结论是:如果在所有这些点上所进行的设计是满意的,那么它在全部中间点上也会是令人满意的。

使制导武器的姿态角和质心运动稳定,并接受导引指令以控制制导武器按一定的导引弹道飞行的自动控制装置称为自动驾驶仪。它由敏感元件、放大变换元件、校正元件、伺服机构等组成。除自旋导弹外,自动驾驶仪通常设有三个通道,分别控制导弹的俯仰、偏航和滚转运动。俯仰和偏航通道统称为侧向通道。自动驾驶仪的侧向通道与作为控制对象的制导武器动力学环节组成的闭环系统称为制导武器的侧向稳定控制回路;自动驾驶仪的滚转通道与制导武器滚动动力学环节组成的闭环系统称为滚动回路。自动驾驶仪是制导控制系统弹上设备的重要组成部分。

3.2.1　自动驾驶仪的功用

通常,自动驾驶仪的主要功用是改善并充分发挥制导武器的性能,按照制导控制系统的要求控制制导武器的飞行,具体分述如下。

1. 改善并充分发挥制导武器的性能

自动驾驶仪是一种控制装置,导弹是其控制对象。在改善和发挥导弹的性能方面,自动驾驶仪的作用是:

(1)增大导弹的等效阻尼系数;

(2)对静不稳定导弹进行稳定,使其成为等效的静稳定导弹;

(3)在导弹使用空域内,尽可能减小导弹动态参数变化对制导控制系统性能的影响;

(4)降低导弹结构弹性的影响;

(5)既要充分利用导弹的可用过载,又要保证导弹过载不超过其结构强度所允许的范围;

(6)限制导弹不超过其临界攻角的使用范围。

2. 按照制导控制系统的要求,控制制导武器飞行

自动驾驶仪应根据制导控制系统的要求,准确、快速地控制制导武器按一定的导引弹道飞向目标。通常制导武器的飞行可分为两个阶段,即初制导段(习惯上称无控段)飞行和制导段(习惯上称控制段)飞行。

无控段飞行阶段,即制导控制系统不闭合的制导武器飞行阶段。这一阶段的特点是根据跟踪规律所确定的发射角发射制导武器,制导武器的飞行与目标的运动不是直接相关的,但其弹道仍是确定的。因此,无控段也称为初制导段。该阶段自动驾驶仪的主要任务是:对倾斜发射的制导武器保证其初始散布满足设计要求,同时使制导武器的姿态和飞行弹道满足控制段飞行的要求;对垂直发射的制导武器保证其按程序指令的要求,准确而快速地将制导武器转向要求的射击平面,以保证制导武器的初始散布、制导武器的姿态及其飞行弹道满足控制段飞行的要求。

控制段飞行阶段,即制导控制系统闭合的制导武器飞行阶段。在该飞行阶段,自动驾驶仪的主要任务是按照控制指令的要求,准确、快速、稳定地控制制导武器的飞行。

3.2.2　自动驾驶仪的组成和分类

1. 组成

自动驾驶仪一般由惯性器件、控制电路和舵系统组成。它通常通过操纵制导武器的空气动力控制面(和/或推力矢量)控制制导武器的空间运动。自动驾驶仪与制导武器构成的稳定控制系统如图 3-7 所示。

常用的惯性器件有各种自由陀螺、速率陀螺和加速度表,分别用于测量制导武器的姿态角、姿态角速度和线加速度。

控制电路由数字电路和(或)各种模拟电路组成,用于实现信号的传递、变换、运算、

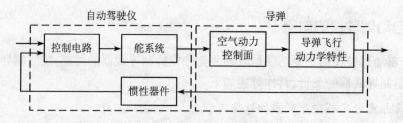

图 3-7 飞行控制系统框图

放大、回路校正和自动驾驶仪工作状态的转换等功能。

舵系统一般由功率放大器、舵机、传动机构和适当的反馈电路构成。有的制导武器也使用没有反馈电路的开环舵系统。它们的功能是根据控制信号去控制相应空气动力控制面的运动。

空气动力控制面指制导武器的舵和副翼。舵通常有两对,彼此互相垂直,分别产生侧向力矩控制制导武器沿两个侧向的运动。通常,每一对舵都由一个舵系统操纵,使其同步向同一方向偏转。副翼用来产生制导武器的滚转操纵力矩,控制制导武器绕纵轴的滚转运动。副翼可能是一对彼此作反向偏转的专用空气动力控制面,也可能由一对舵面或同时由两对舵面兼起副翼作用,兼起副翼作用的舵称为副翼舵。一对专用副翼可由一个舵系统操纵,一对副翼舵的两个控制面,通常各由一个舵系统根据侧向控制和滚动控制要求进行操纵,这种结构在习惯上称为"电差动"。也有用一个侧向舵系统和一个滚动舵系统共同操纵一对副翼舵的作法,两个舵系统的运动由机械装置综合成为副翼舵的运动,这种结构习惯称为"机械差动"。

制导武器的飞行动力学特性,指空气动力控制面偏转与制导武器动态响应之间的关系,可由数学模型描述(详见第2章)。在自动驾驶仪的工作过程中,它们通过仿真设备的模拟,或制导武器的实际飞行才能体现出来。

在自动驾驶仪中,控制制导武器绕纵轴运动的部分称为滚动通道,控制制导武器在俯仰平面运动的部分称为俯仰通道,控制偏航运动的部分称为偏航通道,它们与制导武器飞行动力学特性构成的闭合回路,分别称为滚动(稳定或控制)回路、俯仰(稳定控制)回路和偏航(稳定控制)回路。对于轴对称的"+"字形和"×"字形制导武器来说,俯仰(稳定控制)回路和偏航(稳定控制)回路一般是相同的,通常统称为侧向稳定控制回路或侧向回路。

自旋导弹的自动驾驶仪,通常没有滚动通道,只用一个侧向通道控制导弹的空间运动,因而又称为单通道自动驾驶仪。

2. 分类

按控制方式可分为:侧滑转弯(STT)自动驾驶仪;倾斜转弯(BTT)自动驾驶仪。

按滚动、俯仰、偏航三个通道的相互关系可分为:三个通道彼此独立的自动驾驶仪;通道之间存在交链的自动驾驶仪。

除个别制导武器外,现有的制导武器自动驾驶仪都是实行侧滑转弯控制,且三个通道彼此独立的自动驾驶仪,可以根据滚动通道和侧向通道的特点,进行详细分类:

（1）滚动通道：实现滚动位置稳定；实现滚动速度稳定。

（2）侧向通道：使用一个加速度表和一个速率陀螺；使用两个加速度表；使用一个速率陀螺。

3.2.3　自动驾驶仪的特点

自动驾驶仪以制导武器为控制对象，必须在充分了解制导武器飞行动力学特性的基础上，运用自动控制原理进行设计。制导武器的飞行动力学特性，只有在飞行状态下才能实际表现出来，仿真技术也是自动驾驶仪设计不可缺少的手段。自动驾驶仪中包含各种惯性器件、电子线路和冷气舵机、燃气舵机、液压舵机或电动舵机，因此制导武器自动驾驶仪的一个重要特点是，它与飞行动力学、自动控制、仿真技术、精密机械、电子、电器、液压、气压等专业技术密切相关，融合多种专业技术于一体。

制导武器自动驾驶仪的另一个重要特点，是它的控制对象的复杂性和不确定性，制导武器是多变量交链的非线性时变控制对象，它的动力学特性随着飞行速度、飞行高度、弹体质心和压力中心等多种因素的变化而变化。制导武器动力学方程参数的变化范围，大的可达几十倍乃至上百倍，面对这样一种控制对象，自动驾驶仪不仅必须始终确保稳定控制系统的稳定性，而且对制导指令的响应特性也必须保持在要求的范围之内。

制导武器自动驾驶仪的第三个特点是，准备工作时间有着严格的要求，通常以秒为计，这是因为为了对空中威胁及时做出反应，武器系统的反应时间是一项极为重要的战术技术指标，自动驾驶仪的准备工作时间，必须严格限制在武器系统设计规定的指标之内。

3.2.4　自动驾驶仪的主要设计要求

对轴对称气动布局的防空导弹，其自动驾驶仪有三个独立的回路，即俯仰回路、偏航回路和滚动回路。俯仰回路和偏航回路是完全一样的，统称为侧向稳定控制回路。因此，对自动驾驶仪的主要设计要求实际上是对侧向稳定控制回路的要求和对滚动回路的要求。

1.对侧向稳定控制回路的设计要求

从对制导武器的制导和控制要求出发，自动驾驶仪侧向稳定控制回路应当在控制指令作用下，准确、快速、稳定地控制制导武器机动，使其给出相应的法向过载；同时，对外干扰有较好的抑制能力。据此，提出侧向稳定控制回路的设计要求如下：

（1）应具有足够的稳定裕度。一般要求幅稳定裕度大于 6dB，相稳定裕度大于 30°。在制导武器参数变化 50% 的范围内，系统仍是稳定的。

（2）应具有良好的阻尼特性。制导武器本身的短周期振荡运动是严重欠阻尼的，特别是对具有较大静稳定度的制导武器，在高空飞行时更是如此。一般情况下，制导武器的阻尼系数小于 0.1，这将造成一些不良后果。后果之一是阻尼很小时，宽频带噪声将导致攻角振荡值增大，诱导阻力增加，射程减小；后果之二是阻尼很小，会使攻角和法向过载产生很大的超调，影响制导武器结构强度的充分利用。因此，侧向稳定回路应增大制导武器的等效阻尼系数。通常，在线性工作范围内，要求半振荡次数不多于 2~4 次。

（3）应有一定的快速性。系统的上升时间应小于设计要求值,以保证稳定控制回路通带远远高于制导控制回路的带宽,保证制导控制回路的稳定性和快速性。

（4）闭环传递系数应满足高低空变化尽可能小的要求。作为控制对象的制导武器,其传递系数变化是非常大的,可以有几倍、几十倍甚至上百倍的变化。如不采取措施减小制导武器传递系数的影响,将给制导控制回路的设计带来极大的困难。因此,侧向稳定回路必须减小制导武器传递系数变化的影响,通常要求侧向稳定回路的闭环传递系数的高低空变化范围控制在 10% ~20% 。

（5）应保证在无控段飞行时,制导武器速度矢量的初始散布角满足要求。制导武器在无控段飞行时,会受到较强的外干扰作用,因此要求侧向稳定回路应具有较强的抗外干扰能力。在最大外干扰作用下,制导武器的初始散布应满足制导控制的要求,以保证制导武器有足够的能力克服初始误差,满足杀伤区近界的导引精度要求。

（6）在最大控制指令和最大外干扰同时作用时,应保证制导武器姿态角速度小于要求值,过载超调量小。制导武器飞行中的总过载等于制导武器的机动过载、外干扰引起的过载再加上系统动态过程中的超调量,制导武器的机动过载当然是越大越好,外干扰引起的过载又是不可避免的,因此就要求严格控制超调量,以保证在制导武器结构强度所允许的限度内,获得最大的制导武器机动过载。同时还要求制导武器姿态角速度要小,以免对导引头的工作带来严重影响。

（7）侧向稳定回路应有过载限制装置,以确保制导武器的结构安全。

（8）侧向稳定回路应对弹性振动进行有效的抑制。

（9）侧向稳定回路应有较小的舵零位。

2. 对滚动回路的设计要求

寻的制导控制系统是由弹上直接测量制导武器和目标的相对运动参数,并形成控制指令操纵制导武器飞行的,因此测量坐标系和执行坐标系均在弹上,只要能保证这两个坐标系基本一致,对制导武器滚动回路就不应有特别严格的要求,甚至可以认为滚动是"自由"的。红外被动寻的制导的旋转导弹,就是这种情况的典型实例。然而,对于无线电寻的制导控制系统,滚动回路的设计必须满足下列要求:

（1）滚动回路应保证无线电波极化扭角满足要求。

在无线电半主动寻的制导系统中,照射器和弹上导引头接收机的无线电波传播采用一定的极化体制。如果采用圆极化,则对导弹滚动无特殊要求;如果采用线极化体制,则对导弹的滚动角会有一定的要求。

在这样的系统里,地面照射雷达发出的是垂直极化波,由于导引头是一个二自由度稳定系统,对滚动方向是不稳定的,因此,当导引头天线随导弹滚动时,导引头天线的极化方向与照射器发出的垂直极化波成一定的夹角,导引头接收的能量受损失,制导系统的作用距离就要下降。当夹角成 90° 时,导引头根本接收不到从目标反射回来的信号,就必须根据制导系统作用距离允许下降的程度,提出滚动角允许的最大极限值。引起无线电波发射和接收之间的极化扭角有以下两个因素:

①导弹在飞行中,滚动方向受到干扰作用,使导弹产生滚动角 ϕ。

②导弹在拦截具有一定航路捷径的目标时,引起的坐标扭角 ϕ_1。

这两种因素引起的滚动角之和应小于或等于所允许的滚动角。ϕ_1 角与航路捷径有关。设计时总希望航路方位空域大一些,这样就要求 ϕ 小一些,这就是滚动回路的设计目标。由此,也决定了滚动回路应该是角位置稳定的。

(2)滚动回路应保证导弹的滚动角速度小,以满足导引头测量视线速率精度的要求。

导引头的天线轴并不是与导弹纵轴重合的,实际上,总是与纵轴成一定的夹角,因为天线轴要始终对准目标,这样,当导弹以一定的速率滚动时,它将在导引头的两个伺服回路中产生耦合,导引头测量视线的精度就要受到影响。因此,要求滚动回路的角速度值应当比较小,且变化要缓慢。

(3)滚动回路应具有足够的稳定裕度,良好的阻尼特性,一定的快速性和较小的副翼零位。

除上述以外,自动驾驶仪还必须满足以下要求:

① 自动驾驶仪的加电准备时间要尽可能短,以保证武器系统反应时间快;

② 自动驾驶仪应有较高的可靠性,以保证导弹有高的可靠性;

③ 自动驾驶仪应当重量轻,尺寸小,使用和维护方便;

④ 自动驾驶仪的使用环境条件应满足武器系统的要求等。

3.2.5　自动驾驶仪的发展概况

制导武器自动驾驶仪与制导武器同龄,已经历了近五十年的发展历史,其战术技术性能在不断地提高,体积、质量则在不断地减小。本节从系统设计、惯性器件、舵机和电路结构几个方面来对自动驾驶仪的发展概况作简单的介绍。

1. 系统设计

已有的制导武器自动驾驶仪,几乎都是应用经典控制理论(频率响应法和根轨迹法)进行设计的,近 10 多年来,以大攻角飞行控制和高性能倾斜转弯制导武器的飞行控制为背景,以使用微型数字计算机为前提,出现了许多用现代控制理论设计自动驾驶仪的文献方法,它们所用的方法主要是极点配置法、LQG(线性、二次、高斯)方法、多变量频域法和自适应方法。

已有的绝大多数导弹自动驾驶仪,都对导弹的俯仰、偏航、滚动分别采用三套互相独立的系统进行稳定和控制。但是随着垂直发射导弹程序转弯控制过程中大攻角飞行状态的出现,以大攻角获取大机动过载的导弹的出现,以及高性能倾斜转弯导弹的出现,由于导弹三个方向的运动之间存在着强烈的交叉耦合,自动驾驶仪采用三套独立控制系统的格局已开始打破。现在,垂直发射的面空导弹自动驾驶仪已进入实用阶段;实现大攻角飞行控制和高性能导弹倾斜转弯控制的自动驾驶仪,已在积极开发之中并有了少量的应用。

只有动力学特性变化范围较小的导弹,可以采用固定参数的自动驾驶仪。一些近程空对空导弹,也有为自动驾驶仪的某些参数预先准备好几组可供选择的常值,临发射前,由载机发控系统根据发射条件(载机高度和速度等)选定其中一组常值的作法。对于动力学特性变化范围较大的导弹,自动驾驶仪的参数必须在导弹飞行过程中进行在线调整,以适应导弹动力学特性的变化。

最早时,导弹自动驾驶仪在线调整参数采用的是利用动压调整参数,即采用空速管测量导弹飞行过程中的动压,并根据动压测量结果调整自动驾驶仪的参数的方法。由于导弹动力学特性与多种因素有关,不完全取决于动压,而且动压的测量误差又较大,这种方法当然是比较粗糙的,而且要求弹上安装空速管,也给部队的使用和维护带来麻烦,有些导弹甚至无法安装空速管。

有的导弹根据弹上纵向加速度表输出信号的积分,在线调整自动驾驶仪的参数,这比动压调参方法更粗糙,但避免了安装空速管的麻烦。

在具有捷联惯性基准的导弹上,可以由捷联计算机给出导弹的高度、速度和马赫数等信息,利用这些信息可对自动驾驶仪的参数进行较完善的在线调整,当然,这种捷联惯性基准必须具有三个或更多的速率陀螺和三个或更多的加速度表,同时要求它们在导弹飞行的全过程中具有必要的精度。

采用自适应控制技术解决导弹动力学特性变化带来的问题,进一步提高飞行控制系统的性能,自20世纪60年代初以来一直很受重视,已有一些制导武器使用了自适应自动驾驶仪。已投入使用的制导武器自适应自动驾驶仪,都利用自振荡或强迫振荡实现自适应控制,由于捷联惯性基准的成本高昂,专门使用它来进行自动驾驶仪的在线调参是难以接受的,因此,在其他方面不要求使用捷联惯性基准的制导武器上,自适应驾驶仪仍具有吸引力。

2. 惯性器件

制导武器自动驾驶仪中使用的惯性器件主要是自由陀螺、速率陀螺和加速度表。

通常用一个自由陀螺测量弹体的滚动角,用两个速率陀螺分别测量弹体的俯仰角速度和偏航角速度,用两个加速度表分别测量弹体俯仰方向和偏航方向的线加速度。但是根据自动驾驶仪的不同设计,也有下列不同的运用方法:

(1)在使用自由陀螺测量滚动角的条件下,再用一个速率陀螺测量弹体的滚动角速度。例如,法国的"响尾蛇"和"海响尾蛇"。

(2)用一个滚动速率陀螺加上适当的积分线路去代替自由陀螺。例如,苏联的"SAM－6",意大利的"阿斯派德"。

(3)专门用一个加速度表测量弹体的纵向加速度,把测得的加速度信号经积分后,用于自动驾驶仪参数的在线调整。例如,意大利的"阿斯派德"。

(4)在侧向控制稳定回路中,使用两个加速度表,分别安装于弹体质心的前方与后方,而不使用速率陀螺。例如,英国的"海标枪"。

(5)在侧向控制稳定回路中不用加速度表,只用一个速率陀螺。例如,英国的"雷鸟"。

垂直发射的面空导弹中,自动驾驶仪在导弹垂直上升和程序转弯期间必须对导弹的三个姿态角进行准确的测量和控制,而导弹滚动角和俯仰角的变化范围都可能超过90°,无法使用一般的自由陀螺,因此开始应用捷联惯性姿态基准。也就是用三个或更多的速率陀螺测量弹体的姿态角速率,根据速率陀螺的输出,弹上计算机实时解算出导弹的三个姿态角。一些中、远程防空导弹,为了在发射之后尽量减小对地面设施或载机的依赖,在中制导阶段采用自主式捷联惯导或指令式捷联惯导,为此要求在弹上使用完全的捷联惯性基准,也就是用三个或更多的速率陀螺和加速度表测量导弹的角速度和加速度,根据它们的输出信号,弹上计算机实时解算出导弹的姿态、速度和位置。在此条件下,自动驾驶仪所需的导弹姿态、角速度和加速度信号均可由捷联惯性基准提供。

制导武器自动驾驶仪用的自由陀螺,主要向小型化和缩短起动时间两个方面发展。目前的体积、质量虽然已有了成倍的减小,但相对于其他器件来说,小型化的进展还是比较缓慢。起动时间已由初期的 1 分钟左右,缩短到几秒钟。由于自由陀螺的体积、质量远大于速率陀螺,有些制导武器自动驾驶仪采用速率陀螺和积分器代替了自由陀螺。速率陀螺已完成了由框架式陀螺向液浮陀螺的过渡,挠性速率陀螺开始进入实用,光纤陀螺、激光陀螺、压电晶体陀螺等新型陀螺,正在积极研制之中,它们的主要发展趋势是减小体积、质量,扩大量程和提高测量精度。

需要关注的是,随着技术的进步,激光陀螺、光纤陀螺、微机电(MEMS)陀螺及加速度计等新型惯性器件在制导武器的制导控制系统中的应用越来越普遍。同时,采用捷联式惯性导航系统后,制导控制一体化设计成为可能。导引和控制系统可以共用捷联惯性导航系统中的陀螺和加速度表测量的弹体信息,从而节约系统成本,增加可靠性。在这种情况下,自动驾驶仪已没有必要独立出现了,尽管这不影响飞行控制系统的参数设计。

3. 舵机

操纵空气动力控制面(舵和副翼)的舵机种类甚多,按使用能源分,有冷气舵机、燃气舵机、液压舵机和电动舵机。舵机的采用主要取决于下列因素:

(1)自动驾驶仪对舵机的技术要求;

(2)各类舵机的特点和与弹上能源体制的协调;

(3)现有的研制、生产条件。

冷气舵机的主要优点是结构简单、价格便宜、快速性好。其缺点是负载刚度差,它的主要发展趋势是提高工作压力,以提高输出功率和减小体积、质量。

燃气舵机的突出优点是体积、质量小,能源轻便,但由于燃气的温度很高,只能工作较短的时间,它的主要发展趋势是提高耐热、耐压能力和增长可靠性。

液压舵机在输出功率、快速性和负载刚度等性能方面都具有突出的优点,但是加工精度要求高、维护麻烦。

电动舵机的突出优点是能源供给方便,可以实现整个自动驾驶仪乃至全弹的电气化,维护较方便。主要的缺点是体积、质量较大,快速性较差,它的主要发展方向是提高快速性和减小体积、质量。

在垂直发射导弹的引入段上,由于导弹的飞行速度小,空气舵的操纵效率低,而程序转弯又要求具有很高的快速性,自动驾驶仪开始(单独或与空气舵同时)使用推力矢量控制装置。引入段结束后,这种推力矢量控制装置一般都被抛掉,其工作时间只有几秒钟,推力矢量控制的方法有操纵燃气舵、操纵发动机喷管和使用侧向推进器等。操纵燃气舵是目前使用的主要方法。在使用空气舵的情况下,首先要让舵机产生力矩引起舵面运动,舵面运动后,再改变导弹的攻角,从而产生导弹机动所需的力,经历这么一个控制过程,导弹的反应速度当然比较慢,用通过重心的某种推力直接产生导弹机动所需的力,导弹的反应速度显然要快得多。因此,近年提出在导弹拦截飞行的末段,使用通过重心的推力协助气动控制的设想。

4.控制部件结构

自动驾驶仪的控制部件结构沿着小型化、低功耗、高可靠的方向发展,已经由真空管电路、晶体管电路、集成电路的阶段发展到了广泛使用数字计算机。

从 20 世纪 70 年代末开始,数字计算机已用于制导武器的弹上控制设备之中。数字计算机在制导武器自动驾驶仪中的应用势必更加普遍,数字计算机的准确性、逻辑能力和高速运算能力,特别是软件编程的灵活性,为应用先进的控制理论提供了巨大的潜力。总之,制导武器自动驾驶仪的发展,以提高战术技术性能和减小体积、质量为方向,已经取得重大进展。今后,自动驾驶仪的惯性器件和执行机构将继续升级换代;系统设计方法将更多地采用现代控制理论;三通道彼此独立的系统结构形式将进一步被打破。

3.3 制导武器纵向控制系统的分析与设计

3.3.1 制导武器纵向控制系统的组成

众所周知,制导武器在空间中的运动是十分复杂的。在工程实践中,为使问题简化,总是将制导武器的空间运动分解为铅垂平面内的纵向运动和水平面内的侧向运动。制导武器纵向控制系统的主要使命是:对制导武器的俯仰姿态角和飞行高度进行控制,使其在铅垂平面内按照预定的弹道飞行。

同其他自动控制系统一样,为了组成制导武器的纵向控制系统,首先考虑的仍是测量元件。能够用来测量制导武器的俯仰角和飞行高度的部件很多,工程上通常选用自由陀螺仪来测量制导武器的俯仰姿态角;用无线电高度表、气压高度表等来测量制导武器的飞行高度。

测量制导武器姿态角的陀螺仪,其输出信号不能直接驱动舵机,需要经过变换和功率放大等处理,对陀螺仪的输出信号进行加工处理的部件称为解算装置。对信号的处理过程,通常分为连续和离散的两种方式。本章只讨论连续信号的模拟系统。

当系统对弹体施加控制时,其俯仰角要经过一个过渡过程才能达到给定的值。为了改善系统的动态性能,在解算装置的输入端,除了有俯仰角的误差信号、高度误差信号之外,还应当有俯仰角速率信号和垂直速度信号。角速率信号可以由速率陀螺仪给出,也可由电子微分器提供。同样,垂直速度信号可由垂直速度传感器提供,也可由电子微分器给出。

为了使制导武器的高度控制系统成为一阶无静差系统,即在常值干扰力矩作用下,制导武器的稳态高度偏差值为零,必须在系统中引入积分环节。这是因为,当积分环节的输入信号为零时,它可以保持一个常值输出。积分器在工程上可以用机电装置实现,也可用电子线路实现。显然,这里所说的电子积分器和电子微分器都是解算装置的一部分。

当需要改变制导武器的飞行高度时,必须改变制导武器的攻角,以改变作用在制导武器上的升力。改变弹的攻角,要转动制导武器的俯仰舵面。因此,作为纵向控制执行机构的舵机是必不可少的。

上述部件与弹体组成制导武器的纵向控制系统。其原理框图如图 3-8 所示。

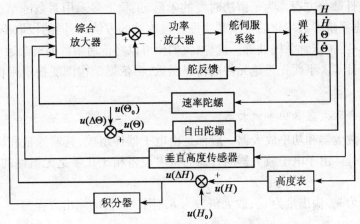

(a) 制导武器纵向控制系统框图

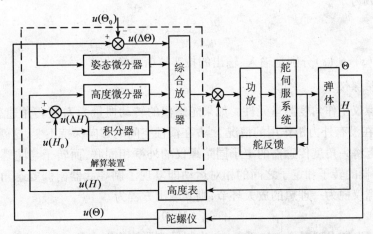

(b) 采用电子微分器和积分器的制导武器纵向控制系统

u—信号电压;H—飞行高度;Θ—俯仰姿态角

图 3-8　纵向控制系统的传递函数与结构图

传递函数是在拉氏变换的基础上形成的、描述线性部件或线性定常系统输入 - 输出关系的一种常用工具。传递函数的形式完全取决于系统或元件自身的结构与参数,它表达了系统或元件本身的固有特性,而与外加输入信号无关。根据这一概念,可以用以复变数 s 为变量的代数方程来表示用常系数线性微分方程描述的系统动特性。

传递函数的概念只适用于线性定常系统,而实际的纵向控制系统是一个非线性时变系统。为了解决非线性的矛盾,工程上多采用在一定条件下等效线性化的方法。我们知道,控制系统通常都有一个预定的工作状态,在系统的广义坐标中与该预定状态相对应的点通常称为预定工作点或动平衡点。而非线性微分方程能够作线性化处理的一个基本的假设就是变量与该预定工作点的偏差是小量,且变量在该点处有导数或偏导数存在。如果满足这条假设,就可以在该工作点的邻域里将描述系统特性的非线性微分方程以变量的偏差形式,展开成泰勒级数,忽略偏差的高阶小量,便可得到以变量相对平衡点的偏差为自变量的线性微分方程。为了解决时变的矛盾,工程上多采用系数冻结法。所谓系数冻结法,是根据系统参数变化的范围和快慢分段冻结的方法,不同的段取不同的值,同一段内参数值不变,按定常系统处理。这样,我们便可以将传递函数的概念运用于纵向控制系统的分析设计了。下面先讨论元件的传递函数,再依据结构图变换规则推导出系统的传递函数。

1. 信号综合放大器和功率放大器

信号综合放大器和功率放大器一般都是由电子器件组成,其输入量和输出量是电压信号或电流信号。由于电子放大器同普通的机电设备相比几乎是无惯性的,故称为无惯性元件。

设输入量为 u_i,输出量为 u_o,放大倍数为 K_y,则放大器的输出方程为

$$u_o = K_y u_i \tag{3-1}$$

传递函数为

$$\frac{u_o(s)}{u_i(s)} = K_y$$

式中,$u_i(s)$、$u_o(s)$ 分别是输入、输出的拉普拉斯变换式。

2. 自由陀螺仪

自由陀螺仪用作角度测量元件。如果陀螺仪的转动惯量为 I,旋转角速率为 ω,则动量矩 $L = I\omega$,在没有外力矩作用的情况下,L 在惯性空间的方向保持不变,这就是自由陀螺的定轴性。若将一角度传感器的定子同陀螺仪的外框相固联,而转子与陀螺仪的机座相固联,则传感器的转子和定子之间的相对运动即复现了制导武器俯仰姿态角的变化。如果将自由陀螺仪视为一理想的放大环节,则其输出方程为

$$u_\Theta = K_\Theta \Theta$$

式中,K_Θ 为自由陀螺仪传递系数,Θ 为制导武器俯仰姿态角(°)。

因此,传递函数为

$$\frac{u_\Theta(s)}{\Theta(s)} = K_\Theta$$

3. 无线电高度表

我们知道,电磁波在空气中的传播速度 C 是恒定的。如果从制导武器向地面(或海面)发射电磁波,然后再反射回来被弹上接收机接收,则电磁波所经路程为制导武器飞行高度的两倍,所需时间为 $t_H = 2H/C$。可见,若能测得时间 t_H,就能算出制导武器的飞行高度 H。由于 H 的数值很小,有时小到 10m 以下,C 的数值又太大,约为 $3 \times 10^8 \text{m/s}$,故 t_H 的数值非常小,工程上难以直接测量,只能采取间接的测量方法。根据测量方法的不同,无线电高度表分为脉冲式雷达高度表和连续波调频高度表两大类。后者又有差拍计数式、

恒定差拍伺服斜率式和伺服频偏式三种类型。无论所有类型的无线电高度表,其输出形式均有数字式和模拟电压式两种。这里以输出模拟电压为例,忽略其时间常数,无线电高度表的输出方程为

$$u_H = K_H H$$

式中,H 为制导武器的飞行高度,u_H 为高度表的输出信号值,K_H 为高度表传递系数。因此,传递函数为

$$\frac{u_H(s)}{H(s)} = K_H$$

4. 俯仰角微分器和高度微分器

为了改善系统的动态特性,常常引入反馈校正信号。如引入俯仰角速率信号对弹体的俯仰角运动进行阻尼;用反馈垂直速度信号对制导武器的飞行高度变化进行阻尼。这两个信号分别由速率陀螺仪和垂直速度传感器提供。近年来,在一些制导武器的控制系统中采用了电子微分器,电子微分器实质上是由线性运算放大器所组成的带通滤波器。其原理如图 3 - 9 所示。

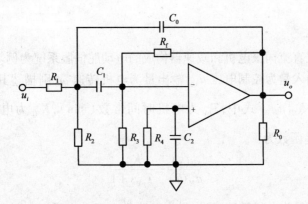

图 3 - 9　电子微分器原理图

由图 3 - 9 可推导其传递函数为

$$\frac{u_o(s)}{u_i(s)} = -\frac{K_D s}{T_D^2 s^2 + 2\xi_D T_D s + 1} \qquad (3-2)$$

式中,$K_D = \dfrac{R_f R_2 C_1}{R_1 + R_2}$,$T_D^2 = \dfrac{R_1 R_2 C_1}{R_1 + R_2} R_f C_o$,$2\xi_D T_D = \dfrac{R_1 R_2 (C_1 + C_o)}{R_1 + R_2}$。

调整图中的电阻和电容值可以使微分器满足系统要求。电子微分器由于它在体积、质量和成本等诸方面的优势而得到了越来越广泛的应用。

5. 高度(差)积分器

同微分器一样,电子积分器也是用线性集成运算放大器加电阻、电容组成的。其原理如图 3 - 10 所示。

工程上实际应用的电路比图 3 - 10 复杂,这是因为运算放大器的输入偏置电流会引起随时间积累的积分误差。为了减小积分误差,通常是外加一个由场效应管组成的前置

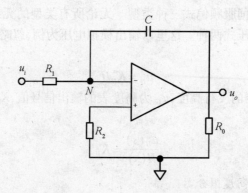

图 3 - 10　电子积分器原理图

级来提高输入阻抗,减小偏置电流。

图中 N 点为虚地点,输出方程为: $u_o = -\dfrac{1}{R_1 C} \displaystyle\int_0^t u_i \mathrm{d}t$,传递函数为: $\dfrac{u_o(s)}{u_i(s)} = -\dfrac{K_I}{s}$,其中

$$K_I = \frac{1}{R_1 C}\text{。} \tag{3-3}$$

6. 舵伺服系统

这里以永磁式直流伺服电机和减速器构成的电动舵伺服系统为例。

伺服电机的输入量为控制电压 u_M ,输出量为电机转速 ω ,则描述其动特性的微分方程是: $T_{pM} \dfrac{\mathrm{d}\omega}{\mathrm{d}t} + \omega = K_{M1} u_M$ 。式中, T_{pM} 为电机时间常数(min), K_{M1} 为电机稳态传递系数(r/minV)。则传递函数为

$$\frac{\omega(s)}{u_M(s)} = \frac{K_{M1}}{T_{pM} s + 1}$$

减速器的输入量为电机转速,输出量为舵偏角 δ ,运动方程为 $\delta = K_{M2} \displaystyle\int_0^t \omega \mathrm{d}t$,式中 K_{M2} 为减速比。则伺服舵的传递函数为

$$\frac{\delta(s)}{u_M(s)} = \frac{\delta(s)}{\omega(s)} \frac{\omega(s)}{u_M(s)} = \frac{K_{M1} K_{M2}}{s(T_{pM} s + 1)} = \frac{K_{pM}}{s(T_{pM} s + 1)} \tag{3-4}$$

式中, K_{pM} 为舵伺服系统的传递系数。

7. 弹体纵向传递函数

为了设计满足要求的飞行控制系统,必须了解控制对象—制导武器的飞行力学特性。如 2. 4. 4 节所述,制导武器纵向扰动运动方程的最简单形式为

$$\begin{cases} \dfrac{\mathrm{d}^2 \theta}{\mathrm{d}t^2} - a_{44} \dfrac{\mathrm{d}\theta}{\mathrm{d}t} - a_{43} \alpha = a_{45} \delta_e \\[2mm] \dfrac{\mathrm{d}\mu}{\mathrm{d}t} - a_{23} \alpha = a_{25} \delta_e \\[2mm] \theta = \mu + \alpha \end{cases} \tag{3-5}$$

式中, θ 为制导武器的俯仰角, α 为制导武器的攻角, μ 为制导武器的弹道倾角, δ_e 为

升降舵偏转角, a_{ij} 为制导武器动力系数。

对上式进行拉氏变换便可得弹体纵向传递函数的标准形式

$$W_{\delta_e}^{\theta}(s) = -\frac{\theta(s)}{\delta_e(s)} = \frac{K_{1l}(T_{1l}s+1)}{s(T_{1l}^2 s^2 + 2\xi_l T_l s + 1)} \tag{3-6}$$

$$W_{\delta_e}^{\mu}(s) = -\frac{\mu(s)}{\delta_e(s)} = \frac{K_{1l}}{s(T_{1l}^2 s^2 + 2\xi_l T_l s + 1)} \tag{3-7}$$

$$W_{\delta_e}^{\alpha}(s) = -\frac{\alpha(s)}{\delta_e(s)} = \frac{K_{2l}}{T_{1l}^2 s^2 + 2\xi_l T_l s + 1} \tag{3-8}$$

$$W_{\delta_e}^{H}(s) = -\frac{\Delta H(s)}{\delta_e(s)} = \frac{K_{3l}}{s^2(T_{1l}^2 s^2 + 2\xi_l T_l s + 1)} \tag{3-9}$$

式中, $K_{1l} = \dfrac{a_3 a_4}{a_2 + a_1 a_4}$, $K_{2l} = \dfrac{a_3}{a_2 + a_1 a_4}$, $K_{3l} = \dfrac{Va_3 a_4}{57.3(a_2 + a_1 a_4)}$, $T_l = \dfrac{1}{\sqrt{a_2 + a_1 a_4}}$, $T_{1l} = \dfrac{1}{a_4}$, $\xi_l = \dfrac{a_1 + a_4}{2\sqrt{a_2 + a_1 a_4}}$, V 为制导武器的飞行速度。

表 3-1 给出了某型号弹体传递函数各参数在弹道特征点上的值。各参数物理意义为:

(1) K_{1l} 表示单位舵角作用下所能产生的弹道倾角速度,因此 K_{1l} 表征了制导武器的机动性。

(2) T_l 表示制导武器攻角跟踪舵偏的快慢程度。愈小,跟踪得愈快。

(3) T_{1l} 表示弹道倾角相对于制导武器姿态角所具有的惯性。愈大,动态滞后愈多。

(4) ξ_l 是制导武器的阻尼系数,由表 3-1 可知,该弹体为欠阻尼状态,需通过纵向控制系统来改善制导武器的阻尼特性。

表 3-1　弹体传递函数参数值

	$K_{1l}(1/s)$	$T_{1l}(s)$	$T_l(s)$	ξ_l
8.2	0.940	1.697	0.206	0.097
16.4	0.891	1.678	0.198	0.095
32.8	0.910	1.634	0.184	0.091
82.0	0.710	1.508	0.160	0.084
131.2	0.684	1.383	0.149	0.085
164.0	0.709	1.299	0.146	0.086

8. 纵向控制系统结构图

纵向控制系统结构图如图 3-11 所示。

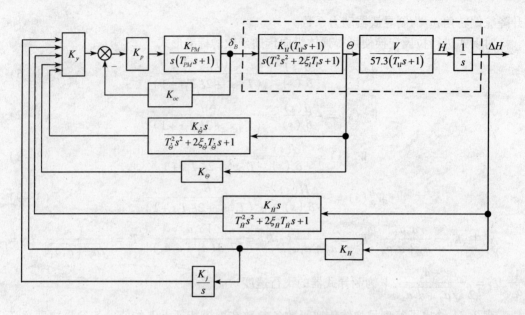

图 3 - 11　纵向控制系统结构图

在图 3 - 11 中，K_Θ 为自由陀螺仪传递系数，K_{oc} 为舵反馈系数，K_y 为综合放大器放大系数，$\dfrac{K_{PM}}{s(T_{PM}s+1)}$ 为舵伺服系统传递函数，K_H 为高度积分器传递函数，$\dfrac{K_{\dot\Theta}s}{T_{\dot\Theta}^2 s^2 + 2\xi_{\dot\Theta}T_{\dot\Theta}s + 1}$ 为俯仰角微分器传递函数，K_j 为高度表传递函数，$\dfrac{K_{\dot H}s}{T_{\dot H}^2 s^2 + 2\xi_{\dot H}T_{\dot H}s + 1}$ 为高度微分器传递函数，K_p 为功率放大器放大系数。

综合放大器对各支路信号的放大倍数不相同，为便于分析将其归到各支路的传递系数中，取 $K_y = 1$。

由于两个电子积分器的时间常数 $T_{\dot\Theta}$ 和 $T_{\dot H}$ 比弹体时间常数 T_l 小得多，从频率特性来看都属于"小参数"，只影响频率特性的高频段，从时间特性看只影响过渡过程的初始段。因此，略去 $T_{\dot\Theta}$ 和 $T_{\dot H}$ 后对系统稳定性及稳态精度影响不大。

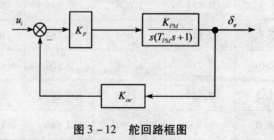

图 3 - 12　舵回路框图

由图 3 - 12 可知，舵系统的闭环传递函数为

$$\Phi_\delta(s) = \frac{\dfrac{1}{K_{oc}}}{\dfrac{T_{PM}}{K_{oc}K_pK_{PM}}s^2 + \dfrac{1}{K_{oc}K_pK_{PM}}s + 1} = \frac{K_\delta}{T_\delta^2 s^2 + 2\xi_\delta T_\delta s + 1} \qquad (3-10)$$

式中,$K_\delta = \dfrac{1}{K_{oc}}$ 为舵系统传递函数,$T_\delta = \sqrt{\dfrac{T_{PM}}{K_{oc}K_pK_{PM}}}$ 为舵系统的时间常数,$\xi_\delta = \dfrac{1}{2\sqrt{T_{PM}K_{oc}K_pK_{PM}}}$ 为舵系统的阻尼系数。

电机的时间常数 T_{PM} 一般为 $20\sim30\text{ms}$,舵系统开环放大倍数(静态)$K_{oc}K_pK_{PM}$ 一般在 $50\sim100$ 之间,因此,当舵系统工作在线性区时,T_δ 不会超过 10ms。故初步分析时,可令 $T_\delta=0$,舵系统被简化成放大环节,其放大系数为 K_δ。于是,得到了简化了的系统结构图如图 $3-13$ 所示。

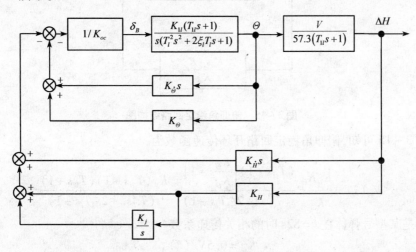

图 3 – 13　纵向控制系统简化结构图

变换以后的系统结构图如图 $3-14$ 所示(其中 δ_f 表示等效干扰舵偏角)。

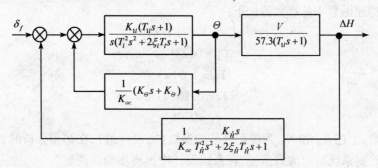

图 3 – 14　变换后的系统结构图

3.3.2　纵向控制系统分析

在进行系统设计时,需要考虑包括可靠性指标和经济性指标在内的各项性能指标,需要选用一些性能好、质量稳定的元部件来组成控制系统。这些元部件的参数,可以认为是已知的。但用它们组成的控制系统,其性能指标不一定令人满意。系统设计者的任务是在给定参数的前提下对系统进行初步分析,并在此基础上确定校正环节的结构形式及参数,最后使系统具有所要求的性能指标。

1. 俯仰角稳定回路的分析

由于弹道倾角的变化滞后于制导武器姿态角的变化,也就是制导武器质心运动的惯性比姿态运动的惯性大。因此,在分析俯仰角稳定回路时可暂不考虑高度稳定回路的影响。俯仰角稳定回路结构如图 3 – 15 所示。

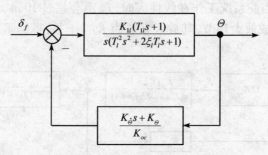

图 3 – 15　俯仰角稳定回路结构图

由图 3 – 15 可知,俯仰角稳定回路开环传递函数为

$$W_\Theta(s) = \frac{K_{1l}K_\Theta}{K_{oc}} \frac{(T_{1l}s+1)\left(\dfrac{K_{\dot\Theta}}{K_\Theta}s+1\right)}{s(T_l^2 s^2 + 2\xi_l T_l s + 1)} = \frac{K_W(T_{1l}s+1)(T_W s+1)}{s(T_l^2 s^2 + 2\xi_l T_l s + 1)} \quad (3-11)$$

下面是某型号弹体在 $t = 82\mathrm{s}$ 时的相关传递系数

$$K_{oc} = 0.5\mathrm{V}/(°)$$
$$K_\Theta = 0.75\mathrm{V}/(°)$$
$$K_{\dot\Theta} = 0.175\mathrm{V}\cdot\mathrm{s}/(°)$$

则上面传递函数中各参数值如下:

$$K_W = 1.07(1/\mathrm{s})$$
$$T_W = 0.23(\mathrm{s})$$
$$T_{1l} = 1.5(\mathrm{s})$$
$$T_l = 0.16(\mathrm{s})$$
$$\xi_l = 0.084$$

需要指出,上述 K_Θ 和 $K_{\dot\Theta}$ 为校正环节的参数(需设计值),在初步分析时,需根据经验或参考同类控制系统给出大致范围,在系统设计中再逐步加以调整。

将 $s = \mathrm{j}\omega$ 代入即得系统开环频率特性

$$W_\Theta(\mathrm{j}\omega) = \frac{K_W(\mathrm{j}\omega T_{1l}+1)(\mathrm{j}\omega T_W+1)}{\mathrm{j}\omega[(\mathrm{j}\omega)^2 T_l^2 + 2\mathrm{j}\omega\xi_l T_l + 1]}$$

$$= \frac{1.07[1.5(\mathrm{j}\omega)+1][0.23(\mathrm{j}\omega)+1]}{\mathrm{j}\omega[0.16^2(\mathrm{j}\omega)^2 + 2\times0.084\times0.16(\mathrm{j}\omega)+1]} \quad (3-12)$$

由上可知,系统开环频率特性由放大环节、积分环节、二阶振荡环节和两个一阶加强环节组成。

大家知道,系统的稳定性是由其闭环极点唯一确定的。如果直接由开环传递函数求

88

闭环传递函数,再用特征方程求根的办法求闭环极点的分布,则过程太复杂。工程上常常采用频率特性法和根轨迹法,通过图解直接分析系统参数变化对闭环系统性能的影响,而不必求取闭环系统的特征根。为进一步简化计算,工程上还广泛采用以对数形式表示的频率特性。它将串联环节的幅值相乘转为幅值相加的运算,使运算量大为减少。由式(3
－11)、(3－12)可作出俯仰角稳定回路的开环对数频率特性,如图3－16所示。显然,它对应某型号弹体在 $t=82s$ 时的参数。由图3－16可见:

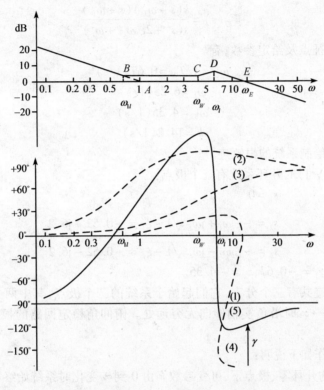

$$\omega_{1l}=\frac{1}{T_{1l}}=0.67(1/s) \quad \omega_l=\frac{1}{T_l}=6.25(1/s)$$

$$\omega_w=\frac{1}{T_W}=4.35(1/s) \quad \omega_E\ 为剪切频率$$

1—积分环节的相频特性;(2)、(3)——阶加强环节的相频特性;
(4)—二阶振荡环节的相频特性;(5)—系统的相频特性

图3－16　俯仰角稳定回路开环对数频率特性

(1)上述参数下,系统有足够的幅值裕度,且相角裕度 $\gamma>70°$。工程实践证明,对于最小相位系统,如果相角裕度大于30°,幅值裕度大于6dB,即使系统参数在一定范围内变化,也能保证系统的正常工作。因此,在 $T_l<T_W<T_{1l}$ 的情况下,系统有足够的稳定性储备。

(2)当 $T_l<T_{1l}<T_W$ 时,开环系统的幅频特性将被抬高,使开环系统频带加宽很多。虽然不会破坏系统的稳定性,但会使系统的抗干扰能力下降。同样道理,系统的开环放大倍数 K_W 也不能取得太大,否则将使系统稳定性储备减小,抗干扰能力下降。

（3）当 $T_W < T_l < T_{1l}$ 时，如果参数选配不当，幅频特性有可能以 $-40\mathrm{dB}/$ 十倍频程的斜率穿越零分贝线，即使系统稳定，其相对稳定性与动态品质也是很差的。

总之，利用开环对数频率特性，可以从系统的稳定性和动态品质出发选择 T_W、K_W，也就是校正环节的参数 K_Θ 和 $K_{\dot\Theta}$。

下面说明如何用根轨迹法求取姿态稳定回路的闭环传递函数。

为了做出系统的根轨迹，将式（3-11）变换为

$$W_\Theta(s) = \frac{k(s+\omega_{1l})(s+\omega_W)}{s(s^2+2\xi_l\omega_l s+\omega_l^2)} \tag{3-13}$$

对应上述特征点及给定参数，有

$$\omega_{1l} = 1/T_{1l} = 0.67(1/\mathrm{s})$$
$$\omega_l = 6.25(1/\mathrm{s})$$
$$\omega_W = 4.35(1/\mathrm{s})$$
$$k = 14.2(1/\mathrm{s})$$

以 k 为参量绘制系统的根轨迹。

由式（3-13）可知，开环系统有三个极点：

$$s_1 = 0$$

$$s_2 = -\xi_l\omega_l + \mathrm{j}\omega_l\sqrt{1-\xi_l^2} = -0.52 + \mathrm{j}6.2$$

$$s_2 = -\xi_l\omega_l - \mathrm{j}\omega_l\sqrt{1-\xi_l^2} = -0.52 - \mathrm{j}6.2$$

两个实零点 $z_1 = -0.67$，$z_2 = -4.35$。

系统的根轨迹共有三个分支，它们起始于系统的三个极点，其中两条终止于有限零点，另一分支当 $k\to\infty$ 时沿负实轴伸向无穷远处。俯仰角稳定回路的根轨迹如图 3-17 所示。

对图 3-17 作如下说明：

（1）在给定的开环零、极点下，可变参数 k 由 0 到 ∞ 变化时系统始终稳定。与频率法得出的结论一致。

（2）当 $k > 23.6$ 时，系统有三个不同的闭环实极点。此时，系统闭环传递函数由三个不同的惯性环节串联而成。当 $k < 23.6$ 时，系统有一个闭环实极点和两个共轭的闭环复数极点。因此，系统的闭环传递函数将由一个惯性环节和一个二阶振荡环节串联而成。

（3）当 $k = 14.2$ 时（给定设计的控制参数），闭环系统的三个极点为

$$s_1 = -0.4$$
$$s_2 = -7.6 + \mathrm{j}7.7$$
$$s_3 = -7.6 - \mathrm{j}7.7$$

可见 $\dfrac{\mathrm{Res}_2}{\mathrm{Res}_1} = \dfrac{-7.6}{-0.4} = 19$。工程上，只要这个比值大于 5，就可将距虚轴远的极点忽略不计，而取距虚轴近的极点 $s_1 = -0.4$ 作为系统的闭环主导极点。

（4）系统的闭环零点包括前向通道的全部零点和反馈通道的全部极点。由图 3-17 可知，该系统只有一个负零点 $-\dfrac{1}{T_{1l}}$。

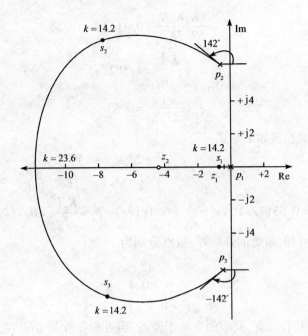

图 3 – 17　俯仰角稳定回路根轨迹图

至此,可直接根据系统根轨迹图写出俯仰角稳定回路的闭环传递函数

$$\varPhi_{\varTheta}(s) = \frac{\varTheta(s)}{\delta_z(s)} = \frac{K_{\phi}(T_{1l}s + 1)}{T_{\phi}s + 1} \tag{3 – 14}$$

式中,$K_{\phi} = \dfrac{K_{oc}}{K_{\dot{\varTheta}}} = \dfrac{0.5}{0.75} = 0.67$, $T_{1l} = 1.5(\text{s})$, $T_{\phi} = 2.5(\text{s})$。

2. 高度稳定回路分析

由图 3 – 14、图 3 – 17 及式(3 – 14)可以得到高度稳定回路的结构图如图 3 – 18 所示。

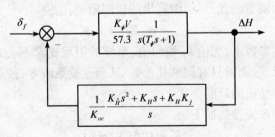

图 3 – 18　高度稳定回路结构图

由图 3 – 18 可知,高度稳定回路开环传递函数为:

$$W_g(s) = \frac{K_{\phi}V}{57.3K_{oc}} \frac{K_{\dot{H}}s^2 + K_Hs + K_HK_I}{s^2(T_{\phi}s + 1)} = \frac{K_g(T_g^2s^2 + 2\xi_gT_gs + 1)}{s^2(T_{\phi}s + 1)} \tag{3 – 15}$$

对上述特征点,有 $K_{\phi} = 0.67$, $T_{\phi} = 2.5(\text{s})$, $V = 306(\text{m/s})$。

给定 $K_H = 0.2(\text{V/m})$, $K_{\dot{H}} = 0.25(\text{V} \cdot \text{s/m})$, $K_I = 0.2(1/\text{s})$,则有

$$K_g = \frac{VK_\phi K_H K_I}{57.3 K_{oc}} = 0.71(1/s^2)$$

$$T_g = \sqrt{\frac{K_{\dot{H}}}{K_H K_I}} = 1.582(s)$$

$$\xi_g = \frac{1}{2T_g K_I} = 0.63$$

将式(3－15)变换成如下形式

$$W_g(s) = \frac{k_g(s^2 + 2\xi_g \omega_g s + 1)}{s^2(s + \omega_\phi)} \quad\quad (3-16)$$

式中，$\omega_g = \frac{1}{T_g} = 0.63(1/s)$，$\omega_\phi = \frac{1}{T_\phi} = 0.4(1/s)$，$k_g = \frac{K_g T_g^2}{T_g} = 0.71(1/s)$。

由式(3－16)可知，系统的开环零、极点分别为

$$s_1 = s_2 = 0$$

$$s_3 = -0.4$$

$$z_{1,2} = -0.4 \pm j0.49$$

系统的根轨迹共有三支，其中两支始于原点，当可变参数 k_g 由 0 至 ∞ 变化时，它们离开原点进入 s 平面，最后分别终止在零点处。且它们相对实轴是对称的。根轨迹的另外一个分支在实轴上，它起始于 s_3，并且当可变参数 $k_g \rightarrow \infty$ 时，沿实轴负方向伸向无穷远处。给定参数下系统的根轨迹如图3－19所示。

根据根轨迹的幅值条件，可以在根轨迹图上求得对应于 $k_g = 0.71$ 的三个闭环极点为

$$s_{1,2} = -0.14 \pm j0.57$$

$$s_3 = -0.84$$

可见，系统的主导极点是 s_1 和 s_2。由于 s_1 和 s_2 是一对共轭复极点，所以系统的闭环特性近似为一个二阶振荡环节，并且可以求出其相对阻尼比为0.2，可见系统的阻尼特性是很差的。由图3－19还可看出，s_1 和 s_2 很靠近虚轴，系统虽然稳定，但振荡趋势严重，其动态特性不能令人满意。此外，由图算出的极限阻尼比为

$$\xi_{max} = \cos 50° = 0.64$$

也就是说在给定参数下，无论 k_g 取何值，系统的阻尼比都不会超过0.64。如果不改变校正环节的结构形式，那就只有调整其参数，从而改变系统零、极点在 s 平面上的位置，以达到改善系统动态品质的目的。

调整设计以后的系统参数如下：

$$K_H = 0.5(V/m)$$

$$K_{\dot{H}} = 0.5(V \cdot s/m)$$

$$K_I = 0.25(1/s)$$

系统的开环零、极点分别变为

$$s_1 = s_2 = 0$$

$$s_3 = -0.4$$

$$z_1 = z_2 - 0.5$$

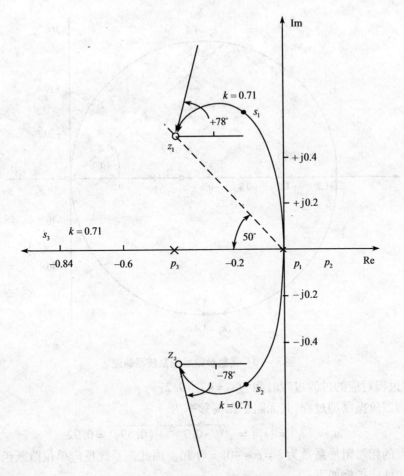

图 3 - 19　高度稳定回路根轨迹图

根据新的零、极点绘制的系统根轨迹如图 3 - 20 所示。

由图 3 - 20 可知,系统的根轨迹有三个分支,实轴上的一个分支由极点 $s_3 = -0.4$ 出发,当 $k_g \to \infty$ 时终止在重合的两个零点 $z_1 = z_2 = -0.5$ 处。另外两个分支同时从重合的两个极点 $s_1 = s_2 = 0$ 即原点处出发,当 k_g 增加时一支在负实轴的上面,另一支在负实轴的下面。当 $k_g = 2.35$ 时它们在实轴上重新相会,并分别沿负实轴的正方向和负方向延伸,当 $k_g \to \infty$ 时,一支终止在重合的两个零点处,另一支沿负实轴负方向伸向无穷远处。因此,s 平面上的根轨迹是对称于负实轴的两个半圆,圆心在负实轴上的坐标是 -0.6,半径为 0.6。

参数调整后,根轨迹上对应于 $k_g = 1.42$ 的三个闭环极点为

$$s_{1,2} = -0.7 \pm j0.59$$
$$s_3 = -0.433$$

由于 s_1 和 s_2 的实部与实极点 s_3 的值相比仅为 1.6,因此三个极点同等重要。

由上分析可知,系统的动态过程可以分解为两个动态过程的合成。一是指数衰减过程,其时间常数为:$T = \dfrac{1}{|s_3|} = \dfrac{1}{0.433} = 2.3(\text{s})$。工程上可认为 $t > 4T$ 时过渡过程已经结

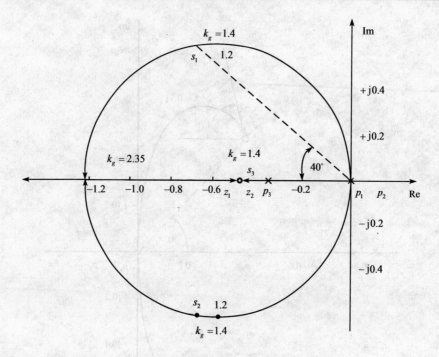

图 3 - 20　调整参数后的系统根轨迹

束,所以该过程对应的过渡过程时间为 $t_s = 4T = 9.2(s)$。

另一为二阶振荡型过程,其无阻尼振荡频率为

$$\omega_n = |s_1| = |s_2| = \sqrt{(-0.7)^2 + (0.59)^2} = 0.92$$

该过程的相对阻尼系数为 $\xi = \cos 40° = 0.76$。因此该系统反应单位阶跃函数的过渡过程的各项性能指标如下:

超调量

$$\sigma\% = \exp\left(-\frac{\xi}{\sqrt{1-\xi^2}}\pi\right) = 2.5\%$$

峰值时间

$$t_p = \frac{\pi}{\omega_n\sqrt{1-\xi^2}} = 5.32(s)$$

过渡过程时间

$$t_s \approx \frac{4}{\xi\omega_n} = 5.71(s)$$

将上述两个过程合起来看,系统的振荡特征并不明显,总的过渡过程时间为 9.2s,从图 3 - 20 可以看出,如果不改变开环零、极点在 s 平面上的位置,无论 k_g 取何值,系统的过渡过程时间都不会低于 8s,因此在进行控制系统设计时,不能片面强调某一指标,必须兼顾各方面的要求,并反复调整系统的参数,最后才能设计出一个令人满意的控制系统。

由于在 s 平面的右半部没有根轨迹,所以当可变参数 k_g 由 0 至 ∞ 变化时,高度稳定回路始终是稳定的。下面对于给定的两组高度稳定回路的参数分别作出它们的开环对数频率特性,以便对其进行对比分析。

高度稳定回路的第一组参数为:

$$K_H = 0.2(\text{V/m})$$
$$K_{\dot{H}} = 0.25(\text{V} \cdot \text{s/m})$$
$$K_I = 0.2(1/\text{s})$$

其对应的开环传递函数为

$$W_g(s) = \frac{0.71(1.58s^2 + 2 \times 0.63 \times 1.58s + 1)}{s^2(2.5s + 1)} \qquad (3-17)$$

因此有:$20\lg 0.71 = -3\text{dB}$;

交接频率(单位):$\omega_1 = \dfrac{1}{2.5} = 0.4(1/\text{s})$,$\omega_2 = \dfrac{1}{1.58} = 0.63(1/\text{s})$;

二阶加强环节的相对阻尼比 $\xi = 0.63$。

第一组参数对应的开环频率特性如图 3–21 所示。

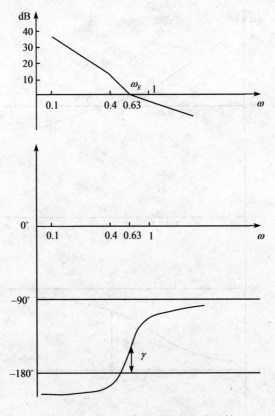

图 3–21　第一组参数时对数频率特性

由图 3–21 可知,对于第一组给定的参数,系统有足够的幅值裕度,相角裕度也大于 $30°$。但是,剪切频率 ω_E 与第二个交接频率 ω_2 靠得非常近,而在交接频率之前对数幅频特性渐近线的斜率为 $-60\text{dB}/$十倍频程。由自动调节原理的知识可知,系统的振荡趋势严重,即系统的阻尼特性很差。这是因为,系统的动态品质主要是由剪切频率两边的一段频率特性所决定的。

可见,由此得出的结论与根轨迹法得出的结论基本上是一致的。

高度稳定回路的第二组参数如下:

$$K_H = 0.5(\text{V/m})$$
$$K_{\dot{H}} = 0.5(\text{V} \cdot \text{s/m})$$
$$K_I = 0.25(1/\text{s})$$

其对应的开环传递函数为

$$W_g(s) = \frac{0.89(2s^2 + 2 \times 1 \times 2s + 1)}{s^2(2.5s + 1)} \tag{3-18}$$

放大环节的对数幅值: $20\lg 0.89 = -1\text{dB}$;

交接频率(单位): $\omega_1 = \dfrac{1}{2.5} = 0.4(1/\text{s})$, $\omega_2 = \dfrac{1}{2} = 0.5(1/\text{s})$;

二阶加强环节的相对阻尼比 $\xi = 1$。

由此可绘制第二组参数对应的开环对数频率特性如图 3-22 所示。

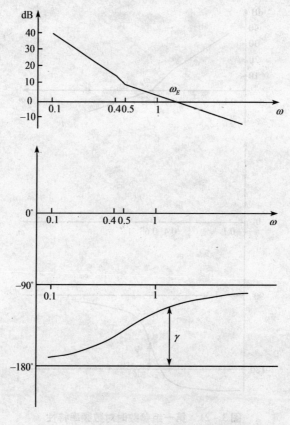

图 3-22　第二组参数时开环对数频率特性

由图 3-22 可知,这种情况下系统的相角储备大于 60°,比第一组参数时有很大提高。幅值裕度两者差不多,但是剪切频率与第二个交接频率相距较远, $\omega_E = 3\omega_2$。前面说过,系统的动态品质主要由剪切频率两边的一段频率特性决定。由于 ω_2 远离 ω_E,即斜率 $-60\text{dB}/$十倍频程远离剪切频率,所以它对系统动态品质的影响减小,使系统的相对阻尼大为增加。因此,剪切频率应尽可能地远离其两侧的交接频率,而且在剪切频率处开环对数频率特性的斜率最好取 $-20\text{dB}/$十倍频程。关于这一点,工程上称之为"错开原理"。

前面是针对一个特定的特征点($t=82s$)的某弹体参数进行分析的。对于其他特征点,所选参数不一定合适,还需进行类似的分析工作。但是在制导武器的飞行过程中,弹体参数基本上是连续变化的,而控制系统的结构参数不可能也随之连续变化。工程上通常是根据弹体的参数变化情况分段,在同一段内弹体参数变化缓慢,控制系统的结构参数可取常值,而在不同的段内,控制系统的参数则取不同的数值。制导武器飞行过程中,在指令系统的控制下控制系统不断地切换自身参数。当然,切换次数不能太多,否则不但工程实现有困难,而且会使系统的可靠性下降。

应当强调的是,上述分析工作是在两个最基本的假设条件下,作了一些近似后进行的。由于实际的制导武器纵向控制系统(对象)相当复杂,不作这些假设和近似,分析工作将非常困难。所作的两项假设是:第一,系统是线性的;第二,系统是定常的。就是说,系统中不含有非线性和变参数环节。所作的近似是:忽略了一些小参数环节(如电子微分器、无线电高度表和舵系统等的时间常数)对系统特性的影响。作这种近似的条件是,从系统开环对数频率来看,这些时间常数对应的交接频率都远离系统的剪切频率,处于频率特性的高频段,因而这些小参数环节只影响系统过渡过程的起始段,对系统的动态特性、静态精度没有什么影响。

但是,实际的纵向控制系统既是时变的又是非线性的。首先,弹体就是一个时变环节,其次,系统中还包含有很多典型的非线性环节,如舵系统中的限幅特性、积分器中的不灵敏区和继电特性、齿轮减速器中的传动齿隙回线特性等。因此上述分析工作只是初步的,在分析的基础上还应进一步对系统的真实情况进行数字仿真,也就是将实际的控制系统(对象)完全用数学模型表示,在计算机上进行分析研究,调整系统的有关参数,使系统的品质指标满足使用要求。

3.4　BTT 控制

倾斜转弯(Bank-to-Turn,简称 BTT)是飞机常用的机动控制方式。少数早期的防空导弹,如美国的"波马克"和英国的"警犬",也曾仿效飞机采用倾斜转弯控制。但到现在,绝大多数防空导弹都采用侧滑转弯控制。由于防空势态的发展和技术的进步,为了改造老产品和发展高性能的防空导弹,自 20 世纪 70 年代中期以来,又积极开展了倾斜转弯控制的研究工作。倾斜转弯控制的基本方式是,在导弹截击目标的过程中,滚动控制通道快速地把导弹的最大升力面转到导引规律所要求的理想机动方向上。与此同时,侧向控制通道控制导弹在最大升力面上产生所需要的机动过载。

使滑翔机或飞机向左或向右改变航向的一般方法是使副翼偏转,也就是产生一个滚动角 ϕ。如果借助升降舵使升力稍微增大一些,使得升力的垂直分量等于重量,则升力的水平分量等于总升力乘以 $\sin\phi$。正是这个分力的水平分量引起飞行路线的改变。由于飞行器转弯,外翼上的气流就比内翼上的气流流得快,因而,对机动飞行的精确分析就不那么简单了。实际上,方向舵的少量偏转就是力图使总的气流直接沿着飞机的纵轴在翼面上流动,在这种条件下,没有"侧滑",因此也就没有纯侧力(net sideforce)。这是一种比较好的机动方法,因为升力与机翼垂直,此时的升阻比最大。此外,这种机动方法对于乘客的舒适感也是最好的,因为乘客所承受的合力总是对称地通过他的坐席。但即使如此,在机动时仍有附加的诱导阻力。用增大攻角的办法可以获得附加的机动力。这是因为攻角的增大使得法向力相对于速度向量向后倾斜。这样就有一个在数值上等于法向力乘以攻角余弦的有用分量,此外还有一个大小与攻角的正弦成正比而方向与速度向量相反的分量。当升力产生时,"诱导阻力"总会出现,而与机动方法无关。

现代战场环境的日益恶化将对战术导弹的作战空域、机动性能和气动效率等技术指标提出更高要求。而采用 BTT 控制技术的导弹在截击目标的过程中,滚动控制系统快速地把导弹的最大升力面转到理想的机动方向,同时俯仰控制系统控制导弹在最大升力面内产生需要的机动加速度。这一控制技术大大提高了导弹的气动效率,获得了最佳气动特性,达到了良好的战术技术指标要求。因此,采用 BTT 控制技术来提高战术导弹的性能成为具有挑战性的重要研究课题。

BTT 导弹的气动外形和控制特点决定了其为一个具有运动学耦合、惯性耦合、气动耦合和控制作用耦合的多变量被控对象,因此 STT 导弹普遍采用的三通道独立控制系统设计方案已不适用,需用多变量控制方法设计 BTT 导弹的自动驾驶仪。对 BTT 导弹控制系统设计问题的研究已成为 BTT 导弹研究中的关键问题之一。

3.4.1 BTT 控制技术与 BTT 制导武器

BTT 控制技术是飞机常采用的控制方式。但对有翼战术导弹来说,BTT 控制技术在近十几年才逐渐引起人们的注意,并作为下一代制导武器的预研课题开展研究。

现役制导武器多采用带"＋"字型翼的轴对称气功外形,采用 STT 控制技术。这一方面因为在小攻角条件下,细长体"＋"字型翼身组合体提供的法向力与该转角无关,且不产生滚转力矩;另一方面制导武器是无人驾驶的一次性使用武器,制导武器的飞行是依靠自动驾驶仪的控制实现的,在当时的工业基础和技术水平条件下,应用三通道独立的控制系统设计是可以做到的。如采用飞机那样的气动外形和 BTT 控制技术,会对制导武器的控制系统设计带来很大困难。因此,长期以来制导武器的控制多采用 STT 控制技术。但"十"字型制导武器也有一些缺点,如隐蔽性差、气动效率低、诱导力矩大等,这些缺点削弱了细长体理论在小攻角条件下得出的"＋"字型翼身组合体的基本优点,动摇了这种制导武器气动外形生存和发展的基础。

于是人们又想起了飞机,考虑制导武器采用面对称气动外形。制导武器空气动力学专家 Nielsen 曾于 20 世纪 70 年代末指出:为增加制导武器的航程,降低被雷达探测到的可能性,简化制导武器控制系统和提高制导武器的气动效率等所进行的研究表明,将来的制导武器可能要采用飞机那样的面对称气动外形。

进入 20 世纪 80 年代,BTT 控制技术得到了迅速发展,加之现代控制理论、滤波理论和计算机的迅速发展,以及用于 BTT 制导武器控制系统中的某些硬件的研制有了新突破,为 BTT 制导武器的实现创造了条件。

1. BTT 制导武器的分类

根据制导武器的气动外形及动力装置等的不同,BTT 制导武器可分为以下三种类型:

98

（1）BTT－45

用于具有"＋"字形或"×"字形弹翼的轴对称制导武器。由于这种制导武器的可用过载沿弹体侧向呈矩形分布，其最大值可在互成90°的四个方位上出现。在导引过程的任一时刻，只需在±45°的范围之内去控制滚动角，便可将最大可用过载转向导引律要求的任一方向。其主要目的是改造老产品。

（2）BTT－90

用于具有一对主升力面，并允许出现正、负攻角的制导武器。由于这种制导武器可在互成180°的两个方位上（主升力面法线的正、负方向）产生巨大的过载，在导引过程的任一时刻，滚动角所需的控制范围均可限制在±90°范围之内。

（3）BTT－180

用于具有一对主升力面，冲压发动机进气口的正常工作只允许出现正攻角的制导武器。由于制导武器机动所需的过载只能在垂直于主升力面的一个方位上出现，滚动角所需的控制范围应能达到±180°。

其中，BTT－45制导武器为轴对称型制导武器，如图3－23所示，具有两个相互垂直的有效升力面（I－I和II－II）。在制导过程的每一瞬时，只要控制制导武器滚转角小于或等于±45°，便可以实现要求的法向加速度向量与有效升力面重合的要求。

BTT－90和BTT－180两类制导武器均为面对称（飞机型导弹），如图3－24所示，只有一个有效升力面，即与弹翼垂直的对称面或俯仰平面。欲使所要求的法向加速度向量落在该平面，控制制导武器滚动的最大角度范围为±90°或±180°。其中BTT－90制导武器具有产生正、负攻角的能力，而BTT－180制导武器仅能提供正的攻角或正向升力，这一特点与制导武器配置了特殊的冲压发动机有关。

显然，BTT－90和BTT－180可用来发展高性能的防空导弹。采用这种控制方式，弹体设计可以不受惯常的侧滑转弯控制的约束而采用最佳气动外形，以减小质量、提高升阻比和获得巨大的可用过载。采用这种控制方式，也为冲压发动机在防空导弹上的高效使用创造了条件。

图3－23　BTT－45导弹剖面图

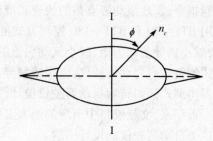

图3－24　BTT－90、180剖面图

2. BTT制导武器的特点

正如前面所述，BTT制导武器引起人们广泛重视的主要原因是BTT制导武器提高和改善了战术导弹的性能。BTT制导武器具有以下特点：

（1）提高了制导武器的升阻比

BTT 制导武器能有效地提供最佳气动特性,阻力小、升力大、升阻比大,明显地提高了制导武器的末速,缩短作战时间,扩大制导武器的作战空域,有效地提高了制导武器的法向过载,达到高精度、高命中概率截击机动目标的目的。

（2）提高了制导武器的气动稳定性

由空气动力学原理知,当 BTT 制导武器在最大升力面内产生机动时,不存在侧向机动力或侧向机动力很小,即侧滑角为零度或近似为零度,制导武器具有最佳稳定性。此时由侧滑角产生的诱导力矩为零,因此对制导武器最大攻角的限制可进一步放宽。另外,对 BTT 制导武器进行滚动定位还可有效地减少气涡的不利影响。

（3）能与冲压喷气发动机进气道设计兼容

可获得满意的冲压喷气发动机性能,为研制高速度、远程防空导弹提供了有利条件。如美国研制的远程地对空导弹多采用冲压喷气发动机,要求导弹在飞行过程中侧滑角小,同时只允许导弹具有正的攻角和正向升力。这种要求是 STT 导弹难以达到的,而 BTT 导弹则很容易实现。

（4）与 STT 制导武器相比,在同样的射程条件下,BTT 制导武器重量较小。

3.4.2　倾斜转弯自动驾驶仪设计

实现倾斜转弯控制的自动驾驶仪称为倾斜转弯自动驾驶仪。根据对侧滑角的控制要求,倾斜转弯自动驾驶仪可分为协调式与非协调式两大类。协调式倾斜转弯自动驾驶仪在按导引律控制制导武器飞行的过程中,保持制导武器的侧滑角近似为零。非协调式倾斜转弯自动驾驶仪则不保持制导武器的侧滑角近似为零。

采用 BTT – 45 控制方式的制导武器,一般允许在飞行过程中存在侧滑角,有人甚至主张在倾斜转弯过程中同时操纵制导武器作小量的侧滑转弯,以提高飞行控制的准确性。因此一般要求使用非协调式倾斜转弯自动驾驶仪。它与惯常的侧滑转弯自动驾驶仪相类似,采用三个互相独立的回路(一个滚动控制回路和两个相同的侧向控制回路),仍可采用经典频域方法进行设计。不同的是,滚动回路不再是实现滚动稳定的功能,而是要接受滚动控制指令,实现滚动姿态角的快速和准确的控制。

采用 BTT – 90 和 BTT – 180 控制方式的高性能制导武器,为了提高制导武器的气动稳定性,减小诱导滚动力矩,减小气动涡流的不利影响和提高最大可用攻角,一般要求使用协调式倾斜转弯自动驾驶仪,以保持制导武器飞行过程中的侧滑角近似为零。高性能制导武器协调式倾斜转弯自动驾驶仪设计,是正在研究中的倾斜转弯控制技术的一个关键问题。近年来,文献资料中出现的绝大多数倾斜转弯自动驾驶仪都属于这一类。以下仅介绍这类自动驾驶仪的设计问题。

由于在倾斜转弯控制过程中,需要操纵制导武器绕纵轴高速旋转,过去常用的俯仰、偏航、滚动运动互相独立的制导武器动力学模型已不再适用。这时不仅需要考虑气动耦合,而且需要考虑运动学耦合和惯性耦合,如图 3 – 25 所示。因为倾斜转弯自动驾驶仪的控制对象,是一种多输入、多输出的动态过程。倾斜转弯自动驾驶仪设计,必须寻求合适的多变量系统的分析与设计方法。要在所有飞行条件下实现测滑角近似为零的协调转弯,是一个复杂的问题。因作为受控对象的制导武器动力学特性,不仅随着制导武器的飞行速度、飞行高度和质心位置而变化,而且随着制导武器的攻角、侧滑角和姿态角速度而变化。

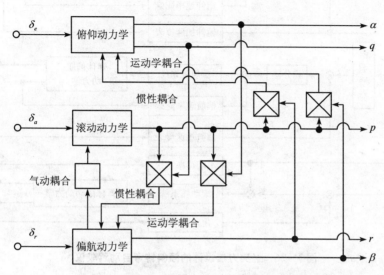

图 3 - 25   倾斜转弯制导武器动力学的耦合关系

比较有代表性的设计方法有如下三种。

1. 经典设计方法

首先把制导武器俯仰、偏航、滚动运动之间的耦合作用看作未知干扰,采用经典频域设计方法分别设计俯仰、偏航、滚动控制系统。在设计中主要通过提高速率回路通频带的方法,使各控制系统具有良好的去耦能力。然后考虑耦合因素,给偏航控制系统引入协调控制信号,使制导武器飞行控制过程中的侧滑角尽可能接近于零。根据运动学关系的分析和推导,为了实现协调控制,偏航角速度 r 应满足下列关系式:

$$r = p\tan\alpha + \frac{g\cos\theta\sin\phi}{V\cos\alpha}$$

式中,p 为滚动角速度,α 为攻角,g 为重力加速度,θ 为俯仰角,ϕ 为滚动角,V 为制导武器飞行速度。

忽略上式右边第二项,并采用近似关系

$$\tan\alpha = \alpha$$

推导出给予偏航控制系统的协调控制信号应为

$$a_{Yc} = k_c \tau_a p a_z$$

式中,k_c 为协调增益,τ_a 为偏航控制系统的等效时间常数,a_z 为俯仰加速度。

经典方法设计的一种典型倾斜转弯自动驾驶仪,如图 3 - 26 所示。

2. 现代时域设计方法

常见的做法是,把制导武器俯仰运动和偏航运动对滚转运动的影响当作未知干扰,对滚转控制系统单独进行设计。但把制导武器的俯仰运动和偏航运动作为多输入 - 多输出

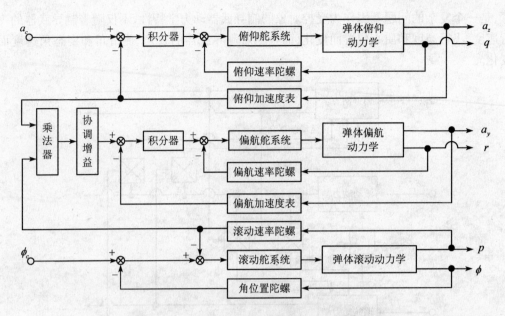

图 3 - 26　经典方法设计的倾斜转弯自动驾驶仪

的受控对象,涉及互相耦合的俯仰—偏航控制系统。由于俯仰运动和偏航运动之间的耦合,主要是通过滚动角速度 p 而产生的,因此,滚动速率陀螺的输出信号也作为一个控制参量引入俯仰—偏航控制系统。

滚动控制系统多采用极点配置方法设计,俯仰—偏航控制系统多采用 LQG 方法设计,也有人提出了模型跟踪控制设计方法。

由于制导武器的攻角 α 和侧滑角 β 不能直接测量,因此需要设计适当的估计器对它们进行实时估计。估计器可以利用状态观察器理论或卡尔曼滤波理论进行设计,也可能利用近似关系编排解算。

用现代时域方法设计的一种倾斜转弯自动驾驶仪基本结构,如图 3 - 27 所示。

3. 多变量频域设计方法

在把制导武器俯仰、偏航运动对滚动运动的影响当作未知干扰的情况下,倾斜转弯制导武器的滚动控制系统就是一个单输入单输出系统,可用经典方法或极点配置方法设计。而作为多输入—多输出的俯仰偏航控制系统的设计,除了使用经典方法和现代时域方法之外,也有使用多变量频域方法的尝试。

用这种方法设计的自动驾驶仪原理框图如图 3 - 28 所示。俯仰—偏航控制系统的基本设计思想是:首先以改善受控对象的稳定性为目的,用多变量根轨迹法设计出静态补偿器 F_1 阵 (2×2) 和 F_2 阵 (2×4);然后再利用特征根轨迹法设计出具有良好稳定性、解耦性和控制品质的动态补偿阵 $K(S)(2 \times 2)$。

上述三种设计方法都是在"系数冻结"的条件之下进行的,对于气动参数变化范围较大的制导武器,自动驾驶仪在按照该制导武器的各种典型气动参数进行设计之后,还应把其中的某些参数处理成与制导武器气动参数相关的某种信息的函数,并在制导武器飞行过程中用这种信息对这些参数进行在线调整。

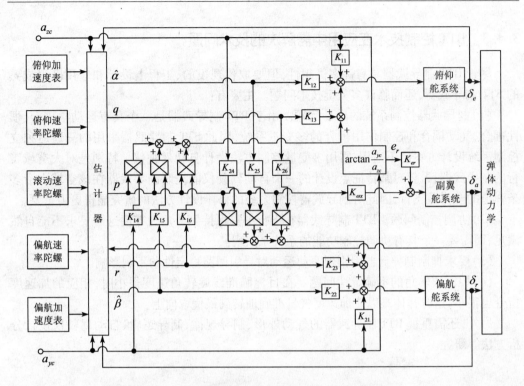

图 3 - 27　用现代时域方法设计的倾斜转弯自动驾驶仪

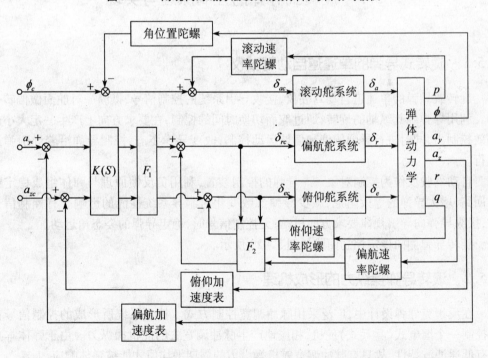

图 3 - 28　用多变量频域法设计的倾斜转弯自动驾驶仪

3.4.3　BTT 控制技术在应用中需解决的技术问题

尽管 BTT 制导武器具有许多优越性,但要取代现役的、工程上设计和应用已很成熟的 STT 制导武器,还面临许多关键技术问题。主要有:

(1)制导武器控制系统的设计问题。由于 BTT 制导武器是一个具有运动学耦合、惯性耦合、气动耦合和控制作用耦合的多变量系统,因此 STT 制导武器采用的三通道独立控制系统设计方案已不适用,需用多变量控制方法设计自动驾驶仪。特别是对大空域飞行的制导武器,希望对某特征点设计的一个自动驾驶仪能控制制导武器在该空域内沿多条弹道的全弹道飞行,因此对制导武器控制系统的鲁棒设计方法的研究显得更为重要。

(2)协调控制问题。BTT 制导武器在飞行中需保持侧滑角为零度这一要求不能自然满足,而需要一个具有协调控制功能的系统来实现。

(3)要求抑制制导武器因剧烈滚动运动对导引回路稳定性的不利影响。

(4)控制滚转角的不确定性问题。在目标瞄准线旋转角速度很小时,相应的加速度指令也很小,这时弹体难以使加速度矢量准确地转到最优取向上。

另外,还需重视 BTT 制导武器的气动外形、制导规律、制导逻辑、自动驾驶仪设计分析方法等研究。

3.5　旋转式导弹的控制原理与实现

3.5.1　旋转式导弹的单通道自动驾驶仪

旋转式导弹的单通道自动驾驶仪,接收导引系统的控制信号,操纵一对舵面做偏转运动。利用导弹绕其纵轴的旋转,通过舵面切换时间的控制,在要求方向上产生一定大小的等效控制力,同时进行导弹俯仰和偏航运动控制,改变导弹姿态,控制导弹沿着导引弹道飞行。

自动驾驶仪作为控制对象——导弹的控制装置,利用负反馈原理与弹体组成稳定控制回路,增大导弹的等效阻尼,减少导弹参数变化对制导系统性能的影响。有控制信号时,操纵导弹向导引规律要求方向机动;无控制信号时,稳定导弹的姿态角运动。

旋转导弹侧向稳定控制回路如图 3 - 29 所示。

3.5.2　滚转导弹操纵力的形成机理

在反坦克导弹设计中,广泛采用脉冲调宽控制方式。控制系统所形成的控制信号直接控制一个继电式(乒乓式)舵机,相应地产生脉冲调宽式的舵机操纵力。由于弹体本身具有低通滤波特性,故只有脉冲调宽舵机操纵力的周期平均值才能被弹体响应。

1. 操纵机构的类型

反坦克导弹常用的操纵机构有如下几种:

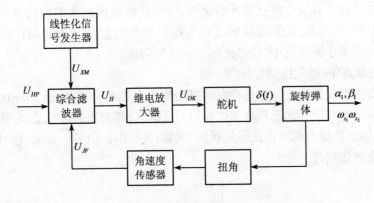

图 3 – 29　旋转导弹侧向稳定控制回路

（1）空气扰流片

空气扰流片是一个简单的薄片，如图 3 – 30 所示。

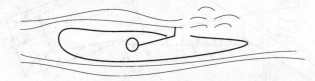

图 3 – 30　空气扰流片

在控制指令作用下，薄片可以突出到弹翼的上表面（或下表面）的气流中，突出的高度仅为数毫米，由于它的存在，破坏了弹翼表面的附面层，使翼面的上（或下）表面的压力升高，于是产生了操纵力。

空气扰流片特别适用于脉冲调宽的工作方式，舵机比较简单，机械惯性小，响应灵敏。

（2）燃气扰流片

燃气扰流片是空气扰流片的推广。它的构造也很简单，在燃气流中，通常是在发动机的喷管出口设置一个或两个可以伸缩的刀片状结构，如图 3 – 31 所示。当它们在控制指令作用下切入燃气流时，就造成局部的激波和涡流，引起喷管扩张段内压力分布改变，使得喷气推力的方向倾斜，于是喷气推力在横侧向具有一个分量，就形成了操纵力。

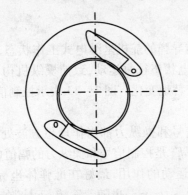

图 3 – 31　燃气扰流片

燃气扰流片除了具有空气扰流片的优点之外,还能提供较大的舵机操纵力。某些试验表明,采用单个扰流片,甚至可使喷气推力偏斜14°,且扰流片本身动作所需的功率很小。但由于它被置于燃气流中,故必须解决耐烧蚀问题。

(3)燃气偏流环(燃气摆帽)

图3-32为燃气偏流环。它是在发动机喷管出口处套一环状帽,此环状帽可绕链轴摆动。燃气偏流环与燃气扰流片有大体相似的优缺点,其突出的优点是,它能提供更大的操纵力,同时轴向的推力损失也比燃气扰流片的损失略小。但另一方面,它对舵机功率及铰链力矩的要求比较高。

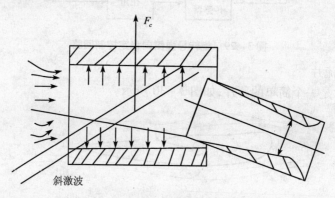

图3-32 燃气偏流环

(4)侧推力发动机

可利用单独的发动机来直接提供所需的操纵力,这就是侧向推力发动机。美国研制的"龙"式反坦克导弹是其典型的例子。它在弹身周围布置了30个侧向小发动机。

这类操纵机构的最大优点是,它所提供的操纵力可用来转接改变导弹的运动方向,且无任何机构件的动作,因此它对指令的响应是最灵敏的。但它的缺点是:每个侧向推力发动机只能开动一次,且对发动机的点火系统的准确性和可靠性要求很高。

(5)气动力操纵面

反坦克导弹大都采用无尾式或正常式气动布局,空气舵产生的操纵力作用点距质心较远,操纵效率高。

2. 舵机操纵力

在控制信号作用下,滚转导弹的舵机呈继电式工作状态,控制信号极性的交替改变,使舵机的电磁铁和活塞呈继电状态往复运动,致使操纵机构(舵片)往复摆动,相应地产生的操纵力 F_c 也随之正负交替地变化。图3-33表示控制信号 u_c 及其对象的操纵力 F_c 的波形图。

为了讨论方便,把控制信号和操纵力都当作理想方波处理。图中表示 F_c 滞后于 u_c 的时间(即舵机延迟)。u_c 和 F_c 是控制信号和操纵力的幅值(最大值)。

为了研究操纵力对弹体运动的作用,最好在准弹体坐标系 $Ox_3y_3z_3$ 中描述操纵力。由于弹体不断滚转,弹体坐标系 $Ox_1y_1z_1$ 也随着滚转,于是,在 $Ox_3y_3z_3$ 中操纵力 F_c 一边滚转,一边沿 Oz_1 轴"正、负"交替变化。

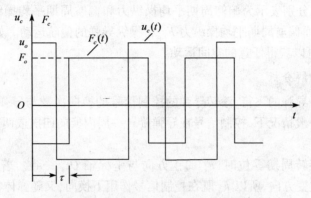

图 3 – 33　控制信号 u_c 与操纵力 F_c 波形图

约定,当导弹处于发射状态时,滚转角为零,即处于周期零位($\gamma = 2n\pi$, $n = 0, 1 \cdots$)。当操纵机构产生的侧向力沿坐标轴 Oz_3 方向时,F_c 的瞬时值为正。为了便于分析,采用弹尾向弹顶观察的规定,如图 3 – 34 所示。

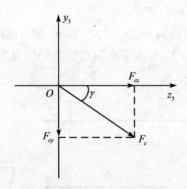

图 3 – 34　操纵力分析图

当导弹在空间旋转角时,操纵力 F_c 的正方向与坐标轴 Oz_3 的夹角亦为 γ。此时 F_c 可分解为两正交分量:

F_{cz} —— F_c 在 Oz_3 轴上的投影,称偏航(侧向)操纵力;

F_{cy} —— F_c 在 Oy_3 轴上的投影,称俯仰操纵力。

显然

$$\begin{cases} F_{cy} = -F_c \sin\gamma \\ F_{cz} = F_c \cos\gamma \end{cases} \tag{3 – 19}$$

由于弹体在不断地滚转,F_{cy} 和 F_{cx} 也随之不断变化,所以,称它们为瞬间操纵力。但是,因为导弹的滚转频率大大超过弹体的响应频率,所以弹体是不可能响应每一瞬时的操纵力的,它只能响应滚转一周内产生的周期平均操纵力。该力的俯仰分量和偏航分量表达式如下:

$$\begin{cases} F_{cyp} = \dfrac{1}{T} \displaystyle\int_{t-T}^{t} F_{cy}\,\mathrm{d}t \\ F_{czp} = \dfrac{1}{T} \displaystyle\int_{t-T}^{t} F_{cz}\,\mathrm{d}t \end{cases} \tag{3 – 20}$$

式中，F_{cyp}，F_{czp} 分别表示为俯仰周期平均操纵力和偏航周期平均操纵力。F_{cyp} 将操纵导弹的俯仰运动，而偏航周期平均操纵力 F_{czp} 将操纵导弹的偏航运动。如果同时存在 F_{cyp} 和 F_{czp}，则导弹就可以获得任意的空间运动。

3. 操纵力的图解分析

为了正确操纵导弹的飞行，滚转导弹的控制信号的换向次数与导弹绕其纵轴的旋转周期严格同步。一般情况下，控制信号在导弹旋转一周内换向四次或两次，相应的力换向次数也是如此。

当导弹处在旋转周期零位时，F_c 的正方向与坐标轴 Oz_3 一致。若导弹继续向右旋转，则 F_c 亦随之改变方向，所以 F_c 既在控制信号作用下换向，又随弹体在空间右旋。

下面研究不同换向条件下，F_{cy} 和 F_{cz} 的波形图。

（1）导弹旋转一周内 F_c 不换向

在导弹旋转一周内，F_c 在 Oy_3z_3 平面各个方向上扫过的面积均等。显然，这样的操纵力不能对导弹运动起操纵作用，旋转一周中其平均值为零。

（2）导弹旋转一周内 F_c 换向两次

图 3-35 示出 F_c 的换向点为 π、2π 时，F_{cy} 和 F_{cz} 在一周内的变化波形；图 3-36 对应于换向点为 $\pi/2$、$3\pi/2$；图 3-37 对应于换向点位某一位置的情况。

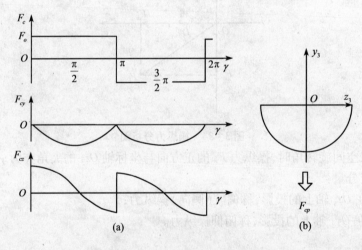

图 3-35　转向点 π，2π

由图 3-35、图 3-36、图 3-37 可以看出，当 F_c 在导弹旋转一周内换向两次时，F_c 在 Oy_3z_3 平面内两次扫过 $180°$ 范围内的半平面；另一半平面未经扫过，所扫过的半平面的位置取决于 F_c 的换向点的位置。在这种情况下，弹体只在某一方向上受到控制作用。图 3-35（b）表示 F_c 导弹旋转一周内的平均效果是向下，用 F_{cp} 表示，它将操纵导弹向上运动。同理，图 3-36（b）表示 F_c 的平均效果是向右，在 F_{cp} 作用下，导弹向左运动。图 3-37（b）表示 F_c 的平均效果是向右上方，在 F_{cp} 作用下，导弹将向左下方运动。

上述讨论均假定操纵机构是设在弹体尾部。

注意到：由于舵机工作在继电状态，F_c 的幅值 F_0 的大小是一个常量。而当导弹旋转一周内操纵力为两次换向的等宽波形时，F_c 在 Oy_3z_3 平面内所扫过的面积的大小是不变

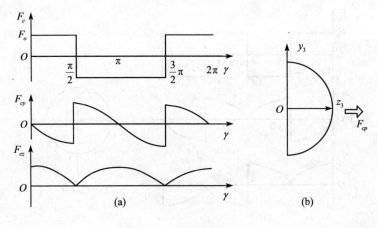

图 3-36　转向点 $\pi/2, 3\pi/2$

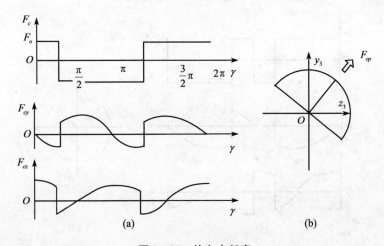

图 3-37　换向点任意

的。所以,改变换向点的位置,只可以改变操纵力平均作用效果的方向,但却不能改变其平均作用效果的大小。

(3)导弹旋转一周内换向四次

图 3-38 画出了 F_c 换向四次的等宽波形;图 3-39、图 3-40 和图 3-41 绘制了 F_c 换向四次的几种不等宽波形。

由图 3-38 可见,当 F_c 为导弹旋转一周换向四次的等宽波形时,F_c 在 Oy_3z_3 平面各个方向上扫过的面积均等,表示操纵力对导弹作用的平均效果为零。图示 F_c 换向点位置为 $\pi/2$ 的整数倍。

图 3-39、图 3-40 和图 3-41 表明,当操纵力 F_c 的波形为导弹旋转一周换向四次的调宽波形时,导弹旋转一周,F_c 在 Oy_3z_3 平面上所扫过的面积就会出现各方向上下不一致的情况,因而可以根据需要在某个方向上对导弹施加控制。控制作用的大小和方向,与 F_c 换向点所处的导弹旋转角位置有关。

图 3-40 所示 F_c 的平均作用效果向右,可以控制导弹向左运动。

图 3-41 所示 F_c 的平均作用效果向右下方,可以控制导弹向左上方运动。

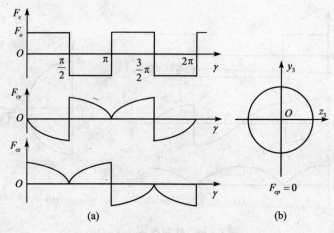

图 3 - 38　换向四次 F_c 平均作用效果为零

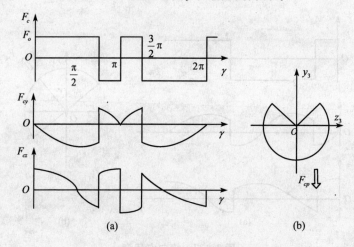

图 3 - 39　换向四次 F_c 平均作用效果向下

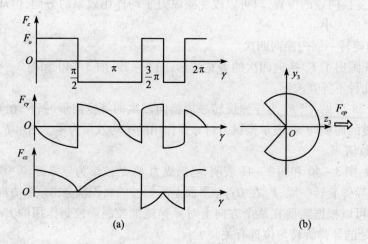

图 3 - 40　换向四次 F_c 平均作用效果向右

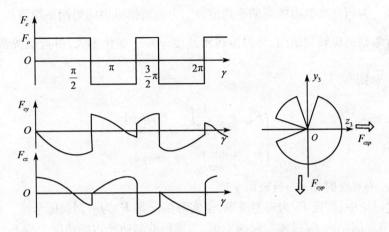

图 3 - 41　换向四次 F_c 平均作用效果向右下方

上述操纵力平均作用效果的大小,可以通过适当调整换向点的位置加以控制。

如上所述,旋转导弹的控制系统采用继电式工作的单一执行机构,只要适当地选取操纵力换向的次数和调整换向点所处导弹旋转角位置,就可以对弹体施加所需方向和大小的控制作用,实现正确的操纵飞行。

4. 操纵力的周期平均值

由图 3 - 35 ~ 图 3 - 41 的图解分析中可知,F_c 对滚转弹体某个方向的作用,既受舵机换向规律的调制,又受舵机换向频率的调制。上述各图中的 F_{cy} 和 F_{cz} 的波形图清楚地表明了这一点。

弹体绕其纵轴的滚转频率较高,而弹体在俯仰平面和偏航平面内的角运动,由于惯性和气动阻尼,响应的频率较低,跟不上 F_{cy} 和 F_{cz} 的交替变化。因此,图解分析中表示了弹体所响应的是操纵力作用的平均效果。

在定量分析计算中,可以足够准确地认为,弹体的纵向角运动和侧向角运动所能响应的,只是在导弹绕其纵轴旋转一周内操纵力对弹体作用的平均效果。导弹的滚转频率愈高,这种近似就愈准确。

为了定量地描述操纵力作用的平均效果,引入操纵力周期平均值的概念。

F_c 在导弹旋转一周内依时间的定积分对此取周期平均值,称为在所考察的周期中 F_c 的周期平均值,或称"周期平均操纵力",用 F_{cp} 表示。即

$$F_{cp} = \frac{1}{T}\int_{t-T}^{t} F_c \mathrm{d}t \tag{3-21}$$

式中,T 为导弹滚转周期。F_{cp} 还可表示为

$$F_{cp} = F_{cyp}\boldsymbol{j}_3 + F_{czp}\boldsymbol{k}_3 \tag{3-22}$$

式中 $\boldsymbol{j}_3$、$\boldsymbol{k}_3$ 为 O_{y_3} 轴和 O_{z_3} 轴上的单位向量。

$$\begin{cases} F_{cyp} = -\dfrac{1}{T}\int_{t-T}^{t} F_{cy}\mathrm{d}t \\[3mm] F_{czp} = \dfrac{1}{T}\int_{t-T}^{t} F_{cz}\mathrm{d}t \end{cases} \tag{3-23}$$

式中，F_{cyp} 为俯仰操纵力的周期平均值，F_{czp} 为偏航操纵力的周期平均值。

若在所考察的旋转周期内，导弹滚转角速度 $\dot{\gamma} = \dfrac{\mathrm{d}\gamma}{\mathrm{d}t}$ 变化不大，可近似按常数处理，即 $\gamma = \dot{\gamma}_t，T \approx \dfrac{2\pi}{\dot{\gamma}}$，则有

$$\begin{cases} F_{cyp} = -\dfrac{1}{2\pi}\displaystyle\int_{\gamma_t-2\pi}^{\gamma_t} F_c \sin\gamma\,\mathrm{d}\gamma \\[3mm] F_{czp} = \dfrac{1}{2\pi}\displaystyle\int_{\gamma_t-2\pi}^{\gamma_t} F_c \cos\gamma\,\mathrm{d}\gamma \end{cases} \tag{3-24}$$

式中，γ_t 为观察时刻 t 的自旋角 γ 值。

在上述讨论中，假设 F_c 为理想波形，但实际情况是 F_c 为一调制梯形波。设 $\gamma_i(i=1，2，\cdots)$ 为所考察周期内 F_c 过零点时的 γ 值，为梯形波斜边所占的角度。按 F_c 为调宽梯形波计算俯仰和偏航操纵力的周期平均值，得

$$F_{cyp} = \mp\,\frac{2F_0\sin(\dot{\gamma}_{\tau_2}/2)}{\pi\dot{\gamma}_{\tau_2}}\sum_{i=1}^{n}(-1)^{i+1}\cos\gamma_i \tag{3-25}$$

$$F_{czp} = \mp\,\frac{2F_0\sin(\dot{\gamma}_{\tau_2}/2)}{\pi\dot{\gamma}_{\tau_2}}\sum_{i=1}^{n}(-1)^{i+1}\sin\gamma_i \tag{3-26}$$

式中，γ_i 为所考察周期中 F_c 依次过零点时的值，n 为所考察周期中 F_c 依次过零点的总次数。

式(3-25)和(3-26)仅适用于 n 为偶数的情况，当实际波形中遇到 n 为奇数时，则进行补偶处理后仍可用以上两式进行计算。

式(3-25)和(3-26)前面的符号取法为：当 F_c 在所考察周期内第一个过零点的 γ_1 处在 F_c 波形上升沿中点时，取负号；γ_1 处在下降沿中点时，取正号。从式(3-25)和(3-26)可看出，只要适当选取 F_c 在导弹旋转一周内过零点的次数和调整过零点时所处的导弹旋转角位置 γ_i，即可得到所需方向和大小的操纵力的周期平均值。

操纵力的周期平均值概念是滚转导弹研究中一个十分重要的概念，是控制器对滚转弹体实施控制作用的本质所在。

5. 指令系数

在滚转导弹控制研究中，常用到"指令系数"这个概念。它是一个无量纲系数，不同场合有不同的定义。这里从周期平均操纵力的无量纲化引出指令系数这个概念。

(1)最大周期平均操纵力

假设 F_c 为理想方波，且在导弹滚转一周内，F_c 只换向两次。例如，换向点为 π、2π（见图3-35）或 $\pi/2$、$3\pi/2$（见图3-36），可得最大周期平均操纵力。

①图3-35表示的最大周期平均操纵力为

$$F_{cyp} = -\frac{1}{2\pi}\int_{\gamma_t-2\pi}^{\gamma_t} F_c \sin\gamma\,\mathrm{d}\gamma = -\frac{2}{\pi}F_c$$

$$F_{czp} = \frac{1}{2\pi}\int_{\gamma_t-2\pi}^{\gamma_t} F_c \cos\gamma\,\mathrm{d}\gamma = 0$$

②图3-36表示的最大周期平均操纵力为

$$F_{cyp} = -\frac{1}{2\pi} \int_{\gamma_{t-2\pi}}^{\gamma_t} \sin\gamma \mathrm{d}\gamma = 0$$

$$F_{czp} = \frac{1}{2\pi} \int_{\gamma_{t-2\pi}}^{\gamma_t} \cos\gamma \mathrm{d}\gamma = \frac{2}{\pi} F_c$$

（2）指令系数

定义：指令系数是指周期平均操纵力对最大周期平均操纵力之比。

$$\boldsymbol{K} = \frac{\boldsymbol{F}_{cp}}{\frac{2}{\pi} F_c} = K_y \boldsymbol{j}_3 + K_z \boldsymbol{k}_3 \qquad (3-27)$$

式中

$$K_y = \frac{F_{cyp}}{\frac{2}{\pi} F_c}, \ K_z = \frac{F_{czp}}{\frac{2}{\pi} F_c} \qquad (3-28)$$

K 为指令系数，K_y 称俯仰（纵向）指令系数，K_z 称偏航（侧向）指令系数。$K_y = 0$（或 $K_z = 0$）称零指令，$K_y = \pm 1$（或 $K_z = \pm 1$）称"全"指令；$K_y = -1$ 称上指令。其中 $K_y = 1$ 称下指令，$K_z = -1$ 称右指令，$K_z = 1$ 称左指令。

在建立滚转导弹的均态数学模型时，在其右函数的表达式中，均采用指令系数来表示控制力和力矩。

思考与练习

3 - 1　举例分析说明导弹的控制实现方法。

3 - 2　分析说明自动驾驶仪的工作原理。

3 - 3　分析说明纵向通道飞行控制的动力学过程。

3 - 4　比较 STT 和 BTT 控制的区别和各自的特点。

3 - 5　分析旋转式导弹用单通道控制实现俯仰、偏航运动控制的机理。

第4章 制导体制

制导武器的制导体制有多种类型,为制导武器选择一种合适的制导体制是制导控制系统设计的前提。对制导体制的分类是本章介绍的重点。

4.1 自主制导

制导武器的自主制导是根据发射点和目标的位置,事先拟定好一条弹道,制导中依靠制导武器内部的制导设备测出制导武器相对于预定弹道的飞行偏差,形成控制信号,使制导武器飞向目标。这种控制和导引信息是由制导武器自身生成的制导方式叫做自主制导。自主制导系统中,导引信号的产生不依赖于目标或指挥站(地面或空中的),仅由安装在制导武器内部的测量仪器测量地球或宇宙空间的物理特性,从而决定制导武器的飞行轨迹。如根据物质的惯性测出制导武器运动的加速度,以确定制导武器飞行轨迹的惯性导航系统;根据宇宙空间某些星体与地球的相对位置进行导引的天文导航系统;根据预先安排好的方案控制制导武器飞行的方案制导系统;以及根据目标地区附近的地形特点导引制导武器飞向目标的地图匹配制导系统等。自主制导的特点是,制导武器发射后制导武器、发射点、目标三者间没有直接的信号联系,不再接收指挥站的指令,制导武器的飞行方向和命中目标的精确度完全由弹内制导设备决定,因而不易受到干扰。但是,制导武器一旦发射出去,就不能再改变其预定的轨迹,因而仅用自主制导系统的制导武器只能对付固定目标或已知飞行轨迹的目标,不能攻击活动目标。

自主制导主要用于地地导弹(如弹道式导弹、飞航式导弹等)和空地导弹(如空地式飞航导弹),有些地空导弹的初制导段或末制导段也有应用。按控制信号生成方法的不同,自主制导可分为方案制导、惯性制导、地图匹配制导、卫星导航系统制导、天文导航制导等。

4.1.1 方案制导

所谓方案,就是根据制导武器飞向目标的既定航迹拟制的一种飞行计划。方案制导系统则能导引制导武器按这种预先拟制好的计划飞行。制导武器在飞行中不可避免地要产生实际参量值与给定值间的偏差,制导武器舵的位移量取决于这一偏差量,偏差量放大,舵对中立位置的偏移量就越大。方案制导系统实际上是一个程序控制系统。所以方案制导系统也称作程序制导系统。

　　方案制导系统一般由方案机构和弹上控制系统两个基本部分组成,如图 4-1 所示。方案制导的核心是方案机构,它由传感器和方案元件组成。传感器是一种测量元件,可以是测量制导武器飞行时间的计时机构,或测量制导武器飞行高度的高度表等,它按一定规律控制方案元件运动。方案元件可以是机械的、电气的、电磁的和电子的,方案元件的输出信号可以代表俯仰角随飞行时间变化的预定规律,或代表制导武器倾角随飞行高度变化的预定规律等。在制导中,方案机构按一定程序产生控制信号,送入弹上控制系统。弹上控制系统还有俯仰、偏航、滚动三个通道的测量元件(陀螺仪),不断测出制导武器的俯仰角、偏航角和滚动角。当制导武器受到外界干扰处于不正确姿态时,相应通道的测量元件就产生稳定信号,并和控制信号综合后操纵相应的舵面偏转,使制导武器按预定方案确定的弹道稳定地飞行。

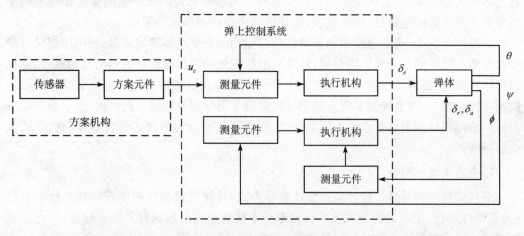

图 4-1　方案制导系统的组成

　　方案制导主要用于地地导弹。有些地空导弹从发射到进入主要控制段前,也采用方案制导系统,以使制导武器发射后便有自主能力,这样可增加发射密度并具有多方向攻击目标的能力。

　　方案制导在地地导弹(如地地飞航式导弹、舰舰飞航式导弹等)制导中多用于初、中段制导。下面以舰舰飞航式导弹的初、中段制导为例,进一步说明方案制导系统的组成和工作原理。

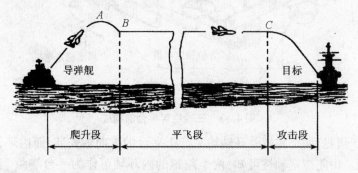

图 4-2　典型舰舰飞航式导弹的飞行弹道

典型舰舰飞航式导弹的飞行弹道如图 4-2 所示。导弹发射后爬升到 A 点，到 B 点后转入平飞，至 C 点方案飞行结束，转入末制导飞行。末制导可采用自动寻的导引或其他制导技术。可见，这种飞航式导弹的方案飞行弹道基本由两段组成：第一段是爬升段，第二段是平飞段。

4.1.2 惯性制导

所谓惯性制导是指利用弹上惯性测量设备测量制导武器弹体相对惯性空间的运动参数，并在给定初始运动条件下，通过计算机计算出制导武器的速度、位置及姿态等参数，形成制导控制指令，实施制导武器制导控制任务的一种制导方式。执行该制导方式的系统称之为惯性制导系统，它实质是一个自主式的空间基准保持系统。全部安装在弹上的惯性导航系统主要由陀螺仪、加速度表、制导计算机和控制系统等组成。

在惯性系统中，由加速度表测量弹体质心运动的三个线加速度分量；利用陀螺仪测量弹体绕质心转动的三个角速度分量；计算机根据测得的数据和给定的运动初始条件，计算出弹体线速度、距离和位置（经、纬度），并经转换和综合处理后得出既定导引规律所要求的制导控制指令；弹上控制系统按照制导控制指令引导制导武器飞向目标，直至最终命中目标。按照惯性测量装置在弹上安装方式，惯性制导可分为平台式惯性制导和捷联式惯性制导两种。

1. 平台式惯性制导

平台式惯性制导是一种经典式惯性制导方式，其陀螺仪和加速度表安装在稳定平台（或称惯性平台）上。因为要实现平台轴不受干扰地跟踪与地球有关的坐标系，因此要求陀螺仪为平台提供三个轴的稳定基准，从而构成三轴稳定平台，如图 4-3 所示。

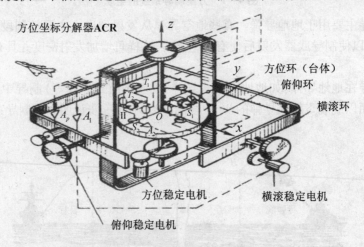

图 4-3 三轴稳定平台的构成

由图 4-3 可见，两个陀螺外环轴均平行于平台的方向轴安装，而内环轴则自然平行于平台的台面。由陀螺定轴性可知，两个陀螺的内环轴可作为平台绕两个水平轴(x,y)稳定的基准，而两个陀螺的外环轴之一（如Ⅱ）将作为平台绕方位轴(z)稳定的基准。对于平台方位稳定回路,当干扰力矩作用在平台方位轴上时,平台绕方位轴 z 转动偏离原有方位,但平台上的陀螺Ⅱ却具有稳定性(即定轴性)。这样,平台相对陀螺外环出现了偏转角度。陀螺Ⅱ外环轴上的信号器便输出信号,并经放大后送至平台方位轴上的稳定电机,随之产生稳定力矩,以平衡平台方位轴上的干扰力矩,使平台方位轴保持稳定。同样,给陀螺Ⅱ内环轴上的力矩器 T_2 输入与指令角速度大小成比例的电流,还可实现方位轴的空间积分要求。应指出,平台水平稳定回路的工作原理与上述基本相同,只是为了使平台的两个水平稳定回路能够正常工作,必须有方位坐标分解器。图 4 - 4 给出了平台式惯性制导系统的工作原理。

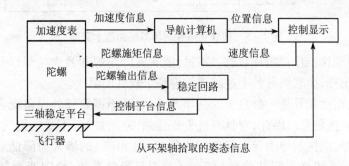

图 4 - 4　平台式惯性制导系统的工作原理

2. 捷联式惯性制导

在这种制导方式下,加速度表和陀螺仪组合直接安装在弹体上,利用计算机(数学平台)代替上述传统机械平台作用,给加速度测量提供一个空间稳定不变的测量基准,通过坐标系变换给出制导控制指令,操纵制导武器飞向目标。图 4 - 5 给出了捷联式惯性制导系统的工作原理。具体地说,其基本原理是:用弹上陀螺测量出制导武器角速度信号 ω_{ib}^b,减去弹上计算机计算的制导坐标系(以平台系 p 表示)相对惯性空间的角速度叫 ω_{ip}^b,得到弹体坐标系相对制导坐标系的角速度 ω_{pb}^b,并利用该信号进行姿态矩阵 C_b^p 的计算。得到 C_b^p 之后,便可以将加速度表的沿弹体坐标系轴向的加速度信号 a_{ib}^b 变换成沿制导坐标系轴向的加速度信号 a_{ib}^p,再由弹上计算机进行制导计算,得到制导位置和速度信息。利用姿态矩阵中的元素还可以提取姿态和航向信息。可见,在捷联惯性制导中,以姿态矩阵计算、加速度信号坐标变换和姿态航向角计算为主要内容的"数学平台"完全代替了传统机械平台的作用。

捷联式惯性制导方式具有如下突出优点:①惯性元件直接安装在弹体上,便于更换和维修。②惯性元件直接给出了弹体线加速度和角速度信息,省去了专门传感器。③取消了机械平台,使系统体积变小、重量变轻(仅为平台式惯导的1/7)。④便于利用更多惯性元件来实现余度技术,从而提高了系统的可靠性。但是,与平台式惯导相比,捷联惯导亦有不足之处,主要表现在:①惯性元件工作环境差,其误差影响大。因此,系统中必须采取误差补偿措施。②由于"数学平台"取代了机械平台,故增加了制导计算机的计算量;同时因为弹体姿态角变化率很快(高达 4000/s),故要求计算机运行速度快;再者,陀螺测量角速度范围宽阔(0.01°/h ~ 400°/h),动态量程高达 10^8,这就需要有力矩器和高性能再

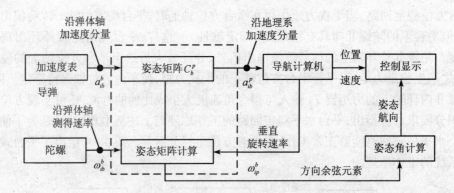

图 4 - 5　捷联式惯性制导系统的基本原理

平衡回路,使陀螺仪工作在闭环状态。不过,随着光纤陀螺和激光陀螺以及高速、大容量微型计算机的出现,捷联惯导的上述障碍已得到了较好的解决。

综上所述,惯性制导是一种自主式制导方式,它既不需要弹外设备配合,也不需要外界提供目标的直接信息。因此,它具有抗干扰性强、隐蔽性好、不受气候气象条件影响等突出优点。但是,惯性制导的导引精度随飞行时间(距离)的增大而降低。因此,长时间工作的惯性制导系统必须同其他制导系统(如卫星导航系统、地图匹配制导系统)相配合,以修正其惯性制导的累积误差,提高导引精度。

4.1.3　地图匹配制导

地图匹配制导是利用地图信息进行制导的一种自主式制导方式。地图匹配制导一般有地形匹配制导与景象匹配制导两种。两者的基本原理相同,都是利用弹上计算机预先贮存的飞行路线的某些地区特征数据,与实际飞行过程中测量得到的相关数据进行不断比较,确定出制导武器当前位置与预定位置的偏差,形成制导控制指令,将制导武器引向预定区域或目标。下面分别讨论地形匹配制导与景象匹配制导的工作原理、算法及应用。

1.地形匹配制导

地形匹配制导利用的是地形信息。地形匹配也称地形高度相关,故地形匹配制导又称为地形等高线匹配制导。大家知道,地球陆地表面上任何地点的地理坐标,都可以根据其周围地域的等高线地图或地貌单值确定。据此,可根据侦察照相获取沿途航线上的地形地貌情报,并做出专门的标准地貌图。如在某区域内,可以划成许多(甚至成千上万个)小方格,在每个小方格内都标上通过遥测遥感手段得到的该处地面的平均标高,如此计算便获得一张该区域的数字地图(亦称为高程数字模型地图),并将其存入弹载计算机。在制导过程中,当制导武器飞临这些地区时,弹载雷达高度表和气压高度表测出地面相对高度和海拔高度数据,计算机将其同预存的数字地图比较,若一致,则匹配,表明制导武器按预定弹道飞行;若不一致,则不匹配。这时,弹载计算机便自动地计算出实际航迹与预定航迹的偏差,并形成修正弹道偏差的制导控制指令,弹上控制系统执行此指令,调整制导武器姿态,将制导武器引导向某地区或目标。这样,制导武器就好像长上了眼睛,能迂回起伏、翻山越岭、准确地飞行至预定目标。图 4 - 6 给出了上述地形匹配制导工作原理。

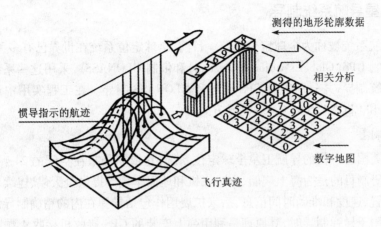

测得的地形轮廓数据

相关分析

数字地图

惯导指示的航迹

飞行真迹

图 4－6　地形匹配制导工作原理

地形匹配制导往往与惯性制导组合使用,以减小惯性制导的误差,其算法原理如图 4－7所示。

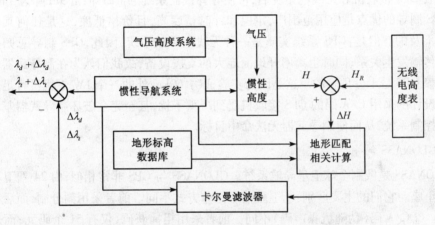

图 4－7　地形匹配与惯性制导相组合的算法原理

2. 景象匹配制导

景象匹配又称作景象相关(或地面二维图像相关)。因此,景象匹配制导也称作数字景象匹配区域相关器制导或区域相关制导。其原理与地形匹配制导基本相同。它利用弹载"景象匹配区域相关器"获取目标区域景物图像数字地图(或称灰度数字模型地图),将其与预存的参考图像(即灰度数字地图)进行相关处理和比较,从而确定出制导武器相对于目标的位置。这种制导方式尤其适合于制导武器飞行路线上高度不变或变化甚微的平原、海平面、城市等。这种制导方式与地形匹配制导的主要区别是利用景象信息。因此,预先输入到弹载计算机的信息不只是标高(高程)参数,而且是通过摄像等手段将地面的景象数字化后贮存起来,这些信息具有很好的可观测性。如(美)"战斧"式巡航导弹初、中段是惯性制导,而末段前用地形匹配制导,末段攻击时用景象匹配制导,可使圆概率误差(CEP)达9m 左右。

4.1.4 卫星导航系统制导

卫星导航系统被称为全球定位系统。目前,全球定位系统在世界已有多种,但应用最普遍的是美制 GPS(Global Positioning System) 和俄制 GLONASS。采用这些系统制导称为全球定位系统制导,并分别叫做 GPS 制导和 GLONASS 制导。在工程实用中还出现了一种兼容 GPS 和 CLONASS 的 GNSS 制导方式。

1. GPS 制导

GPS 是美国新一代的导航卫星全球定位系统,它依靠分布在空间的 24 颗卫星定位。GPS 最初的研制目的是为海上舰船、空中飞机和地面车辆等提供全天候、连续、实时、高精度的三维位置、速度和准确时间信息,后来扩展用作包括导弹在内的精确制导武器的复合制导手段。用于导弹制导时,其原理是利用弹上安装的 GPS 接收机接收 4 颗以上导航卫星播放的信号来修正导弹的飞行路线。通常,GPS 制导不独立使用,而是与其他主要制导方式(如惯性制导等)相组合,以提高主要制导方式的精度。如 BGM – 109C"战斧"巡航导弹加装 GPS 接收机和无线电系统后,可使导弹武器系统的 CEP 值由 9m 降为 3m。

GPS 制导的优点是应用范围广,定位和计时精度高,且价格低廉,这是任何其他制导方式所不及的。但是,GPS 系统实质是一种无线电导航系统,因此,GPS 制导总归要与无线电波传输发生关系,同时也离不开地面庞大的支援设备,故我们认为在制导武器制导中过分依赖 GPS 是十分危险的。这是因为实验证明,60km 外的一个 1W 干扰机可足以使一台精心设计的采用 C/A 码的 GPS 接收机受到严重干扰,甚至完全破坏制导武器基于 GPS 的制导控制系统,从而使制导武器无法命中目标。

2. GLONASS 制导

GLONASS 是俄制全球卫星导航系统。GLONASS 与 GPS 非常相似,由 24 颗卫星组成导航卫星座。它们的主要区别:①卫星信号区分方式不同。前者采用频分制,而后者采用码分制。②C/A 码(伪随机噪声码)不同。前者采用粗捕获码,仅有 51 个码元;而后者为哥尔得码,有 1023 码元。但两者 C/A 码的周期却相同,均为 1ms。③星历参数不同。前者星历用直角坐标和速度分量表示。后者星历数据则使用轨道开普勒根数给出。应该指出,GLONASS 制导原理与 GPS 完全相同,这里不再重述。

3. GNSS 制导

GNSS 制导是一种 GPS/GLONASS 的兼容组合制导方式。为了提高 GPS 和 GLONASS 制导的可靠性和制导精度,研制了一种 GNSS 兼容接收机。从制导方式上看,GNSS 制导也是灵活多样的,它可以进行 GPS 或 GLONASS 单独定位,而更多地采用 GPS 和 GLONASS 共同定位。从战略上讲,可以打破美国垄断 GPS 的局面,在导弹制导中充分利用导航卫星资源。

4.1.5 天文导航制导

天文导航是根据制导武器、地球、星体三者之间的运动关系来确定制导武器的运动参量,将制导武器引向目标的一种自主制导技术。

制导武器天文导航的观测装置是六分仪,根据其工作时所依据的物理效应不同分为两种:一种叫光电六分仪,另一种叫无线电六分仪,它们都借助于观测天空中的星体来确定制导武器的物理位置。下面以光电六分仪为例介绍天文导航观测装置的工作原理。光电六分仪一般由天文望远镜、稳定平台、传感器、放大器、方位电动机和俯仰电动机等部分组成,如图4-8所示。发射制导武器前,预先选定一个星体,将光电六分仪的天文望远镜对准选定星体。制导中,光电六分仪不断观测和跟踪选定的星体。

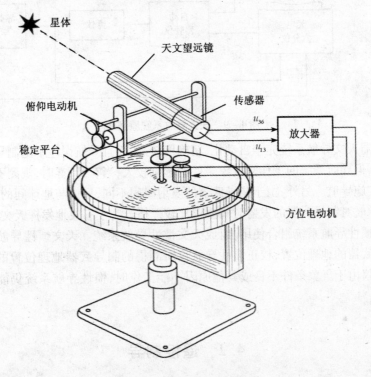

图 4-8 光电六分仪原理图

天文导航系统有两种:一种是由一套天文导航观测装置跟踪一个星体,导引制导武器飞向目标;另一种是由两套天文导航观测装置分别观测两个星体,确定制导武器的位置,导引制导武器飞向目标。下面着重讨论一套天文导航观测装置跟踪一个星体的天文导航系统。

跟踪一个星体的制导武器天文导航系统,由一部光电六分仪(或无线电六分仪)、高度表、计时机构、弹上控制系统等部分组成,其原理如图4-9所示。由于星体的地理位置由东向西等速运动,每一个星体的地理位置及其运动轨迹都可在天文资料中查到,因此,可利用光电六分仪跟踪较亮的恒星或行星来制导制导武器飞向目标。制导中,光电六分仪的望远镜自动跟踪并对准所选用的星体,当望远镜轴线偏离星体时,光电六分仪就向弹上控制系统输送控制信号。弹上控制系统在控制信号的作用下修正制导武器的飞行方向,使制导武器沿着预定弹道飞行。制导武器的飞行高度由高度表输出的信号控制。当制导武器在预定时间飞到目标上空时,计时机构便输出俯冲信号,使制导武器进行俯冲或终端制导。

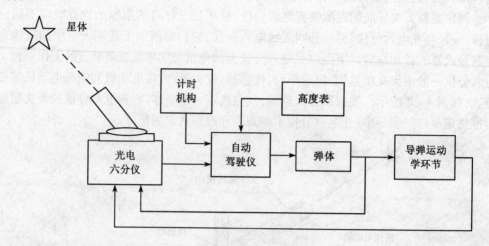

图 4 - 9 天文导航系统原理图

制导武器天文导航系统完全自动化,精确度较高,而且导航误差不随制导武器射程的增大而增大,但导航系统的工作受气象条件的影响较大,当有云、雾时,观测不到选定的星体,则不能实施导航。另外,由于制导武器的发射时间不同,星体与地球间的关系也不同,因此,天文导航对制导武器的发射时间要求比较严格。为了有效地发挥天文导航的优点,该系统可与惯性导航系统组合使用,组成天文惯性导航系统。天文惯性导航是利用六分仪测定制导武器的地理位置,校正惯性导航仪所测得的制导武器地理位置的误差。如在制导中六分仪由于气象条件不良或其他原因不能工作时,惯性导航系统仍能单独进行工作。

4.2 遥控制导

遥控制导是以设在制导武器外部的制导站(可以是天基、空基、陆基或海基等)来完成目标与制导武器的相对位置和相对运动的测定,然后引导制导武器飞向目标。遥控制导分为波束制导、指令制导和 TVM(Target Via Missile)制导三类。

4.2.1 波束制导

波束(或驾束)制导被称为第一类遥控制导。这种制导方式,在地面、飞机、舰船或卫星上设有制导站。制导站一旦发现目标后,便通过雷达波束或激光波束自动跟踪目标。当制导武器发射后飞入波束,制导武器上的制导控制设备能自动识别制导武器偏离波束中心的方向及距离,并根据该偏差计算出操纵制导武器飞行的控制指令,使制导武器纠正偏离,始终沿着波束中心附近飞行。由于天线始终对准目标,故能够导引制导武器最终命中目标。这种制导方式的缺点是线偏离随着射程增大而增加,如图 4 - 10 所示。

由图 4 - 10 可见,为了减小制导线偏差,必须减小角误差 ε,于是就要减小波束宽度。

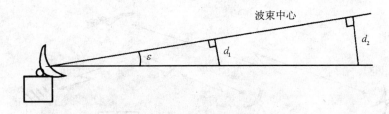

图 4 - 10　波束制导线偏差随制导武器射程增大而增加的示意图

但是,采用窄波束会增大制导武器射入窄波束的困难。为了解决此矛盾,在实际工程中,制导站采用了捕获波束分离技术。即采用宽捕获波束对制导武器进行捕获和初制导,而借助窄制导波束来瞄准目标,这两种照射波束轴往往是重合的,如图 4 - 11 所示。

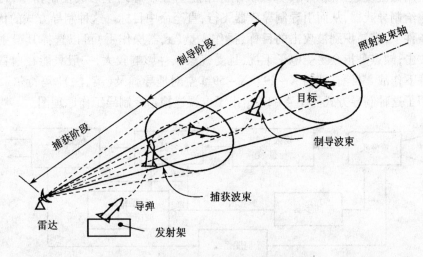

图 4 - 11　宽、窄两种照射波束制导示意图

这种制导方式的另一个缺陷是:在制导武器向目标接近过程中波束必须始终连续不断地指向目标,这样既会暴露自己,又限制了制导武器自身的机动性。再者,还会在跟踪快速目标和大机动目标时很容易丢失目标,或把制导武器甩出制导波束。因此,采用这种制导方式使制导武器射程受到了严重限制。

4.2.2　指令制导

指令制导又称作第二类遥控制导。在这种制导方式下,遥控指令由弹外制导站产生,并将指令通过有线或无线的形式传输到制导武器上,控制制导武器飞行轨迹,直至命中目标。因此,指令制导又可以分为有线指令制导和无线指令制导。有线指令制导依靠导线向制导武器传输指令,且多是"光纤制导"。无线指令制导依靠无线方式传输给制导武器,通常又有两种制导形式,即雷达波遥控指令制导和电视遥控指令制导。

在雷达波遥控指令制导中,由制导雷达分别测得目标和制导武器的相对位置和速度,并经计算机形成控制指令,然后利用无线电设备发送出无线电遥控指令,纠正制导武器飞行,直至命中目标,如图 4 - 12 所示。

在电视遥控指令制导中,由制导武器头部安装的电视摄像机将目标和背景的图像通

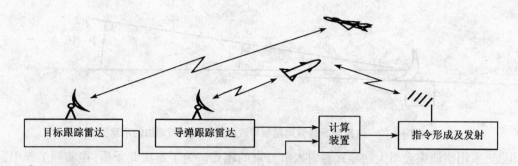

图 4 - 12　雷达波遥控指令制导示意图

过发射机用微波发送到制导站(如载机制导吊舱),在制导站里形成控制指令,再通过无线电传输给制导武器,从而引导制导武器飞行,直至命中目标。这种制导方式的优点是在多目标条件下,容易识别被攻击的目标,操作人员(武器操作手)可以选择其最主要的目标进行攻击;缺点是指令易受电子干扰,且受气象条件影响较大,一般只能在白昼和简单气象条件下作战。目前,俄制 X - 29T、X - 59M 空对地导弹及(英、法)"玛特尔"AJ - 168导弹采用了这种制导方式。图 4 - 13 给出了电视遥控指令制导工作原理图。

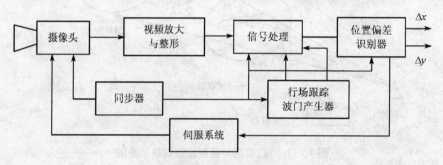

(a) 电视导引头跟踪原理框图

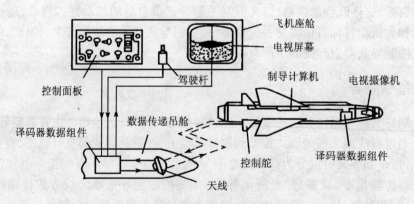

(b) AJ-168导弹电视遥控指令制导示意图

图 4 - 13　电视遥控指令制导工作原理图

4.2.3　TVM 制导

TVM 制导属第三类遥控制导方式。它利用制导武器上的半主动导引头测量制导武器相对于目标的位置及速度,并将测量结果和弹上其他内弹道参数通过下行传输线一并传至制导站。制导站的计算机将制导站测量到的目标与制导武器信息(包括外弹参数)以及下行线送来的信息进行综合处理和状态估计,并根据既定导引规律要求形成控制指令,然后通过上行传输线由制导站传送到制导武器上,控制制导武器飞向目标,直至与目标遭遇,如图 4 – 14 所示。

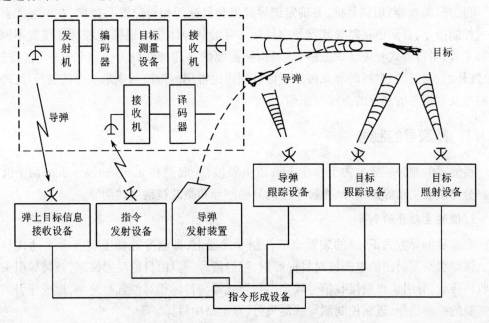

图 4 – 14　TVM 制导方式与系统

这种制导方式的优点在于:①由于利用了弹上半自动导引头来测量,随着弹目距离接近,其测量精度愈来愈高,这样便大大地扩大了制导武器的杀伤范围;②利用制导站计算机的巨大数据处理和计算能力,可对测量信息进行精确数据处理和状态估计,从而可能利用最优导引律来形成控制指令,使制导武器命中精度大幅度提高;③把弹上和导引站测量相结合,可提供引信和战斗部需要的参数,达到最佳引战配合,为控制系统的某些参数(如天线罩折射补偿参数)提供较有利的条件。正因为如此,发达国家尤其是美、俄两国对于发展 TVM 制导技术高度重视,美制 SAM – D 导弹武器系统和俄制 C – 300IMУ 导弹武器系统都采用了这种制导体制。当然,这种制导体制的弱点也是明显的,由于增加了下行传输通道,易被敌方发现和干扰。

综上所述,遥控制导是一种较经典的制导方式,有突出的优点,也有明显的缺陷,至今还在广泛应用。

4.3 寻的制导

寻的制导体制又称为自动导引制导体制,是指制导武器能够自主地搜索、捕捉、识别、跟踪和攻击目标的制导方式。这是制导武器系统最主要的现代制导体制。寻的装置是实现寻的制导的专用核心部件,被称为导引头。

从原理上讲,寻的制导是利用导引头接受目标辐射或反射的某种特征能量(电磁、红外、可见光、激光等)识别目标,并确定制导武器和目标的相对位置及速度,在制导武器上形成控制指令,自动地将制导武器导向目标。寻的制导体制可根据能源所在位置不同分为自主式、半自动式和被动式三种;亦可按照能源的物理特性分为微波和毫米波(雷达)的、红外的、激光的、电视的等几种。下面分别讨论常用的微波与毫米波寻的制导、红外寻的制导及电视寻的制导的方法与原理。

4.3.1 微波寻的制导

微波寻的制导装置主要工作在 3cm 以上频段,一般是在 $\lambda = 3cm$、$\lambda = 2cm$ 两个波段上。分为微波主动寻的制导、微波半主动寻的制导和微波被动寻的制导。

1. 微波主动寻的制导

在这种制导方式下,寻的装置全部在制导武器上,即制导武器上装备着主动式导引头。该导引头发射出的电磁波对目标照射,照射信号一旦由目标反射回来,就被导引头的接收机接收,导引头根据接收信号确定出制导武器与目标相对位置与速率,形成导引规律所需要的控制指令,进而控制制导武器飞行,直至命中目标。

2. 微波半主动寻的制导

在微波半主动寻的制导中,用来照射目标的照射信号不是由制导武器产生的,而是由制导武器外的发射点产生的,该发射点可以是地基、空基、天基或舰基等。制导武器上的导引头接收目标的反射回波,输出导引规律所要求的信息,形成控制指令,控制制导武器飞行。

3. 微波被动寻的制导

在这种制导方式下,制导武器上的接收机接收目标本身辐射的电磁波或自然界的电磁波在目标上的反射能量,并以此作为工作信息,按照导引规律的要求形成控制指令,将制导武器引向目标并最终命中目标。

图 4-15 分别给出上述微波主动寻的制导、微波半主动寻的制导和微波被动寻的制导方式下的不同工作信息来源。图 4-16 为其中的半主动寻的制导体制在防空导弹武器系统中的应用实例。

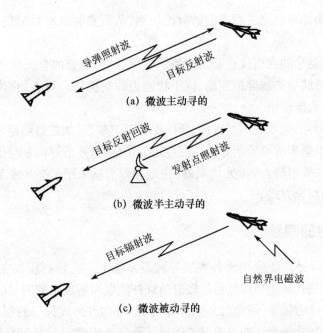

图 4 – 15　三种微波寻的制导方式的工作信息源示意图

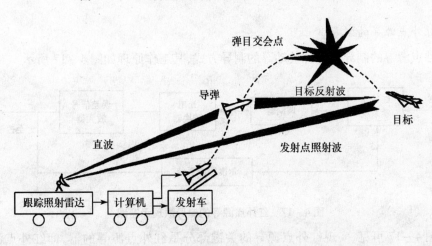

图 4 – 16　微波半主动寻的制导防空导弹系统示意图

4.3.2　毫米波寻的制导

　　毫米波寻的制导与微波寻的制导从方式到原理方面基本相同,不再赘述。不同的仅是它的工作波长在毫米波段,$\lambda = (0.1 \sim 10)\,\mathrm{mm}$。

　　在毫米波寻的制导中,目前主要采用的是毫米波被动寻的制导,而毫米波主动寻的制导和毫米波半主动寻的制导实用得不多。

　　从原理上讲,任何温度高于绝对零度的物体都会有微弱的毫米波辐射,所以在毫米波被动寻的制导中通常需要借助弹载高灵敏度毫米波辐射计来测量目标与背景的毫米波辐射能量差异,再由计算机完成两者间的对比识别,从而实时地对目标信息提取和定位,并给出控制指令。

毫米波寻的制导的突出优点是既避免了电视、红外制导的全天候工作能力较差的弱点,又能获得比微波寻的制导精度高、抗干扰能力强的优势。再者,它体积小,重量轻,很适合于小型制导武器使用。

由于目标辐射的毫米波能量很弱,所以探测距离较近,加之目前毫米波元器件发展尚未成熟,故限制了毫米波寻的制导的广泛应用。不过,毫米波寻的制导已开始用于一些制导武器中,作战效果不错。如(美)"黄蜂"空地导弹上就采用了毫米波主动寻的与被动寻的双模复合寻的制导方式。

4.3.3 红外寻的制导

红外寻的制导已广泛应用于各类制导武器系统上。它是利用装在弹上的红外探测器,即导引头来识别、捕获和跟踪目标辐射的红外能量而实现寻的制导的。红外寻的制导分为红外非成像寻的制导(或称红外点源寻的制导)和红外成像寻的制导两大类。目前,大多数红外寻的制导仍为红外点源寻的制导。而红外成像寻的制导发展很快,应用越来越多。

1. 红外点源寻的制导

红外点源寻的制导是一种被动寻的制导方式,其工作原理如图 4 - 17 所示。

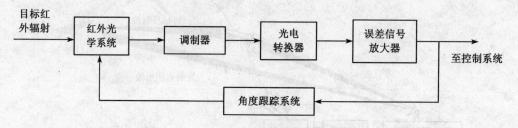

图 4 - 17　红外点源寻的制导原理示意图

由图 4 - 17 可见,实现红外点源寻的关键部分是红外点源寻的器,即红外点源导引头。它主要由红外光学系统、调制器、光电转换器、误差信号放大器及角跟踪系统等部分组成。用于探测目标的高温部分,如飞机发动机的尾喷口与喷射流、舰艇的烟囱等。在寻的制导中完成对目标的搜索、识别和跟踪,并引导制导武器攻击和击毁目标。应该指出,从原理和理论上讲,任何点源目标都有一个共性,即与背景相比而言是一个张角很小的物体,这样可利用空间滤波等背景鉴别技术把目标从背景中识别出来。

红外点源寻的制导是目前制导武器尤其是战术导弹最常用的寻的制导方式之一。其优点是:制导精度高,攻击隐蔽性好,同时比红外成像寻的制导经济、实用。但是只能提供目标的方位信息,不能提供距离信息,易受曳光弹、红外诱饵、阳光和其他热源的干扰。

2. 红外成像寻的制导

红外成像寻的制导是发展中的新型红外寻的制导方式。在寻的制导中,它利用红外成像导引头获得目标红外图像,其图像与电视图像相近,具有很好的可视性,从而完成对目标的探测、识别和定位等。红外成像导引头主要由多元实时红外成像器和视频信息处理器组成。其工作原理如图 4 – 18 所示。

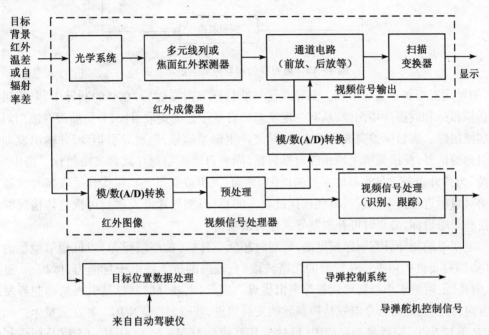

图 4 – 18 红外成像寻的制导系统的基本组成及工作原理

红外成像寻的制导最突出的优点是具有高分辨率的目标识别能力,甚至可以识别出目标的薄弱部位,故制导精度高,具有全天候工作能力和抗干扰能力。当然,随之而来的缺点是技术复杂、成本高。

目前,红外成像寻的制导已进入实战应用阶段。如(美)"小牛"AGM – 65D 和 AGM – 65F 空地导弹、"响尾蛇"AIM – 9L 和 AIM – 9M 空空格斗导弹,以及"斯拉姆"AGM – 86E 远距空地导弹等都采用了这种制导方式,并在局部战争中发挥了重要作用。

4.3.4 电视寻的制导

电视寻的制导一般作为制导武器系统的末制导。由于其制导是利用目标的反射可见光信息,所以也是一种被动寻的制导方式。它的制导工作原理与前述电视遥控指令制导基本相似,不同的只是制导设备全部安装在制导武器上,制导武器一经发射,其飞行状态便由自身制导控制系统导引,控制制导武器飞向目标。图 4 – 19 为电视寻的制导控制系统的简化结构形式。

由图 4 – 19 可见,该系统主要由电视摄像机、光电转换器、误差信号处理器、伺服机

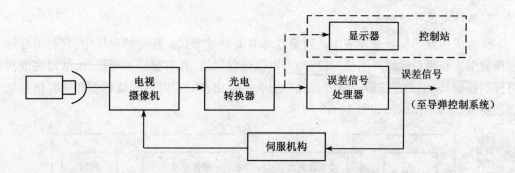

图 4－19　电视寻的制导控制系统示意图

构、制导武器控制系统等组成。制导武器对准目标方向发射后,在寻的制导中,电视摄像机拍摄目标和周围环境图像,从有一定反差的背景中自动提取目标,并借助跟踪波门对目标实施跟踪。当目标偏离波门中心时,随之产生偏差信号,形成导引指令,并输出驱动伺服机构的信号,使摄像机光轴始终对准目标,同时自动控制制导武器飞向目标。图中"控制站"为弹外设备。显示器放在控制站(如地面、飞机或舰船上),供操作手在制导武器发射前对目标进行搜索、截获,以便选择被攻击的目标;制导武器发射后可视具体情况继续观察和跟踪目标,必要时可补射制导武器再次攻击。

　　电视寻的制导具有制导精度高,可对付超低空目标(如巡航导弹)或低辐射能量的目标(如隐身飞机),可工作在广阔的光谱波段,有较强的抗无线电干扰能力,体积小、重量轻、电耗低,适用于小型制导武器等突出优点。因此,电视寻的制导是电视精确制导发展的方向,且已经成为当今电视精确制导的发展热点,获得了广泛应用。如在大量生产和使用的(美)"小牛"空地导弹家族中(已达十几万枚),AGM－65A、AGM－65 以及新研制的AGM－65H 导弹均采用了电视寻的制导方式。但电视寻的制导方式也有不足之处,主要是对气象条件要求高,在雨雾天气和夜间不能使用。此外,由于它属于被动寻的制导方式,所以使制导武器的射程受到了严重限制。

4.3.5　激光寻的制导

　　激光寻的制导是由弹外或弹上的激光束照束照射在目标上,弹上的激光寻的器利用目标漫反射的激光,实现对目标的跟踪和对制导武器的控制,使制导武器飞向目标的一种制导方式。按照激光源所在位置不同,激光寻的制导又可分为激光主动式寻的制导与激光半主动式寻的制导。

　　1. 激光主动寻的制导

　　在这种制导方式下,激光源和激光寻的器均设置在弹上。当制导武器发射后,能主动寻找被攻击目标,是一种"发射后不管"的制导方式。由于激光源设备大而笨重,因此目前难以用于实战。但是,这种制导方式很有吸引力,是激光寻的制导的发展方向。

　　2. 激光半主动寻的制导

　　激光半主动寻的制导是目前应用最广泛、技术最成熟的一种激光寻的制导方式。在这种制导方式下,激光源放在弹外载体(平台)上,而激光寻的器在弹上。图 4 – 20 给出了一种典型的激光半主动寻的系统。

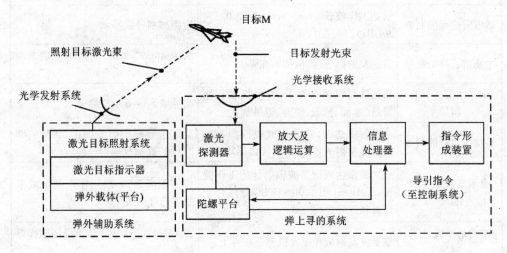

图 4 – 20 激光半主动寻的制导系统

由图 4 – 20 可见,系统主要由弹上寻的系统、弹外载体(平台)及安置在载体内的激光目标指示器构成。弹上寻的系统是其核心部分,一般由激光探测器、放大及逻辑运算器、信息处理器、指令形成装置和陀螺稳定平台组成。

在激光半主动寻的制导中,激光目标指示器向被攻击的目标发射激光束为制导武器指示目标;光学接收系统接收并汇聚目标反射的激光束能量,通过激光探测器转换成电信号;放大器把电信号放大,并经逻辑运算产生角误差信号,于是便测量出了目标所处的位置及制导武器飞行偏离;这样,信息处理器依据角误差信号求出纠正制导武器偏离的导引信息;指令形成装置依据导引信息产生导引控制指令,操纵制导武器沿着正确的弹道飞向目标,直至命中目标。

激光寻的制导的突出优点在于:①制导精度高。可用于攻击固定或活动目标,其制导精度一般在 1m 以内,且制导武器的首发命中率极高,这是目前其他制导方式难以达到的。②抗干扰能力强。由于激光是由专门设计的激光器产生的,因而不存在自然界的激光干扰。而且由于激光单色性好、亮度高、相干性好,特别是方向性好、光束的发散角小,使得敌方很难对激光制导系统实施有效干扰。③可用于复合制导。激光制导与雷达制导、红外制导、电视制导虽然物理性质不同,但就其寻的原理有许多相同或相似之处,而且都属于制导武器系统的末制导方式,因此,激光制导极容易同红外、雷达、电视等制导方式实现复合制导,有利于提高制导精度和适应越来越复杂的战场环境。

综上所述,寻的制导体制是最有发展前途的制导武器制导体制,在整个制导武器制导方式中占有相当重要的地位,且已获得越来越广泛的应用。表 4 – 1 给出了它的主要类型、特点和应用实例。

表4-1 寻的制导类型、特点及应用实例

类　　别	主要特点	应用实例
微波雷达寻的制导	雷达工作波长：1m～1cm(频率0.3～30GHz)	短距离制导武器
主动雷达寻的制导	雷达发射机、接收机都装在弹上	法国AM39"飞鱼"空舰导弹的末制导寻的头
半主动雷达寻的制导	雷达接收机装在弹上，发射机装在制导站(地面、机载、舰面、卫星载)	前苏联SA-6地空导弹
被动雷达寻的制导	不发射雷达波，弹载接收机探测和接收目标发射的雷达波，引导武器攻击	反雷达导弹。如美国的AGM-88"哈姆"高速反辐射导弹
毫米波雷达寻的制导	毫米波雷达或毫米波辐射计的工作波长：101mm(频率30～300GHz)，介于微波和红外之间	作用距离近，一般用作末制导或末敏弹药寻的头
主动毫米波寻的制导	毫米波发射机和接收机都装在弹上	美XM943主动攻顶装甲灵巧炮弹寻的头
半主动毫米波寻的制导	发射机装在制导站，弹上只装毫米波接收机	目前毫米波雷达装备量很少，毫米波干扰机尚未装备
被动毫米波寻的制导	弹载毫米波辐射计(接收机)，探测目标自然辐射的毫米波，籍以导引制导武器	美"萨达姆"反装甲子弹药寻的头
自动(被动)红外寻的制导	工作波长：0.7～2.5μm(近红外)、3～5μm(中红外)、8～14μm(远红外)、14～100μm(长波红外)	
红外非成像制导(红外点源制导)	以目标的高温部分(如飞机发动机喷气口、军舰的烟囱)的红外辐射作为信息源	用于尾追攻击的空空导弹等。如美AIM-9L
红外成像制导	利用红外探测器探测目标和背景红外辐射，如实地显示两者的热图像，对目标进行捕获和跟踪A，多元红外探测器线阵扫描(光机扫描)成像系统B，多元红外探测面阵凝视成像系统	美AGM-65D/F/G"小牛"空地导弹导引头(光机扫描)美"标枪"便携式反坦克导弹寻的头(凝视式)
电视寻的制导	依靠目标反射的可见光信息，利用电视(摄像)捕获和跟踪目标	空地导弹、制导炸弹，如美AGM-6ZA"白星眼-1"电视制导炸弹、美AGM-53A"秃鹰"末制导空地导弹
激光半主动寻的和制导	制导站发射激光照射目标，弹上激光接收机接收目标反射的激光，导引制导武器攻击	法AS-30L空地导弹寻的头，美M71Z"铜斑蛇"制导炮弹寻的头
激光主动寻的和制导	美国正在发展主动激光制导炮弹，即激光雷达(发射机)和激光接收机都装在弹上，不需要制导站发射激光束	此计划已纳入"先进技术激光雷达导引头计划"(即阿特拉斯计划)

4.4　复合制导与多模复合寻的制导

4.4.1　复合制导体制

随着战场环境的日益变化和高技术对抗兵器(如高速度、高精度和远射程的尖端空袭武器等)的严重威胁,对制导武器提出了严峻挑战和越来越高的要求(如要求制导武器作用距离远、命中精度高、突防能力强、抗干扰性能好等),这就使得单一制导体制无法满足要求。因此,采用初制导来粗定向、定位,中制导提高射程,末制导提高命中精度的复合制导体制成了制导武器系统发展的趋势。

所谓复合制导是指在引导制导武器飞向目标的过程中,采用两种或多种制导方式相互衔接、协配合共同完成制导任务的一种新型制导方式。简而言之,复合制导就是将前述几种制导体制以不同的方式分段组合起来成为一种集不同单一制导方式之长而避其之短的制导体制。它通常把制导武器的整个飞行过程分为初制导 + 中制导 + 末制导阶段。初制导段主要完成制导武器起飞、转弯和进入制导空域,常采用程序控制方式或直接射入截获区域。中制导段使用的制导方式主要有指令制导和惯性制导,把制导武器引导至目标附近。而末制导段的制导体制主要有主动、半主动和被动寻的制导,地形及景象匹配制导、TVM 制导和多模复合寻的制导等。这样,复合制导不仅增大了制导控制系统的作用距离,而且有效地提高了制导武器系统的制导精度。根据制导武器在整个飞行过程或各飞行段制导方式的组合方法不同,复合制导可分为串联、并联和串并联等三种形式。串联复合制导就是在制导武器不同飞行弹道段上采用不同的制导方式。并联复合制导则是在制导武器整个飞行过程中或在某段飞行弹道上同时采用几种制导方式。当然,串并联复合制导应该是既有串联又有并联的混合制导方式。图 4 - 21 给出了复合制导的典型结构形式,其制导方式的系统模式转换逻辑如图 4 - 22 所示,其中 R_c 代表当前弹目距离,R_{mt0} 和 R_{mt1} 分别代表中段制导和末段制导的起点。

目前,复合制导已进入作战实用阶段。对于中、远程制导武器和防区外发射的制导武器,为了保证获得足够的命中精度和攻击的隐蔽性,均采用了复合制导体制。一般在初、中段采用惯性制导,借助卫星定位系统(GPS)修正和地形/景象匹配制导等自主式制导方式,将制导武器引导到末制导寻的搜索区,然后再利用自动寻的装置完成对目标的搜索、捕捉、跟踪、直至命中目标。

例如,"战斧"巡航导弹初段使用惯性制导,中途利用地形等高线地图(TERCOM)进行修正,末制导采用红外成像(IIR)和毫米波(MMW)最终完成目标搜索、捕捉与命中目标,其圆概率误差(CEP)可达米级。图 4 - 23 为该导弹武器系统的复合制导示意图。

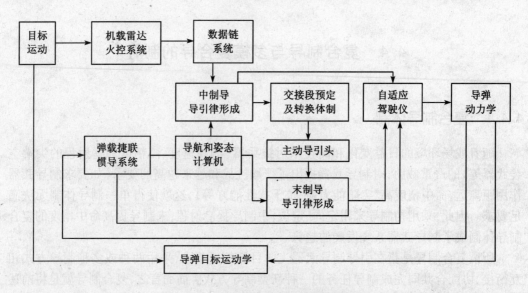

图 4 – 21   导弹复合制导的典型结构形式

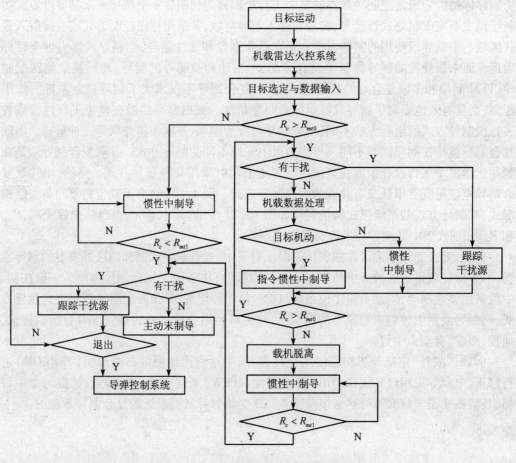

图 4 – 22   复合制导方式的系统模式转换

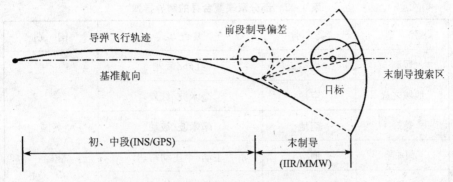

图 4 - 23　"战斧"巡航导弹的复合制导示意图

4.4.2　多模复合寻的制导体制

　　所谓多模复合寻的制导是指由多种模式的寻的导引头参与制导(通常为末制导),共同完成制导武器的寻的制导任务。多模复合寻的制导属于复合制导方式,而且是一种典型的并联复合制导方式,但因为它比其他复合制导具有特殊性,故需要专门讲述。随着制导武器系统遇到的对抗层次越来越多,对抗手段复杂多变,作战环境和目标特性探测日趋严峻。采用单一的寻的制导方式已经难以完成作战使命。为了使导弹具有抗各种干扰的能力、识别真假目标的能力、对付多目标的能力和全天候的作战能力,采用多模复合制导是一种现实而有效的技术途径,由此,多模复合寻的制导方式和技术便运用而生,并成为近年来兵工和军事部门的研究热点之一。

　　目前,正在应用和研制中的多模复合寻的制导主要是采用双模复合导引头形式,其中包括紫外/红外、可见光/红外、激光/红外、微波/红外、毫米披/红外、毫米波/红外成像等。而最主要的是紫外/红外、微波/红外和毫米波/红外双模复合寻的制导。表4-2给出了多模复合寻的制导的部分应用实例。显然,目前多模复合寻的制导多为双模复合寻的制导方式。

　　多模复合寻的制导体制的基本原理及特点是:多模复合寻的制导实质是多模复合探测、信息融合处理及最优化导引控制等技术在制导武器制导控制系统中的最新应用。它利用多传感器(Multisensors Fusion)探测手段获取目标信息,经计算机综合处理得出目标与背景(包括干扰环境)的混合信息,然后进行目标识别、捕捉和跟踪,在借助最优化导引律和相应实时控制,在末制导段引导制导武器飞行,最终实现高精度命中目标。图4-24给出了其中一种雷达/红外双模复合寻的制导的原理图。理论与实践证明,采用多模复合寻的制导具有如下突出特点或优势:

　　(1)可有效地对抗敌方的多种形式干扰(电、磁、光、热、声等);

　　(2)可有效地识别目标伪装与欺骗,成功地识别目标及其要害(薄弱)部位;

　　(3)可充分发挥高新技术,尤其是微电子技术、光电技术和信息融合技术对制导系统发展的支撑潜力;

　　(4)可有效地增大制导武器捕捉概率和攻击成功概率,提高其突防能力;

　　(5)可大幅度地提高制导武器寻的制导控制精度。

135

表 4-2 部分双模复合寻的制导导弹

弹 型	类 别	复合方式	国 别
尾刺	地空	红外/紫外	美国
地域之火	空地	毫米波/红外	
黄蜂	空地	毫米波/被动	
爱国者	地空	主动/半主动雷达	
铜斑蛇	空地	激光/红外成像	
长剑	空地	电视跟踪/指令制导	英国
海狼	地空	雷达/红外	
ABS-90	地空	激光/红外	瑞典
ADAR	地空	毫米波/红外	日本
XAAM-3/4	空空	主动雷达/红外	
ASM-1/2	空地	主动雷达/红外	
凯科	地空	电视/红外	
TACED	制导炸弹	毫米波/双色红外	法国
TLVS		主动雷达/红外	德国
SA-13	地空	红外/双色	俄罗斯
马斯基特	反舰	雷达主/被动	
Kb-31	空空	雷达主/被动	
Sprint		被动雷达/红外	法德
BOSS		毫米波/红外	瑞士
MSOW		毫米波/红外	北约
	子弹药	红外成像/毫米波	美国

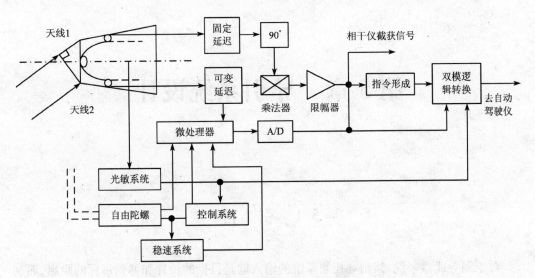

图 4 - 24　雷达/红外双模复合寻的制导原理图

综上所述,多模复合寻的制导是一种极具发展和应用前景的新型制导方式与技术。在这方面,我国同军事大国尚有较大差距,应予以高度重视。

思考与练习

4 - 1　分析说明惯性制导与方案制导的不同之处。

4 - 2　分析说明地形匹配和景象匹配的工作原理。

4 - 3　卫星制导是否能单独使用?

4 - 4　分析说明 TVM 制导的工作原理和系统组成特点。

4 - 5　分析说明寻的制导在精确制导中的作用。

4 - 6　举例说明串联复合制导和并联复合制导的优点及应用条件。

第5章 导引系统设计

5.1 引 言

对于制导武器来说,其制导控制系统的输入就是目标的位置和弹到目标的距离,而制导控制系统的目的就是使弹与目标在同一时刻到达同一位置。弹与目标之间的最小距离称为"脱靶量",也就是制导控制精度。

要实现这一目标,或使脱靶量最小,制导武器需要采用某种制导体系并按照一定的导引律飞行。前面一章中已经进行了制导体系的研究。制导系统一般包括导引分系统和(稳定)控制分系统。在设计导引系统时,通常认为(或假设),稳定控制系统是理想地、可无惯性地执行导引指令(工程应用证明是可接受的,弹体绕质心的运动响应速度远高于其质心运动的响应速度)。稳定控制系统在第3章中进行了讨论,本章将从导引律、导引头分系统、制导回路等方面进行论述。

5.2 经典导引律

制导武器的导引律(制导规律)是指制导武器根据弹体和目标的运动信息,控制制导武器按照一定的飞行轨迹去拦截目标,是制导武器实现精确制导的关键技术。

导引律研究是解决确定制导武器飞行并命中目标的运动学问题。制导武器飞行与如下两个方面相关:其一,制导武器必须击中目标,即理论上讲制导武器质心运动轨迹应与目标运动轨迹在某一瞬时相交,故而制导武器质心运动特性与目标运动规律相关。其二,制导武器要能够击中目标,必须在制导控制系统作用下飞行,所以制导武器质心运动又与制导控制系统的性能相关。可见,研究制导武器导引律不仅要建立制导武器运动学和动力学方程,还必须引入描述上述两个约束的数学模型,通常称之为制导方程。导引律分类方法虽然很多,但是按照研究方法可归类为经典导引律与现代导引律;按照导引方法可划分为"位置导引"和"速度导引"两大类。制导规律在制导武器系统的制导控制系统设计过程中占有极其重要的地位。

5.2.1　导引规律的定义

从理论上讲,可以有很多条甚至无数条弹道保证制导武器与目标相遇,但实际上对每一种制导武器只选取一条在特定条件下的最佳弹道,所以制导武器的弹道不能是任意的,而必须受到一定条件的限制,有一定的规律,这个规律就是制导规律,也称作导引规律或导引方法。

从运动学的观点来看,导引方法能确定制导武器飞行的理想弹道,所以选择制导武器的导引方法就是选择理想弹道,即在制导系统理想工作情况下制导武器向目标运动过程中所应经历的轨迹。理想弹道表示了导引方法的特性,不同的导引方法,导致弹道的曲率也不同,系统的动态误差不同,过载分布的特点及制导武器、目标速度比的要求不同。

导引方法是借助于包含在制导系统内的有关仪器实现的,根据制导方式的不同,这些仪器可以在制导武器上或弹外的制导站。

选择导引方法的根据是目标的运动特性、环境和制导设备的性能以及使用要求。

制导规律的选择、设计主要考虑目标的运动规律、制导系统要求的制导精度、对制导武器机动特性的限制和对制导系统复杂度的限制。好的制导律应具有以下特点:

(1)由制导律确定的理想弹道的法向加速度愈小愈好,特别是在与目标遭遇点附近,更应该使弹道法向加速度减小。

(2)攻击目标的可能范围要大,要保证弹能在目标前半球进行攻击。

(3)由制导律确定的对制导武器飞行速度的限制值要尽可能宽一些。

(4)当目标机动时引起的制导武器法向加速度要小。

(5)系统构造要简单,技术上要便于实现。

5.2.2　基本概念及实现条件

制导武器在空间的运动是被制导受控运动,其数学描述除前述运动学和动力学方程外,还需要引入制导(约束)方程,其一般形式为

$$\begin{cases} \Delta X = X_L - X_M \\ \Delta X \leqslant \Delta X_0 \end{cases} \tag{5-1}$$

式中,X_L 为与目标运动相关的制导矢量;X_M 为在制导控制系统作用下,制导武器飞行过程中,实时形成的与 X_L 相对应的制导武器运动矢量;ΔX 为制导误差矢量,或称动态滞后误差,通常假设 $\Delta X \equiv 0$;ΔX_0 为允许的制导误差矢量。

由目标运动对制导武器运动的约束主要表现在遭遇点(即目标同制导武器运动轨迹的交点)上,因此式(5-1)可分解为

$$\begin{cases} \Delta X(t) \leqslant \Delta X_0 \\ \Delta X(t_z) = 0 \end{cases} \tag{5-2}$$

式中,t_z 为制导武器与目标遭遇的时刻;$\Delta X(t_z)$ 为制导过程终端(即遭遇时刻上)的误差矢量。

导引律就是确定制导矢量 X_L 的具体数学表达式,通常称为导引方程。而导引方法则

是构想导引律的数学或物理方法。一般在导引律研究中,认为制导控制系统是理想的,即不考虑系统惯性的影响,但是实际上系统总是有惯性的,弹道法向加速度必然会造成动态误差,这种误差是脱靶量的重要组成部分。因此,导引律的设计应尽量使弹道平直。这就是有关导引律的基本概念。

实现导引律是有条件的。众所周知,制导控制系统对制导武器的制导与控制一般是借助制导误差(偏差)ΔX形成制导控制指令k_g实施的,如图5-1所示。

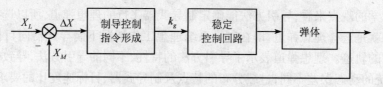

图5-1　制导控制系统示意图

显然,当制导偏差ΔX为零时,制导控制指令也将为零,这时制导武器必然将沿直线飞行而无法拦截活动目标。制导武器要能够攻击活动目标就必须在系统中引入所谓"动态误差补偿器"。于是,上述制导控制系统将变为图5-2所示的形式。这样,控制偏差$\delta X = X_C - \Delta X$。通常$X_C$是目标与制导武器运动参量的函数,称为动态补偿函数。若在导引过程中始终保持$X_C = \Delta X$,则δX将趋向于零。因为X_C在控制偏差处加入,其物理意义为线偏差,故这种动态补偿谓之线偏差补偿。又由于动态误差同弹道法向加速度直接相关,因此亦可使动态误差补偿器在线实时地计算出弹道法向加速度W_C,并将其在相应加速度入口处加入系统,这种补偿称之为过载补偿。

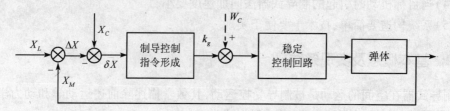

图5-2　带动态补偿器的制导控制系统示意图

上述动态补偿的目的是降低系统的动态误差,进而减小制导武器脱靶量,其效能以补偿剩余误差ΔX_C来衡量,即

$$\Delta X_C = \Delta X_L - X_C \tag{5-3}$$

式中,ΔX_L为未加动态补偿前的系统动态滞后误差。

动态补偿的设计指标为

$$|\Delta X_C| \leqslant \varepsilon \tag{5-4}$$

式中,ε取值取决于制导武器系统对制导精度的要求。

5.2.3　经典制导律的组成

制导方法与导引律是影响制导武器综合性能最重要、最直接的因素,它们不仅影响制导武器的制导精度,同时还决定着制导武器的上述制导体制。因此,人们一直对制导方法与导引律(无论是古典的还是现代的)的研究进行着不懈努力。

应该指出,古典导引律需要信息量少,结构简单,容易实现,因此大多数现役制导武器仍然使用古典导引律或其改进形式。图 5 - 3 给出了常见的古典制导方法及其导引律分类。所有古典导引律都是在特定条件下按制导武器快速接近目标的原则导出的。

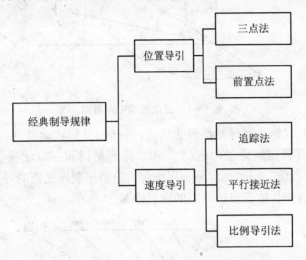

图 5 - 3　经典制导方法及其制导律分类

5.2.4　位置导引

位置导引是对制导武器在空间的运动位置直接给出某种特殊约束,并据此构成各种导引律。位置导引主要用于指令制导,其导引律的形成与指令制导的特点密切相关。大家知道,指令制导主要由制导站、制导武器和目标三部分组成。制导武器在空间的变化也必然与专门跟踪、测量和导引的制导站位置及目标位置在空间的变化相关。位置导引的导引律就是三者位置间关系的约束准则,而所给出的数学描述就是导引方程。

1. 三点法

三点法又叫做三位置引导法。这种引导方法的导引规律是制导武器 M 在制导飞行过程中,始终位于目标 T 和制导站 O_P 连线上,如图 5 - 4 所示。故制导武器同目标的高低角和方位角必须分别相等。显然,这时的导引方程形式为

$$\begin{cases} R_M = R_M(t) \\ \varepsilon_M = \varepsilon_T \\ \beta_M = \beta_T \end{cases} \qquad (5-5)$$

式中,R_M 为弹站相对距离;$\varepsilon_M, \varepsilon_T$ 为制导武器、目标的高低角;β_M, β_T 为制导武器、目标的方位角。

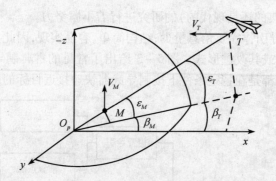

图 5-4 三点法导引示意图

若将制导武器、目标和制导站都视为质点,并已知目标运动特性(V_T,θ_T)及制导武器运动速度(V_M,θ_M)和假定制导站固定$(V_{O_p}=0)$,则容易得到三点法导引时制导武器在铅垂面内的运动学方程组。同时也容易利用图解法绘制出制导武器的理想弹道,图 5-5 为设目标平直等速飞行时,按三点法导引的理想弹道。

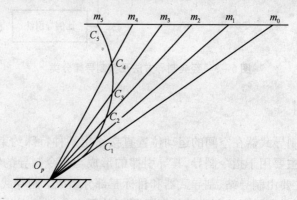

图 5-5 三点法弹道图

当制导武器偏离理想弹道时,其线偏差信号为

$$\begin{cases} h_\varepsilon = R_M(\varepsilon_T - \varepsilon_M) = R_M\Delta\varepsilon \\ h_\beta = R_M(\beta_T - \beta_M) = R_M\Delta\beta \end{cases} \tag{5-6}$$

式中,$\Delta\varepsilon$,$\Delta\beta$分别为高低方向和方位方向的角偏差;h_ε,h_β分别为高低方向和方位方向的线偏差。

为了控制制导武器,消除上述线偏差值(h_ε,h_β),可将此参数值送入指令形成装置。若在控制回路中构成 PID 调节规律,其调节指令形式为

$$\begin{cases} U_{R\varepsilon} = K_P h_\varepsilon(t) + T_D \dfrac{\mathrm{d}h_\varepsilon(t)}{\mathrm{d}t} + \dfrac{1}{T_I}\displaystyle\int_0^t h_\varepsilon(t)\,\mathrm{d}t \\ U_{R\beta} = K_{\beta P} h_\beta(t) + T_{\beta D} \dfrac{\mathrm{d}h_\beta(t)}{\mathrm{d}t} + \dfrac{1}{T_{\beta I}}\displaystyle\int_0^t h_\beta(t)\,\mathrm{d}t \end{cases} \tag{5-7}$$

式中,$U_{R\varepsilon}$,$U_{R\beta}$分别为俯仰方向和偏航方向的调节指令;K_P,$K_{\beta P}$,T_D,$T_{\beta D}$,T_I,$T_{\beta I}$分别为比例项、微分项和积分项系数。

为了减小系统动态误差,如若引入补偿信号,其形式为

$$
\begin{cases}
h_{d\varepsilon} = X(t)\dot{\varepsilon}_M \\
h_{d\beta} = X(t)\beta_M \cos(\varepsilon_M)
\end{cases}
\tag{5-8}
$$

这样,在指令形成装置中产生的控制指令将为

$$
\begin{cases}
U_{R\varepsilon} = K_P h_\varepsilon(t) + T_D \dfrac{\mathrm{d}h_\varepsilon(t)}{\mathrm{d}t} + \dfrac{1}{T_I}\displaystyle\int_0^t h_\varepsilon(t)\,\mathrm{d}t + X(t)\dot{\varepsilon}_M \\[2mm]
U_{Rh} = K_{\beta P} h_\beta(t) + T_{\beta D} \dfrac{\mathrm{d}h_\beta(t)}{\mathrm{d}t} + \dfrac{1}{T_{\beta I}}\displaystyle\int_0^t h_\beta(t)\,\mathrm{d}t + X(t)\beta_M \cos(\varepsilon_M)
\end{cases}
\tag{5-9}
$$

该指令再经坐标变换和指令限幅,由指令发射装置发送至弹上,弹上控制回路按照此指令实现相应偏舵,以产生机动力,从而保证制导武器按三点法制导始终处于波束中心线,而波束中心线又始终指向目标。

在各种导引规律当中,三点法用得比较早,这种方法的优点是技术实施比较简单,特别是在采用有线指令制导的条件下抗干扰性能强。但是,按此方法制导,制导武器飞行曲率较大,有可能导致脱靶;目标机动带来的影响也比较严重。当目标横向机动时或迎头攻击目标时,制导武器越接近目标需要的法向过载越大,弹道越弯曲,因为此时目标的角速度逐渐增大。这对于采用空气动力控制的制导武器攻击高空目标很不利,因为随着高度的升高,空气密度迅速减小,舵效率降低,由空气动力提供的法向控制力也大大下降,制导武器的可用过载就可能小于需用过载而导致脱靶。

2. 前置点法

由于采用三点法导引制导武器时,有很大的法向过载系数,要求制导武器有很高的机动性,因而引入前置量来改进这种导引方法,以减小制导武器飞行过程中的过载。

在目标飞行方向上,使制导武器超前目标视线一个角度的导引方法称为前置点法。前置点法又称为寻直法。严格地讲,前置点法还可以分为两种,即全寻直法和半寻直法。前置点法要求制导武器在与目标遭遇前的制导飞行过程中,任意瞬时均处于制导站和目标连线的一侧,直至与目标相遇,如图 5-6 所示。一般情况下,相对目标运动方向而言,制导武器与制导站连线应超前于目标与制导站连线某个角度。

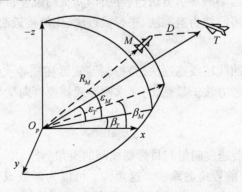

图 5-6　前置点法导引示意图

显然,这时的导引方程为

$$
\begin{cases}
R_M = R_M(t) \\
\varepsilon_M = \varepsilon_T + \eta_\varepsilon D \\
\beta_M = \beta_T + \eta_\beta D
\end{cases}
\tag{5-10}
$$

式中,D 为弹目相对距离;η_ε,η_β 分别为高低方向、方位方向的前置系数(统称为前置系数,记为 η)。

同样,若制导武器偏离前置点法理想弹道,则其线偏差信号为

$$
\begin{cases}
h_\varepsilon = R_M\left(\varepsilon_T - \dfrac{\eta_\varepsilon}{\dot{D}} D - \varepsilon_M \right) \\
h_\beta = R_M\left(\beta_T - \dfrac{\eta_\beta}{\dot{D}} D - \beta_M \right)
\end{cases}
\tag{5-11}
$$

对于式(5-10),随着前置系数的取法不同,前置系数可取为任意常数值,亦可取为某种函数形式,前置系数取法不同,则可产生不同的导引方法。如当 $\eta_\varepsilon = \eta_\beta = 0$ 时,则为三点法。随着前置系数的取法不同,可获得不同的运动特性的制导武器飞行弹道,因此,前置点法制导规律分析设计的重点就是选择前置系数的具体变化规律。采用前置点法导引时,制导武器的理想弹道比三点法平直,制导武器飞行时间也短,对拦截机动目标有利。

综上所述,从式(5-9)和(5-11)可以看出,因为两者都不包含坐标的二阶导数,且弹道均通过目标,故都可以实现准确导引。但关键在于弹道法向加速度问题。显然,按三点法导引时,弹道法向加速度大,若使制导武器沿理想弹道运动,就必须产生较大的控制力。而按前置点法导引,必然是所需量测信息较多,且导引方程解算较复杂。但它可借助对前置系数的选择设计在一定程度上调整飞行弹道曲率和目标机动的影响,以改善其导引精度。因此,这种导引方法至今较多地应用于指令制导中。

5.2.5 速度导引

速度导引亦称作自动瞄准,多用于寻的制导,因此又叫做自动寻的导引,是一种仅涉及制导武器与目标相对运动的导引方法,其导引律就是约束弹目相对运动的准则。目前,经常采用的速度导引法可归纳为追踪法、平行接近法、比例接近法等。

1. 追踪法

追踪法又称为追踪曲线法或追逐法,是指制导武器在制导飞向目标过程中速度向量始终指向目标的一种引导方法。显然,它要求制导武器速度向量与目标视线重合,其导引方程为

$$
\varphi_M \equiv 0
\tag{5-12}
$$

式中,φ_M 为制导武器速度向量与目标视线间的夹角。

如果 $\varphi_M \neq 0$,则为有前置角追踪法。这里,φ_M 可以为常数或变量,但通常取为常数。图 5-7 为追踪法(或有前置角追踪法)示意图,图中 R 为弹目相对距离(在速度导引方法中通常用 R 表示弹目相对距离)。

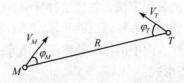

图 5 - 7　追踪法导引示意图

由图解法可以得到追踪法导引飞行下的相对弹道曲线,如图 5 - 8 所示。作图时,设目标固定不动,先做出起点 0 制导武器的相对速度 $\bar{V}_R = \bar{V}_M - \bar{V}_T$,于是可得第一秒时制导武器相对目标的位置 1。然后,依次得到制导武器的相对目标的位置 2,3,…最后光滑地连接 0,1,…各点,便得到追逐法导引时的相对弹道。显然,制导武器相对速度的方向就是相对弹道的切线方向。

追踪法是最早提出的一种导引方法,技术上实现追踪法导引是比较简单的。例如,只要在弹内装一个“风标”装置,再将目标位标器安装在风标上,使其轴线与风标指向平行,由于风标的指向始终沿着制导武器速度矢量的方向,只要目标影像偏离了位标器轴线,这时制导武器速度矢量没有指向目标,制导系统就会形成控制指令,以消除偏差,实现追踪法导引。由于追踪法导引在技术实施方面比较简单,部分空—地导弹、激光制导炸弹采用了这种导引方法。但是,这种导引方法弹目特性存在着严重缺点。因为制导武器的绝对速度始终指向目标,相对速度总是落后于目标线,不管从哪个方向发射,制导武器总是要绕到目标的后方去命中目标,这样导致制导武器弹道较弯曲(特别在命中点附近),需用法向过载较大,要求制导武器要有很高的机动性。由于可用法向过载的限制,不能实现全向攻击。同时,追踪法导引考虑到命中点的法向过载,速度比 $K = \dfrac{\bar{V}_M}{\bar{V}_T}$ 受到严格的限制,$1 < K \leqslant 2$。因此,追踪法目前应用很少。

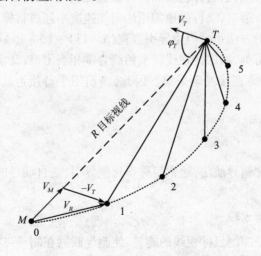

图 5 - 8　追踪法导引的相对弹道曲线

2. 平行接近法

为了克服上述追踪法缺点,研制出了平行接近法。这是一种制导武器在攻击目标过

145

程中,目标线在空间保持平移的导引方法。按照这种导引方法,要求在制导武器制导在飞行过程中,始终保持目标视线转率 q 为零。也就是说,必须使制导武器速度矢量 $\bar{V}_M$ 和目标速度矢量 $\bar{V}_T$ 在目标视线垂线方向上的投影始终保持相等,如图 5-9 所示。这样,可得到平行接近法的三种导引方程形式:

(1)描述平行接近时,可用

$$\bar{V}_M \sin(\varphi_M) = \bar{V}_T \sin(\varphi_T) \tag{5-13}$$

(2)表达目标视线转率为零的意义时,可用

$$\begin{cases} q = \text{const} \\ \dot{q} = 0 \end{cases} \tag{5-14}$$

(3)反映瞬时前置角意义时,可用

$$\varphi_M = \arcsin\left[\frac{V_T \sin(\varphi_T)}{V_M}\right] \tag{5-15}$$

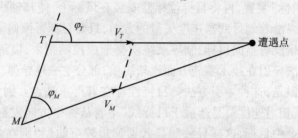

图 5-9 平行接近示意图

在前述各种导引方法中,平行接近法是一种较理想的导引方法。具有如下优点:第一,飞行弹道较平直,曲率小。当目标保持等速直线运动和制导武器保持恒速时,制导武器的飞行弹道将变成直线;当目标机动和制导武器变速飞行时,制导武器飞行的弹道曲率亦较其他导引方法小。第二,飞行弹道需用法向加速度不超过目标的机动加速度,即受目标机动影响较其他导引方法小。但由导引方程(5-13)~(5-15)可见,①实现平行接近法导引的约束条件很苛刻,如保持视线转率始终为零相当困难;②实现导引方法方程所需的量测信息较多,且不易直接准确采集。因此,当前用平行接近法导引的应用实例并不多。

5.2.6 比例接近法

比例接近法或称比例导航法,通常简称作比例导引,是自动寻的导引律中最重要的制导方法之一。

1. 比例导引的运动方程

比例导引的实质是抑制目标视线的旋转,使制导武器在制导飞行过程中,速度矢量的转动角速度与目标视线转率保持给定的比例关系。图 5-10 给出了比例导引中制导武器与目标的几何关系。

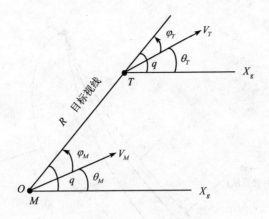

图 5-10　比例导引法示意图

可见,比例导引在于控制制导武器速度 V_M 的方向变化,使其与目标视线转率 $\dot{q}$ 与成比例。显然,比例导引法方程为

$$\frac{\mathrm{d}\theta_M}{\mathrm{d}t} = N\frac{\mathrm{d}q}{\mathrm{d}t} \tag{5-16}$$

式中,θ_M,θ_T 分别为制导武器速度向量、目标速度向量与基准线的夹角;φ_M,φ_T 分别为制导武器速度向量、目标速度向量与目标视线的夹角;q 为目标视线与基准线的夹角;N 为比例导引系数,常称为导航比,一般取常量。

将几何关系式 $q = \theta_M + \varphi_M$ 对时间 t 求导数,可得

$$\frac{\mathrm{d}q}{\mathrm{d}t} = \frac{\mathrm{d}\theta_M}{\mathrm{d}t} + \frac{\mathrm{d}\varphi_M}{\mathrm{d}t} \tag{5-17}$$

由比例导引的几何关系及式(5-16)和(5-17),可得到比例导引法的速度前置角及其变化率为

$$\begin{cases} \varphi_M = \theta_T + \varphi_T - \theta_M \\ \dot{\varphi}_M = \dfrac{(1-N)}{N}\dot{\theta}_M \\ \dot{\varphi}_M = (1-N)\dot{q} \end{cases} \tag{5-18}$$

比例导航法的导航参数 N 可以任意选择,可以为常量,也可以为变量,由导引方程可以看出,当 $N=1$,$\dot{q}_0 = \dot{\theta}_{M0}$ 时为追踪法的弹道,当 $N=\infty$,$\dot{\theta}_M$ 为有限量,$\dot{q}_0 = 0$ 时,则为平行接近法的弹道,当 $1 < N < \infty$ 时为比例导引法的弹道,如图 5-11 所示。

所以采用比例导引法时,制导武器的理想弹道的曲率介于平行接近法和追踪法之间。追踪法导引时弹道曲率最大,制导武器的速度矢量时刻指向目标,最后导致追尾;采用平行接近法导引时,制导武器的速度矢量时刻指向目标前方瞬时遭遇点,并保持目标视线平行移动;采用比例导引法时,制导武器速度矢量虽然也指向目标前方,但前置角比平行接近法时小,允许目标视线有一定的角速度 $\dot{q}$。$\dot{q}$ 的大小与导引系数有关,N 越大,$\dot{q}$ 越小。当 N 值确定后目标视线角速度开始较大,随着制导武器与目标的接近,$\dot{q}$ 逐渐减小。因为导引开始时,制导武器速度矢量的角速度 $\dot{\theta}_M$ 为目标视线角速度 $\dot{q}$ 的 N 倍,自动建立起前置角 q_d,导致目标视线角速度 $\dot{q}$ 逐渐减小,所以,采用比例导引法时,制导武器初始段和追

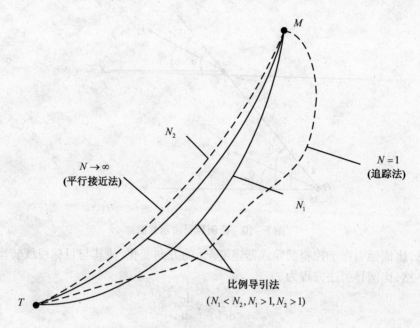

图 5 - 11　比例导引法的弹道

踪法相近,弹道末端和平行法接近法相近。但 N 值不是越大越好,如果 N 值很大,即使 $\dot q$ 值不大,也可能使弹道的需用过载很大。因此,制导武器的可用过载限制了 N 的上限值。N 值过大还可能导致制导系统的稳定性变差,因为 $\dot q$ 很小的变化,将引起 $\dot\theta_M$ 较大的变化。把比例导引法看成是追踪法和平行接近法之间的一种导引法,通过选择导航参数 N 可以改善弹道特性。比例导引法在各种制导武器中得到了广泛的应用,因为从对快速机动目标的响应能力来看,比例导引法有明显的优点,且比例导引法在工程上易于实现。

　　2. 弹道的稳定性

　　(1)弹道特性

　　按比例导引时,制导武器与目标之间的相对运动方程组为:

$$\begin{cases} \dot R = V_T\cos(\varphi_T) - V_M\cos(\varphi_M) \\ R\dot q = V_T\sin(\varphi_T) - V_M\sin(\varphi_M) \\ q = \theta_T + \varphi_T = \theta_M + \varphi_M \\ \dot\theta_M = N\dot q \end{cases} \tag{5-19}$$

　　若给出 V_M, V_T, φ_T 的变化规律和初始条件 $R_0, \varphi_{M0}($或 $\theta_{M0}), q_0$,则方程组(5-19)可用数值积分法或图解法解算。仅在特殊条件下(如比例系数 $N=2$,目标等速直线飞行,制导武器等速飞行时),方程组(5-19)才可能得到解析解。

　　当 $N=2$ 时,解方程组(5-19)得

$$R = R_0\left[\frac{N\sin(\varphi) - \sin(\varphi - \varepsilon_0)}{N\sin(\varphi_0) - \sin(\varphi_0 - \varepsilon_0)}\right]^{\frac{N_2 - 1}{N_2 - 2N\cos\varepsilon_0 + 1}} e^{\frac{-2N(\varphi_0 - \varphi)\sin\varepsilon_0}{N_2 - 2N\cos\varepsilon_0 + 1}} \tag{5-20}$$

　　其中,$\varepsilon_0 = 2q_0 - \theta_{M0}$。当命中目标时,$R\to 0$,由式(5-20)可知在 $N>1$ 条件下,有

$$N\sin(\varphi) - \sin(\varphi - \varepsilon_0) = 0 \tag{5-21}$$

如果以 φ_{tf} 表示命中点的前置角，则

$$\varphi_{tf} = \frac{\sin(\varphi - \varepsilon_0)}{N} \tag{5-22}$$

由此可以看出，按比例导引法导引的理想弹道，在遭遇点的前置角与以前置角发射的直线弹道相同，即

$$\varphi_{t0} = \frac{\sin(\varphi_{tf} - \varepsilon_0)}{N} = \frac{\sin(q_{tf})}{N} \tag{5-23}$$

说明比例导航弹道逐渐趋向于直线弹道 $N\varphi_{t0} = \sin(\varphi_{tf} - \varepsilon_0)$，最后在命中点与之相切，与常前置角弹道趋向于直线弹道有类似之处，但此时在前半球的直线弹道是稳定的。

如果 N 为不大于 2 的整数，比例导航法运动方程即使是在匀速运动假设下，也不能积分成解析形式，必须用数值积分法来计算。影响弹道特性的因素是非常多的，用以表示弹道特性的参数也是非常多的，可是对弹道起决定作用的是弹道法向加速度，为了进一步研究弹道的稳定性，可以通过研究弹道法向加速度来了解弹道特性。为了使问题简化，可以研究匀速运动 V_M，V_T 均为常数，$\theta_{T0} = 0$ 的情况。因为

$$n_y = V_M \frac{\mathrm{d}\theta_M}{\mathrm{d}t} = NV_M \frac{\mathrm{d}q}{\mathrm{d}t} = NV_M \frac{V_T\sin(q) - V_M\sin(\varphi_M)}{R} \tag{5-24}$$

令弹目速度比为 $K = \dfrac{V_M}{V_T}$，则

$$n_z = \frac{NV_M V_T}{R}[\sin(q) - K\sin(\varphi_M)] \tag{5-25}$$

又因为 $\dot{\varphi}_M = (1-N)q$，所以

$$\varphi_M = (N-1)(q - q_0) + \varphi_{M0} \tag{5-26}$$

将式(5-26)代入式(5-25)，得到

$$n_z = \frac{NV_M V_T}{R}\{\sin(q) - K\sin[\varphi_{M0} + (N-1)(q - q_0)]\} \tag{5-27}$$

要使比例导航弹道成为直线弹道，必须使 $n_z = 0$，所以

$$\sin(q) = K\sin[\varphi_{M0} + (N-1)(q - q_0)] \tag{5-28}$$

可利用作图法求出式(5-28)的解。当 $(N-1) = 3$ 时，用作图法求解，如图 5-12 所示。在 $0 \leqslant q \leqslant 2\pi$ 范围内，解的个数与 $(N-1)$ 有关，解的值与起始条件有关，且解的个数等于 $2(N-1)$。

方程(5-28)的每个解对应于一条直线弹道，此直线是以 $\varphi_{M0} + (N-1)q_0$ 为前置角，以方程(5-28)的解作为 q 的起始条件进行发射的一条直线弹道，因而目标周围的直线弹道数目和方程(5-28)在 $0 \leqslant q \leqslant 2\pi$ 范围内解的个数相等。由于

$$\frac{\mathrm{d}q}{\mathrm{d}t} = \frac{V_T\sin(q) - V_M\sin[\varphi_{M0} + (N-1)(q - q_0)]}{R} \tag{5-29}$$

由图 5-12 上可以看出，交点 1，3，5 在运动中干扰出现 Δq 时，q 增大，$K\sin\varphi_M$ 增大，q 减小，Δq 与 q 同号，故 1，3，5 交点所决定的直线弹道是不稳定的，但 2，4，6 交点所决定的直线弹道是稳定的。在比例导引法制导中的直线弹道是稳定与不稳定相间的。当

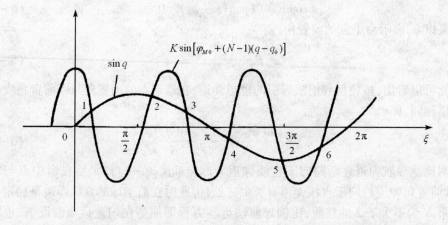

图 5-12　作图解方程 $K\sin[\varphi_{M0}+(N-1)(q-q_0)]$

$(N-1)=3$ 时对应的相对弹道如图 5-13 所示,图中稳定的直线弹道以实线表示,不稳定的直线弹道以虚线表示,在两不稳定弹道之间的一切弹道,命中瞬间都趋近于其间的稳定直线弹道。$(N-1)$ 愈大,则两条不稳定直线弹道之间的夹角范围愈小,一切可能弹道愈接近于直线,在特殊情况下,$N\to\infty$,则在目标周围整个空间均为直线制导武器弹道,这就是平行接近法的情况。

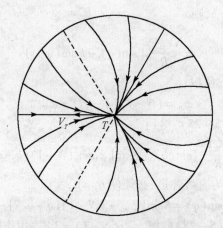

图 5-13　$(N-1)=3$ 时的相对弹道

如图 5-14 所示,给出允许法向加速度 n_z^c,由式(5-27)可得

$$R=\frac{NV_TV_M}{n_z^c}\sin(q)-K\frac{NV_TV_M}{n_z^c}\sin[\varphi_{M0}+(N-1)(q-q_0)]$$

可利用作图法做出在 (R,q) 极坐标系中的等法向加速度曲线。设 $N=4$、$K=1.5$、$\varphi_0+(N+1)q_0$、$\theta_T=15°$ 为常数,则其等法向加速度曲线如图 5-14 所示,此情况利于右前方和左后方攻击,不利于左侧前方和右侧后方攻击。如果根据 n_z^c 求出临界弹道,可找出其可能的攻击范围。按比例导引法制导时,通常总将起始条件选择得近似于稳定直线弹道所要求的起始条件,因而不会进入法向加速度禁区。应指出,导航比的可能攻击范围与导航参数有关,可以利用适当选择导航比的方法,在任意方向攻击目标,而不受前半球或

150

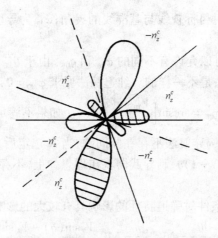

图 5 - 14　$N = 4$ 时的等法向加速度曲线

后半球的限制,这是比例导引法的最大优点。

为了进一步了解比例导引法弹道特性,要研究法向加速度的变化。由于

$$\frac{\mathrm{d}n_z}{\mathrm{d}t} = NV_M \frac{\mathrm{d}^2 q}{\mathrm{d}t^2}$$

$$= NV_T V_M \frac{\left(\cos q \dfrac{\mathrm{d}q}{\mathrm{d}t} - K\cos\varphi_M \dfrac{\mathrm{d}\varphi_M}{\mathrm{d}t} \right) R - (\sin q - K\sin\varphi_M) (-\cos q - K\sin\varphi_M) V_M}{R^2}$$

$$(5 - 30)$$

将 $\dot{\varphi}_M = (1 - N)\dot{q}$ 代入式(5 - 30)中得

$$\frac{\mathrm{d}n_z}{\mathrm{d}t} = NV_T V_M \left[\frac{2\cos q - (N - 2)K\cos\varphi_M}{R} \right] \frac{\mathrm{d}q}{\mathrm{d}t}$$

$$= \frac{V_M [2\cos q - (N - 2)K\cos\varphi_M]}{R} n_z \qquad (5 - 31)$$

$\dfrac{\mathrm{d}n_z}{\mathrm{d}t}$ 与 n_z(或 $\dot{q}$ 与 $\ddot{q}$)的符号关系取决于 $[2\cos q - (N - 2)K\cos\varphi_M]$ 的符号,即取决于

$$\mathrm{sign}\left[N - 2\left(1 + \frac{\cos q}{K\cos\varphi_M} \right) \right] \qquad (5 - 32)$$

显然,欲使弹道在命中点趋于直线,必须在命中点满足

$$N > 2\left(1 + \frac{\cos q}{K\cos\varphi_M} \right) = N_K \qquad (5 - 33)$$

反之,如果 $N < N_K$,则 $n_z \to \infty$。

这也是比例导引在终点通常会出现需用法向过载发散的主要原因之一。终点需用法向过载发散是比例导引的缺点之一,但由上面的分析可知,弹道在整个空间内是稳定的,所以这不影响比例导引的制导精度。

(2)初始条件对弹道特性的影响

比例导引法的定义只反映了两个角度之间的关系,将式 $\dot{\varphi}_M = (1 - N)\dot{q}$ 两边积分可得

$$\varphi_M = (N - 1)(q - q_0) + \varphi_{M0} \qquad (5 - 34)$$

151

式中，q_0 为导引开始时目标视线与基准线的夹角；φ_{M0} 为导引开始时制导武器速度矢量与基准线的夹角。

在选定导航参数后，可以允许有不同的 φ_{M0} 和 q_0。由于 θ_{M0} 和 q_0 不同，飞行弹道也不相同，这一点与其他导引法是不一样的。纯追踪法要求 $\varphi_{M0}=0$，常前置角追踪法要求 φ_{M0} = 常数，平行接近法要求 $\varphi_{M0}=\arcsin\left[\dfrac{V_{T0}\sin(\varphi_{T0})}{V_{M0}}\right]$。如果不满足这些关系，制导武器就对理想弹道产生偏差。而比例导航法不存在此问题，当 N 选定后，以任意 φ_{M0} 和 q_0 发射，只要在起始瞬间保证 $\dot\varphi_M=(N-1)\dot q$，制导武器就在理想弹上，不存在起始角度偏差，这是比例导航法的优点。

但当 N 选定后，起始条件对弹道特性的影响具有较大的影响。由于

$$n_z=V_M\frac{\mathrm{d}\theta_M}{\mathrm{d}t}=NV_M\frac{\mathrm{d}q}{\mathrm{d}t}=NV_M\frac{V_T\sin(q)-V_M\sin(\varphi_M)}{R} \tag{5-35}$$

由制导武器与目标之间的相对运动方程(5-19)可知

$$\frac{\mathrm{d}R}{\mathrm{d}q}=-\frac{\cos(q)+K\cos(\varphi_M)}{\sin(q)-K\sin(\varphi_M)}R \tag{5-36}$$

整理得

$$\frac{\mathrm{d}R}{R}=-\frac{\cos(q)+K\cos(\varphi_M)}{\sin(q)-K\sin(\varphi_M)}\mathrm{d}q$$

$$=-\frac{\cos(q)-(N-1)K\cos(\varphi_M)}{\sin(q)-K\sin(\varphi_M)}\mathrm{d}q-\frac{NK\cos(\varphi_M)}{\sin(q)-K\sin(\varphi_M)}\mathrm{d}q \tag{5-37}$$

积分得

$$R=R_0\left[\frac{\sin(q_0)-K\sin(\varphi_{M0})}{\sin(q)-K\sin(\varphi_M)}\right]\mathrm{e}^{-\int_{q_0}^{q}\frac{NK\cos\varphi_M}{\sin q-K\cos\varphi_M}} \tag{5-38}$$

代入式(5-35)得

$$n_z=\frac{NV_TV_M[\sin(q_0)-K\sin(\varphi_{M0})]^2}{R_0[\sin(q_0)-K\sin(\varphi_{M0})]}\mathrm{e}^{-\int_{q_0}^{q}\frac{NK\cos\varphi_M}{\sin q-K\cos\varphi_M}} \tag{5-39}$$

法向加速度 n_z 的符号取决于 $\sin(q_0)-K\sin(\varphi_{M0})$，而在整个弹道上不变号，即 q 在整个弹道上不变号。此点实际上是很容易说明的，因为任一比例导航弹道都向直线弹道接近，如果在某一瞬间 q 变号，势必在此之前经过 $q=0$ 点，则 $\sin(q_0)=K\sin(\varphi_{M0})$，此时制导武器已进入直线弹道，不可能再转入反号的 q 上去。

由于 n_z 在整个弹道上不变号，故弹道的形状(取决于 n_z 的符号)取决于在起始发射瞬间 φ_{M0} 与 q_0 之值。比例导航弹道可分为三种情况，如图5-15所示。

$$n_z=NV_M\frac{\mathrm{d}q}{\mathrm{d}t}\begin{cases}>0 & \text{此时 }\varphi_{M0}<\arcsin\left(\dfrac{V_T}{V_M}\sin q_0\right)=\overline{\varphi_M} & \text{弹道为凹形}\\ =0 & \text{此时 }\varphi_{M0}=\overline{\varphi_M} & \text{弹道为直线}\\ <0 & \text{此时 }\varphi_{M0}>\overline{\varphi_M} & \text{弹道为凸形}\end{cases} \tag{5-40}$$

由此知，起始条件 φ_{M0} 确定了弹道形状。如果令

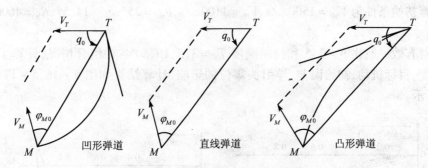

图 5 – 15 三种情况的弹道示意图

$$N_0 = 2\left(1 + \frac{\cos q}{K\cos\varphi_M}\right) \tag{5-41}$$

则在起始瞬间导航参数 N 与 N_0 有如下三种关系：

①$N < N_0$，$\dot{q}_0$ 与 $\ddot{q}_0$ 同号，$|\dot{q}_0| \uparrow$ 即 $|n_{z0}| \uparrow$；

②$N < N_0$，$\dot{q}_0$ 与 $\ddot{q}_0$ 同号，$|\dot{q}_0| \downarrow$ 即 $|n_{z0}| \downarrow$；

③$N < N_0$，$\dot{q}_0$ 与 $\ddot{q}_0$ 同号，即此瞬间 n_z 不变。

3. 有效导航比和控制刚度对比例导引弹道的影响

上一节较详细地分析了比例导引弹道的视线角速度和需用过载的变化规律，认为制导武器系统动力学是无惯性的，即控制方程 $\dot{\theta}_M = N\dot{q}$。实际上，制导武器系统动力学总是有惯性的，因此，从视线角速度 $\dot{q}$ 到弹体速度矢量角速度 $\dot{\theta}_M$ 总是滞后的。如果假定制导武器系统动力学的等效时间常数为 T，则控制方程应改写为

$$\dot{\theta}_M = \frac{1}{TP+1}N\dot{q} \tag{5-42}$$

记 $T_N = \dfrac{T_0}{T}$，称 T_N 为控制刚度。显而易见，控制刚度是寻的制导的总时间 T_0 与制导武器系统动力学的等效时间常数 T 之比。因此，对于同样的等效时间常数，控制刚度大，则意味着总的制导时间长；控制刚度小，则意味着总的制导时间短。为了说明有效导航比和控制刚度对比例导引弹道需用过载的影响，进行了下面的简单计算，计算方程为

$$\begin{cases} \dot{R} = V_T\cos(\theta_T - q) - V_M\cos(\theta_M - q) \\ R\dot{q} = V_T\sin(\theta_T - q) - V_M\sin(\theta_M - q) \end{cases} \tag{5-43}$$

$$\begin{cases} \dot{\theta}_M = \dfrac{1}{TP+1}N\dot{q} \\[2mm] T_N = \dfrac{T_0}{T} \\[2mm] n_z = \dfrac{V_M\dot{\theta}_M\pi}{180 \cdot g} \\[2mm] T_0 = \dfrac{-R_0}{\dot{R}_0} \\[2mm] \dot{\theta}_T = -\dfrac{180 \cdot n_{zT}g}{V_T\pi} \end{cases} \tag{5-44}$$

计算初始条件为 $V_{M0} = 1500\text{m/s}$，$V_{T0} = 1100\text{m/s}$，$\theta_{M0} = 25°$，$q_0 = 14.5°$，$R_0 = 46000\text{m}$，$\theta_{T0} = 180°$。

针对有效导航比 $N = 3,5$ 和控制刚度 $T_N = 3,5,10,50$ 各种组合情况，计算了制导武器加速度、目标机动、初始误差、导引头零位的影响，计算结果如图 5-16、5-17、5-18、5-19 所示。

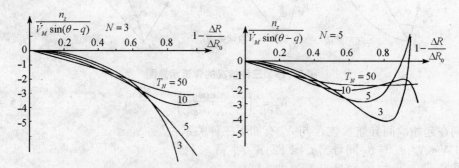

图 5-16　在制导武器加速度情况下，有效导航比和控制刚度对需用过载的影响

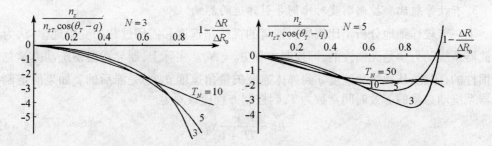

图 5-17　在目标机动情况下，有效导航比和控制刚度对需用过载的影响

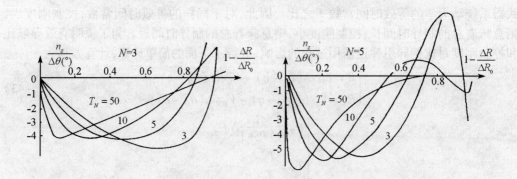

图 5-18　在导引头存在零位情况下，有效导航比和控制刚度对需用过载的影响

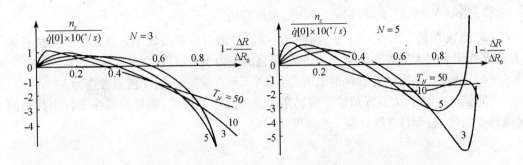

图 5 - 19 在存初始误差情况下,有效导航比和控制刚度对需用过载的影响

从上述这些曲线可以明显地看出,有效导航比和控制刚度对弹道需用过载的影响是很大的,因此,一般情况下,选取有效导航比在 3 ~ 6 之间,控制刚度在 10 以上。

4. 比例导引弹道的特点

在匀速运动情况下,按照比例导引飞行时,理想运动弹道有以下特性:

(1)它是变前置量追踪法,由于前置角的变化补偿了常前置量追踪法的缺点,只要正确地选择导航参数,可以从任何方向向目标攻击。

(2)在目标周围有很多直线弹道,其个数取决于导航参数,当 $(N-1)$ 为整数或整数又 $\frac{1}{2}$ 的形式时,直线弹道的个数为 $2(N-1)$,当 $(N-1)$ 为任意分数时,直线弹道等于 $2\overline{(N-1)}$ 或 $2\underline{(N-1)}$。究竟取哪一个整数值,取决于起始条件。这些直线弹道是稳定与不稳定相间的,在两个不稳定弹道之间的一切弹道,在命中瞬间都趋向于其间的稳定直线弹道。

(3)为了保证在命中目标瞬间弹道法向加速度不趋于无穷大,必须使导航参数 $N \geqslant 2\left(1+\frac{\cos q}{K\cos\varphi_M}\right)$;为了保证沿理想弹道所需舵偏角不趋于无穷大,必须使导航参数 $N \geqslant 4\left(1+\frac{\cos q}{K\cos\varphi_M}\right)$。如果给定导航参数 N,则由此可确定出速度比 K 的范围,此范围与起始条件有关。

(4)起始条件对弹道形状的影响很大,特别是按起始前置角 φ_{M0} 与 φ_M 的不同关系,可把所有弹道分成 7 类。这是由比例导航的特性决定的,因为比例导航法不要求起始角度,只要求起始角速度,在满足起始角速度条件下,任一起始角均能确定一条理想弹道,这是其他导引法所没有的特性。

(5)从理想弹道法向加速度观点来看,导航参数 N 不宜选得过大。必须对比例导引的导航参数 N 进行优化设计。在选择导航参数时,要综合考虑法向加速度、目标机动以及技术条件可实现性等,N 通常选择在 3 ~ 6 之间。

5. 比例导引与各种制导规律间的关系

根据式(5-18)可知,可由比例导引演变出各种导引方法,如比例导引法、追踪法、平行接近法及前置角法的综合描述。

(1)当取 $N=1$,如 $\dot{\varphi}_M=0$ 且归为常值时,其导引法被称之为常前置角法。

（2）当取 $N=1$，且 φ_M 的初值为零时，是追踪法。

（3）当取 N 趋于无穷大时，$\dot{\varphi}_M$ 将趋于 $-\dot{\theta}_M$，故而目标视线转率 $\dot{q}$ 将趋于零。这意味着在 N 趋于无穷大的极限情况下，比例导引将演变为平行接近法。

（4）一般地，比例导引中 N 的取值为 $0<N<\infty$。根据经验，N 值通常选为 $3\sim6$。

（5）当 $N=0$ 时，为前置角法。前置角法是追踪法的推广，制导武器在飞行中其轴向（或速度向量）与弹目连线具有一个角度。

5.3　现代制导规律

随着现代控制理论的不断进步和对未来制导武器发展趋势的预测，现代制导方法与导引律在近 40 年来受到了普遍重视。其主要原因是当今制导武器制导中最常用的纯比例导引在对付高机动目标时已显得无能为力，现代制导武器的发展给导引律提出了更高要求。

建立在现代控制理论和对策论基础之上的制导规律，通常称为现代制导规律，20 世纪 70 年代以来，普遍采用线性化模型来推导导引律，出现的现代导引律有线性二次型最优制导规律、自适应制导规律、微分对策制导规律等。后来，对非线性模型下的制导问题更为重视，由此而产生了奇异摄动制导、预测制导、弹道形成制导和极大极小制导等形式的最优制导规律。最优制导规律的优点是它可以考虑弹目动力学问题，并可考虑起始或终点约束条件等，根据给出的性能泛函寻求最优导引律。现代制导规律考虑的性能指标主要是制导武器的横向过载、终端脱靶量、能量控制、飞行时间、弹目交会角等。

从设计原理讲，现代导引律可归为两类：一类是基于单边的最优控制理论的最优控制导引律；另一类是基于双边的最优控制理论的微分对策导引律。最优控制导引律又可分为线性最优控制导引律和非线性最优控制导引律。下面分别讨论几种现代导引律。

5.3.1　最优制导律

1. 制导问题假设

为了简化制导问题研究的需要，给定如下假设：

（1）将制导武器和目标看成质点，将制导武器和目标的运动看成是质点运动。

（2）制导武器速度 V_M 和目标速度 V_T 均为常数，且制导武器速度大于目标速度（$V_T<V_M$）。

（3）制导武器姿态控制回路、寻的导引头伺服机构的响应速度和制导控制解算速度足够快，与制导回路相比时延可以忽略。

（4）目标的机动加速度 a_T 可视为有界扰动量，而且可估计所需的加速度，即 $|a_T|<a_{max}$。

（5）制导武器和目标的加速度矢量分别与它们的速度矢量垂直，即制导武器和目标上所施加的加速度矢量仅改变速度的方向，不改变它们的大小。

2. 制导问题描述

为了研究寻的制导武器的制导律,首先要导出制导武器和目标的运动方程,为了更方便地研究问题,通常建立制导武器和目标相对运动的二维模型,并将其结果推广到三维空间。

相应的制导是理想的,此时制导武器的弹道特征能近似确定。建立一个平面拦截问题极坐标系,这也是研究拦截问题最常用的形式。制导武器—目标相对运动的几何关系如图 5 - 20 所示。

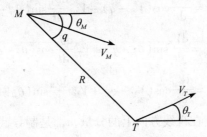

图 5 - 20　制导武器—目标相对运动的几何关系

由图 5 - 20 中的几何关系可以得到制导武器—目标的运动学关系为:

$$\frac{\mathrm{d}R}{\mathrm{d}t} = V_T\cos(\theta_T - q) - V_M\cos(\theta_M - q) \tag{5-45}$$

$$R\frac{\mathrm{d}q}{\mathrm{d}t} = V_T\sin(\theta_T - q) - V_M\sin(\theta_M - q) \tag{5-46}$$

式中, $\frac{\mathrm{d}R}{\mathrm{d}t}$ 代表制导武器—目标的相对速度, $\frac{\mathrm{d}q}{\mathrm{d}t}$ 为视线角速率。

令

$$v_R = \frac{\mathrm{d}R}{\mathrm{d}t} \tag{5-47}$$

$$v_q = R\frac{\mathrm{d}q}{\mathrm{d}t} \tag{5-48}$$

v_R 是制导武器—目标的相对速度在视线方向上的分量, v_q 是制导武器—目标的相对速度在视线法向方向上的分量。把式(5 - 47)和(5 - 48)分别代入式(5 - 45)和(5 - 46)中,并对其求导得:

$$\frac{\mathrm{d}v_R}{\mathrm{d}t} = -\frac{\mathrm{d}q}{\mathrm{d}t}\left[-V_T\sin(\theta_T - q) + V_M\sin(\theta_M - q)\right]$$
$$+ \left[\frac{\mathrm{d}V_T}{\mathrm{d}t}\cos(\theta_T - q) - V_T\frac{\mathrm{d}\theta_T}{\mathrm{d}t}\sin(\theta_T - q)\right]$$
$$- \left[\frac{\mathrm{d}V_M}{\mathrm{d}t}\cos(V_M - q) - V_M\frac{\mathrm{d}\theta_M}{\mathrm{d}t}\sin(\theta_M - q)\right] \tag{5-49}$$

$$\frac{\mathrm{d}v_q}{\mathrm{d}t} = -\frac{\mathrm{d}q}{\mathrm{d}t}\left[V_T\cos(\theta_T - q) - V_M\cos(\theta_M - q)\right]$$

$$+ \left[\frac{\mathrm{d}V_T}{\mathrm{d}t}\sin(\theta_T - q) + V_T \frac{\mathrm{d}\theta_T}{\mathrm{d}t}\cos(\theta_T - q) \right]$$

$$- \left[\frac{\mathrm{d}V_M}{\mathrm{d}t}\sin(V_M - q) + V_M \frac{\mathrm{d}\theta_M}{\mathrm{d}t}\cos(\theta_M - q) \right] \tag{5-50}$$

令

$$a_{TR} = \frac{\mathrm{d}V_T}{\mathrm{d}t}\cos(\theta_T - q) - V_T \frac{\mathrm{d}\theta_T}{\mathrm{d}t}\sin(\theta_T - q) \tag{5-51}$$

$$a_{MR} = \frac{\mathrm{d}V_M}{\mathrm{d}t}\cos(V_M - q) - V_M \frac{\mathrm{d}\theta_M}{\mathrm{d}t}\sin(\theta_M - q) \tag{5-52}$$

$$a_{Tq} = \frac{\mathrm{d}V_T}{\mathrm{d}t}\sin(\theta_T - q) + V_T \frac{\mathrm{d}\theta_T}{\mathrm{d}t}\cos(\theta_T - q) \tag{5-53}$$

$$a_{Mq} = \frac{\mathrm{d}V_M}{\mathrm{d}t}\cos(V_M - q) + V_M \frac{\mathrm{d}\theta_M}{\mathrm{d}t}\sin(\theta_M - q) \tag{5-54}$$

其中,a_{TR}是目标加速度在视线方向上的分量,a_{MR}是制导武器加速度在视线方向上的分量,a_{Tq}是目标加速度在视线法向方向上的分量,a_{Mq}是制导武器加速度在视线法向方向上的分量。将式(5-45)、(5-46)和(5-51)～(5-54)代入式(5-49)和(5-50)中,得

$$\frac{\mathrm{d}v_R}{\mathrm{d}t} = \frac{v_q^2}{R} + a_{TR} - a_{MR} \tag{5-55}$$

$$\frac{\mathrm{d}v_q}{\mathrm{d}t} = -\frac{v_q v_R}{R} + a_{Tq} - a_{Mq} \tag{5-56}$$

将式(5-47)和(5-48)代入式(5-56)中,得平面内基于视线角速率的相对运动方程

$$\frac{\mathrm{d}^2 q}{\mathrm{d}t^2} = -\frac{2\dfrac{\mathrm{d}R}{\mathrm{d}t}}{R}\frac{\mathrm{d}q}{\mathrm{d}t} + \frac{1}{R}a_{Tq} - \frac{1}{R}a_{Mq} \tag{5-57}$$

3. 最优制导律

在研究制导律时,一般假定 $\dfrac{\ddot{R}}{\dot{R}} \approx 0$,且定义 $T_g = \dfrac{-R}{\dot{R}}$,表征制导武器飞行的剩余时间。

引入状态变量 $x = \dfrac{\mathrm{d}q}{\mathrm{d}t}$,用状态方程重构运动方程(5-57),得

$$\dot{x} = Ax + Bu - Dw \tag{5-58}$$

其中,$u = -\dfrac{a_{MR}}{\dot{R}}$为控制输入量,$w = -\dfrac{a_{TR}}{\dot{R}}$为扰动输入量。为了在制导的末段实现精确制导,要求视线角速率等于零,则

$$x(t_f) = 0 \tag{5-59}$$

记 $A = \dfrac{2}{T_g}, B = -\dfrac{1}{T_g}, D = \dfrac{1}{T_g}$。

状态方程(5-58)可改写为

$$\begin{cases} \dot{x} = Ax + Bu - Dw \\ x(t_f) = 0 \end{cases} \qquad (5-60)$$

不考虑扰动时,状态方程(5-60)可改写为

$$\begin{cases} \dot{X} = AX + Bu \\ X(t_f) = 0 \end{cases} \qquad (5-61)$$

根据最优控制理论,取如制导精度和能量损失最小作为最优性能指标

$$J = X(t_f)^{\mathrm{T}} FX(t_f) + \frac{1}{2} \int_0^{t_f} ru^2 \mathrm{d}t \qquad (5-62)$$

因为要终端时刻 $X(t_f) = 0$,故 $F \to \infty$。

根据极大值原理,线性系统二次型性能指标的最优控制为

$$u^* = -r^{-1} B^{\mathrm{T}} PX \qquad (5-63)$$

取 $r = 1$ 得

$$u^* = -B^{\mathrm{T}} PX \qquad (5-64)$$

式中 P 满足 Riccati 方程,由逆 Riccati 方程得

$$\begin{cases} \dot{P}^{-1} - AP^{-1} - P^{-1}A + BB = 0 \\ P^{-1}(t_f) = F^{-1} = 0 \end{cases} \qquad (5-65)$$

因为 t_f 为 $R = R_f$ 时的时间,而 R_f 为给定的终端值 R,而 T_g 不能为零,所以 t_f 不能取零,因此 R_f 不能取零。

$$T_g = -\frac{R}{\dot{R}} = -\frac{R - R_f + R_f}{\dot{R}} = t_f - t + \Delta t_f = T_{gf} + \Delta t_f \qquad (5-66)$$

$$\mathrm{d}T_g = -\mathrm{d}t \qquad (5-67)$$

其中 $T_{gf} = -\dfrac{R - R_f}{\dot{R}}, \Delta t_f = -\dfrac{R_f}{\dot{R}}$。

将 A, B 代入式(5-65)得

$$\dot{P}^{-1} = \frac{4}{T_g} P^{-1} - \frac{1}{T_g^2} \qquad (5-68)$$

积分得

$$P^{-1} = \mathrm{e}^{4 \int \frac{\mathrm{d}t}{T_g}} \left(\int -\frac{1}{T_g^2} \mathrm{e}^{-4 \int \frac{\mathrm{d}t}{T_g}} \mathrm{d}t + c \right) \qquad (5-69)$$

当 $P^{-1}(t_f) = 0$ 时,$c = -\dfrac{1}{3} \Delta t_f$,所以

$$P^{-1} = \frac{1}{3T_g} - \frac{\Delta t_f^3}{3T_g^4} \qquad (5-70)$$

当 $T_{gf} \neq 0$ 且 Δt_f 为小量时,有

$$P = (P^{-1})^{-1} = \frac{3T_g}{\left(1 - \dfrac{\Delta t_f^3}{T_g^3} \right)} \approx 3T_g \qquad (5-71)$$

将式(5-71)代入式(5-64)得最优制导律

$$u^* = -B^{\mathrm{T}}PX = 3q \qquad (5-72)$$

最优制导律在一定程度上相当于比例系数为 3 的比例导引。

5.3.2 带落角约束的最优三维制导律

很多制导武器在命中目标时,不仅希望得到最小的脱靶量,还希望命中目标时姿态最佳,使得战斗部发挥最大效能,取得最佳毁伤效果。落角控制被广泛应用于各种空地制导武器中,国内外对制导武器落角限制条件下的制导律研究都给予了极度的关切。

目前,国外在武器型号上实现落角约束制导的主要有三类:一是适于机载布撒器等子母炸弹武器系统,在飞抵目标上空一定高度(即"抛撒点")时,以小角度(通常小于 30°)或水平抛撒,以利于子弹药的抛撒和确保子弹药散布合理。二是装备侵彻战斗部的钻地弹、反坦克弹,要求在碰撞目标时,以大落角(通常大于 70°)接触目标,以发挥其侵彻战斗部的威力,提高毁伤目标的效果。三是电磁制导炸弹,要求在垂直方向上解决高精度定位定向定高等问题,落角约束通常为 90°。在落角约束控制方面,以大落角约束条件下的精确制导具有典型的代表意义。

对于空地导弹而言,地面目标的运动速度远远小于导弹速度。因此,可以把目标假设为静止不动,在此基础上得到带落角约束的最优制导律,然后推广到运动目标上去。

1. 弹目相对运动方程

在弹目相对运动建模过程中,为了简化建模问题,以飞行器三自由度模型为基础,以飞行器和目标质心为基准,将飞行器运动分解成俯冲平面和转弯平面,如图 5 – 21 所示。在该坐标系下,飞行器的运动可坐标解耦成俯冲平面的运动与转弯平面的运动。

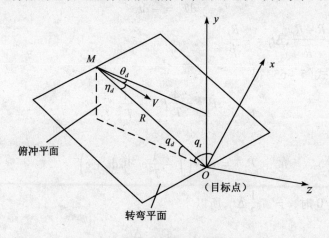

图 5 – 21 俯冲平面和转弯平面示意图

首先建立飞行器在俯冲平面内的运动方程,在图 5 – 21 中,V 为速度矢量,θ_d 为速度在俯冲平面内的方向角,q_d 为视线角,η_d 为速度与视线间的夹角,R 为视线距离。

设 V 在俯冲平面内,$\theta_d < 0$,则

$$\eta_d = \theta_d + q_d \qquad (5-73)$$

由图 5 – 21 所建立的弹目关系图可得:

$$\begin{cases} \dot{R} = -V\cos\eta_d \\ R\dot{q}_d = V\sin\eta_d \end{cases} \tag{5-74}$$

由式(5-74)中第二式,两边对时间求导,并将式(5-73)、(5-74)代入,即可得俯冲平面内的相对运动方程

$$\ddot{q}_d = \left(\frac{\dot{V}}{V} - \frac{2\dot{R}}{R}\right)\dot{q}_d - \frac{\dot{R}}{R}\dot{\theta}_d \tag{5-75}$$

由于在实际飞行过程中,为便于求解可令 $\frac{\dot{V}}{V} \approx 0$,定义 $T_g = \frac{-R}{\dot{R}}(R>0)$,则式(5-75)可改写成为:

$$\begin{cases} \dot{X}_d = A_d X_d + B_d u_d \\ Y_d = C_d X_d \end{cases} \tag{5-76}$$

式中 $X_d = \begin{bmatrix} x_{d1} \\ x_{d2} \end{bmatrix} = \begin{bmatrix} q_d \\ \dot{q}_d \end{bmatrix}, A_d = \begin{bmatrix} 0 & 1 \\ 0 & 2/T_g \end{bmatrix}, B_d = \begin{bmatrix} 0 \\ 1/T_g \end{bmatrix}, u_d = \dot{\theta}_d, C_d = [0 \quad 1]$。

同理,令

$$\eta_t = q_t - \theta_t \tag{5-77}$$

式中, θ_t 为速度在转弯平面内的方向角, q_t 为视线角, η_t 为速度矢量在转弯平面内与俯冲平面的夹角,同理可得

$$\begin{cases} \dot{R} = -V\cos\eta_t \\ R\dot{q}_t = V\sin\eta_t \end{cases} \tag{5-78}$$

运用与俯冲平面相同的推导方式,可得转弯平面内的运动方程:

$$\dot{X}_t = A_t X_t + B_t u_t \tag{5-79}$$

式中 $X_t = \begin{bmatrix} x_{1t} \\ x_{2t} \end{bmatrix} = \begin{bmatrix} q_t \\ \dot{q}_t \end{bmatrix}, A_T = \begin{bmatrix} 0 & 1 \\ 0 & 2/T_g \end{bmatrix}, B_T = \begin{bmatrix} 0 \\ -1/T_g \end{bmatrix}, u_t = \dot{\theta}_t$。

综上所述,对地攻击末端相对运动方程可表示为:

$$\begin{cases} \dot{X}_d = A_d X_d + B_d u_d \\ \dot{X}_t = A_t X_t + B_t u_t \end{cases} \tag{5-80}$$

2. 俯冲平面内带落角约束的最优制导律

在上面所建坐标系下,将末端制导律的设计分别在俯冲平面与转弯平面单独进行。在俯冲平面内受到末端落角的约束限制。

考虑到落角条件的影响,结合比例导引的通常要求,弹道终端约束条件要求视线角与预定的速度倾角 θ_{df} 相等,且视线角速度等于零,即俯冲平面内的运动式(5-76)的终端条件须满足等式

$$\begin{cases} q_d(t_f) = -\theta_{df} \\ \dot{q}_d(t_f) = 0 \end{cases} \tag{5-81}$$

将式(5-76)中的状态方程变量 x_{d1} 改写为 $x_{d1} = q_d + \theta_{df}$,原方程变为

$$\begin{cases} \dot{X}_d = A_d X_d + B_d u_d \\ Y_d = C_d X_d \end{cases} \tag{5-82}$$

式中，$X_d = \begin{bmatrix} x_{d1} \\ x_{d2} \end{bmatrix} = \begin{bmatrix} q_d + \theta_{df} \\ \dot{q}_d \end{bmatrix}$，$A_d = \begin{bmatrix} 0 & 1 \\ 0 & 2/T_g \end{bmatrix}$，$B_d = \begin{bmatrix} 0 \\ 1/T_g \end{bmatrix}$，$u_d = \dot{\theta}_d$，$C_d = \begin{bmatrix} 0 & 1 \end{bmatrix}$，终端条件变为 $X_{df} = \begin{bmatrix} 0 & 0 \end{bmatrix}^T$，为了在终端取得良好的效能，我们选取末端误差量和能量损失最小函数作为最优性能指标

$$J = X^T(t_f) F X(t_f) + \frac{1}{2} \int_0^{t_f} u^2(\tau) \mathrm{d}\tau \tag{5-83}$$

其中 $X^T(t_f) F X(t_f)$ 为补偿函数，F 为非负定对称矩阵，由于要求终端时刻 $X(t_f) = 0$，故 $F \to \infty$。

这是个典型二次型最优问题，可以用一个 Riccati 方程表示。由极大值原理，在俯冲平面最优制导律为

$$u^* = -r^{-1} B^T P X \tag{5-84}$$

取性能指标 $r = 1$ 得

$$u^* = -B^T P X \tag{5-85}$$

式中 P 满足 Riccati 方程，由逆 Riccati 方程得

$$\begin{cases} \dot{P}^{-1} - A P^{-1} - P^{-1} A^T + B B^T = 0 \\ P^{-1}(t_f) = F^{-1} = 0 \end{cases} \tag{5-86}$$

令 $E = P^{-1}$，上式可改写为

$$\begin{cases} \dot{E} - AE - EA^T + BB^T = 0 \\ E(t_f) = 0 \end{cases} \tag{5-87}$$

将 (5-87) 式展开求解得

$$E = \begin{bmatrix} \dfrac{T_g}{3} - \dfrac{\Delta t_f^3}{3T_g^2} + \dfrac{\Delta t_f^2}{T_g} - \Delta t_f & -\dfrac{1}{6} - \dfrac{\Delta t_f^3}{3T_g^3} + \dfrac{\Delta t_f^2}{2T_g^2} \\ -\dfrac{1}{6} - \dfrac{\Delta t_f^3}{3T_g^2} + \dfrac{\Delta t_f^2}{2T_g^3} & \dfrac{1}{3T_g} - \dfrac{\Delta t_f^2}{3T_g^4} \end{bmatrix} \tag{5-88}$$

式中 $\Delta t_f = \dfrac{R_f}{\dot{R}}$，$R_f$ 为给定的终端值，当 $t \to t_f$ 时 $R \to R_f$，在制导过程的绝大部分时间内 $R \gg R_f$，一般制导武器纵向速度 $\dot{R} \gg \dot{R}_f$，Δt_f 可以视为小量。当 Δt_f 为小量时，式 (5-88) 可化简为

$$E = \begin{bmatrix} \dfrac{T_g}{3} & -\dfrac{1}{6} \\ -\dfrac{1}{6} & \dfrac{1}{3T_g} \end{bmatrix} \tag{5-89}$$

对上式求逆

$$P = E^{-1} = \begin{bmatrix} \dfrac{4}{T_g} & 2 \\ 2 & 4T_g \end{bmatrix} \tag{5-90}$$

将式(5-90)代入式(5-85),得最优制导律

$$u_{dc}^* = -B^{\mathrm{T}}PX_d = -4x_{d2} - \frac{2}{T_g}x_{d1} \tag{5-91}$$

或

$$u_{dc}^* = -4\dot{q}_d - 2\frac{q_d + \theta_{df}}{T_g} \tag{5-92}$$

3. 转弯平面内带落角约束的最优制导律

采用与俯冲平面相似的推导方式,结合 5.3.1 节的最优制导律的推导,可得转弯平面的最优制导律

$$u_{tc}^* = 3\dot{q}_t \tag{5-93}$$

必须注意的是,由于对坐标原点定义不同,此处的 $T_g = -\dfrac{R}{\dot{R}}$,但最终结果相同。

4. 带落角约束的最优三维制导律

由式(5-92)、(5-93)带落角约束的最优制导律可以可表示为

$$U(t) = \begin{bmatrix} \dot{\theta}_d \\ \dot{\theta}_t \end{bmatrix} = \begin{bmatrix} -4 & 0 \\ 0 & 3 \end{bmatrix}\begin{bmatrix} \dot{q}_d \\ \dot{q}_t \end{bmatrix} - \frac{2}{T_g}\begin{bmatrix} 1 \\ 0 \end{bmatrix}(q_d + \theta_{df}) \tag{5-94}$$

5.3.3　滑模变结构制导律

1. 变结构控制理论基础

变结构系统是指如果系统存在一个(或几个)切换函数,当系统的状态达到切换函数值时,系统从一个结构自动转换成另一个确定的结构。变结构控制系统的基本原理在于,当系统状态穿越状态空间的滑动超平面时,反馈控制的结构就会发生变化,从而使系统性能达到某个期望指标。滑模变结构控制作为一种控制系统的综合方法,是一种通用的方法,适用于线性定常系统、线性非定常系统,也适用于非线性系统。它能够通过控制器本身结构的变化,使得系统性能一直保持高于一般固定结构控制所能达到的性能,突破了经典线性控制系统的品质限制,较好地解决了动态与静态性能指标之间的矛盾,适用于解决运动跟踪、模型跟踪、自适应控制、不确定系统控制等一般的问题。

滑模变结构控制可定义如下:

对于控制系统

$$\dot{X} = f(X, U, t) \quad X \in \mathbf{R}^n, U \in \mathbf{R}^m, t \in \mathbf{R}$$

确定切换函数

$$S(X) \quad S \in \mathbf{R}^m$$

使得变结构控制具有以下不连续控制形式

$$U_i(X) = \begin{cases} u^+(x) & \text{当 } s(x) > 0 \\ u^-(x) & \text{当 } s(x) < 0 \end{cases}$$

变结构体现在当 $U_i^+(X) = U_i^-(X)$ 时,使得:

(1)满足到达条件($s\dot{s} < 0$),切换面 s 以外的相轨线将于有限时间内到达切换面。

(2)切换面是按照期望的动力学产生滑动模态,且整个滑动运动全局渐进稳定,动态品质好。

滑模变结构控制系统的运动可以分成完全独立的两个阶段:

第一部分是正常运动阶段(它完全位于切换面之外,或有限次穿越切换面),在变结构控制律的作用下进入并到达滑动模态。

第二部分是滑动模态阶段(完全位于切换面上的滑动模态区内),系统状态在滑动超平面上产生的滑动模态运动,趋向于状态空间原点。

而每一段运动的品质均与所选的切换函数 $S(X)$ 及控制规律 $U(X)$ 有关,选择适当的控制函数 $U(X)$,使得接近过程,即正常运动段的品质得到提高。当系统在滑模变结构控制下进入最终滑动模态时,设计切换面 $S(X) = 0$,这代表期望的系统动力学变结构控制系统的动态特性可以有一个降阶的等效,此时它的动态品质将完全受到切换函数 $S(X)$ 的影响。由于系统参数都是已知常数,故可以采用规定趋近率的方法来改善系统运动点趋近切换面时的动态品质。

2. 最优变结构制导律设计

准最优制导规律(5-72)式适合于拦截非机动目标,当目标机动时,它不能保证视线转率趋于零,可能会产生较大的脱靶量。为了弥补这种缺陷,我们把最优制导律与滑模制导结合起来,设计一种对机动目标有良好鲁棒性的新制导律,同时又保留最优制导动态性能好、节省能量等优点。

采用滑模变结构控制理论,选取开关函数

$$s = x = q \tag{5-95}$$

为了改善 x 在到达滑模 $s = 0$ 的过程中具有较好的动态品质,可以利用规定"趋近率"的办法来加以控制。在广义滑模的条件下,一般的等速趋近率、指数趋近率、幂次趋近率等只适用于时不变系统,制导过程是一个时变系统,因此根据上面推导出的准最优制导控制构造滑模趋近率来保证滑模的可达性和动态品质。不考虑干扰情况下,将式(5-95)代入式(5-72)得到滑模外的最优运动

$$\dot{x} = -\frac{1}{T_g}x \tag{5-96}$$

依据上式构造最优趋近率的一般表达式

$$\dot{s} = -\frac{1}{T_g}s - \frac{\varepsilon}{T_g}\text{sign}(s) \quad \varepsilon > 0 \tag{5-97}$$

该趋近率具有较强的自适应性,当弹目相对距离比较远时,T_g 较小,趋近滑模切换面 $s = 0$ 的速率较小,减小 q 的震荡;当弹目相对距离比较近时,T_g 较大,趋近滑模切换面 $s = 0$ 的速率较大,确保 q 的稳定跟踪目标不发散,减少了制导武器的脱靶量。

把式(5-95)和(5-72)代入式(5-97),同时为抑制制导律的高频震荡,在最后一项引入一个小常量 Δx,整理得

$$u = 3x_1 + \varepsilon \text{sign}(x_2 + \Delta x)$$

$$\text{或} \quad u = 3\dot{q} + \varepsilon \text{sign}(\dot{q} + \Delta \dot{q}) \tag{5-98}$$

这就是最优变结构制导律。从形式上看,该导引律可以看成增加了变结构修正项和末端入射角修正项的比例导引律,其中需要设计的控制器参数是 ε,这个参数是用来保证输出量进入滑动模态的动态品质的。该制导律需要的制导信息有视线角、视线角速率,无需知道目标的横向加速度等信息,此外由滑模制导律的鲁棒性可知,制导过程中只需大概估计制导武器飞行的剩余时间或相对距离、相对速度。该制导律具有实现简单、动态品质良好的特点,很适合于被动的红外成像末制导导弹使用。

通过定义滑动模态设计的控制规律可以保证超平面 $s = 0$ 的吸引特性,也就是使系统轨迹能尽快地进入滑动模态,并保证目标机动时用准最优变结构制导律仍可使 $\dot{q}$ 沿 $s = 0$ 平面滑动。为了证明这一点,依据滑模动态可达性,构造如下李雅普诺夫(Lyapunov)函数

$$V = \frac{1}{2} s^2 \tag{5-99}$$

很明显,这个函数是正定的。滑动模态 $s = 0$ 吸引特性的充分条件是

$$\dot{V} = s\dot{s} < 0 \quad \text{当 } s \neq 0 \text{ 时} \tag{5-100}$$

将式(5-72)、(5-95)和(5-98)代入上式,得

$$\dot{V} = -\frac{x^2}{T_g^2} - \left(\frac{w}{T_g} + \frac{\varepsilon}{T_g} \text{sign}(x_2) \right) x_2 \tag{5-101}$$

注意到式中 $T_g > 0$,当 $\varepsilon > |w|$ 时,满足李雅普诺夫(Lyapunov)稳定判据

$$\dot{V} = -\frac{x^2}{T_g} - \left(\frac{w}{T_g} + \frac{\varepsilon}{T_g} \text{sign}(x) \right) x < 0 \tag{5-102}$$

另外

$$\lim_{t \to 0} s\dot{s} = \lim_{t \to 0} \left(-\frac{x^2}{T_g} - \frac{x^2}{T_g^2} - \left(\frac{w}{T_g} + \frac{\varepsilon}{T_g} \text{sign}(x) \right) x \right) = 0 \tag{5-103}$$

$$s(0) = x(0) = 0 \tag{5-104}$$

由式(5-102)、(5-103)和(5-104)可知,滑模运动是可达的,稳定性证明完毕。

式(5-98)附加偏置项的重要作用可解释如下:假设控制规律能保证滑动条件,则在稳定状态时,$\dot{q}$ 的运动轨迹是 $s = 0$。然而在出现了扰动如目标机动时,实际上不可能确切到达 $\dot{q} = 0$,而是 $\dot{q}$ 将保持接近于 0。依据滑模趋近率的意义,在滑动面的邻域内 $s \to 0$ 代表了

$$-\frac{1}{T_g} \dot{q} - \left(\frac{w}{T_g} + \frac{\varepsilon}{T_g} \text{sign}(\dot{q}) \right) \approx 0 \tag{5-105}$$

即

$$w + \varepsilon \text{sign}(\dot{q}) \approx 0 \tag{5-106}$$

又由 $s \to 0$ 及式(5-60)、(5-95)可知,当 $\dot{q} \approx 0$ 时,$\dot{q} \approx -\frac{1}{2} w$,所以适当选择 ε,能够满足式(5-106)的需要。当滑动条件满足时,系统沿 $s = 0$ 滑动,式(5-98)中的附加滑模项 $\varepsilon \text{sign}(\dot{q})$ 起到了目标横向加速度估计的作用。若取 $\varepsilon = \frac{1}{2} w$,则这时式(5-98)变成

$$u = 3q + \frac{1}{2}\frac{a_{\iota q}}{V} \tag{5-107}$$

换句话说,当系统稳定于滑动模态时,制导律式(5-107)可视为具有目标横向加速度估计补偿项 $\frac{1}{2}\frac{a_{\iota q}}{V}$ 的增强比例导引律(APN)。

5.4　导引头跟踪回路

导引头是寻的制导控制回路的测量敏感部件,尽管在不同的寻的制导体制中,它可以完成不同的功能,但其基本的、主要的功用都是一样的,大致有以下三个方面。

(1)截获并跟踪目标。

(2)输出实现导引规律所需的信息。如对寻的制导控制回路普遍采用的比例导引规律或修正比例导引规律,就要求导引头输出视线角速度和制导武器—目标接近速度以及导引头天线相对于弹体的转角等信息。

(3)消除弹体扰动对天线在空间指向稳定的影响。

导引头的组成与采用的工作体制和天线稳定的方式有关。以连续波半主动导引头为例,其组成包括回波天线、直波天线、回波接收机、直波接收机、速度跟踪电路以及天线伺服系统等。

从制导控制回路的设计出发,通常把回波天线、直波天线、回波接收机、直波接收机、速度跟踪电路等统称为接收机,其作用之一是敏感目标视线方向与导引头天线指向的角误差,输出与该误差角成正比的信号。由于导引头是一个角速度跟踪系统,因此,接收机输出的信号实际上也与视线角速度成正比。其作用之二是把直波信号的多普勒频率与回波信号的多普勒频率进行综合,输出与制导武器—目标接近速度成比例的信息。由此得到形成导引规律所需要的信号。伺服系统的作用是根据接收机送来的角误差信号,控制天线转动,使其跟踪目标,消除误差。由于导引头是在运动着的制导武器上工作的,因此,导引头必须要具有消除弹体耦合的能力。消除弹体耦合,可以采用多种方案。如果用角速度陀螺反馈来稳定导引头天线,那么角速度陀螺反馈通道和伺服系统就组成导引头角稳定回路,其作用是消除弹体运动对导引头天线空间稳定的影响。这时导引头角跟踪原理如图5-22所示。

5.4.1　雷达导引头

雷达导引头的任务是自动搜索、识别、截获目标,对目标进行角坐标、距离、速度等的自动跟踪;按导引规律的要求输出量测信息(线角速度、制导武器—目标接近速度、天线相对弹体的转角等),给控制信号形成装置。

按作用原理分为主动、半主动和被动雷达导引头。

按测角体制分为圆锥扫描式,隐蔽扫描式(发射波束不扫、接收波束锥扫),单脉冲式,单脉冲频率捷变式雷达导引头等。

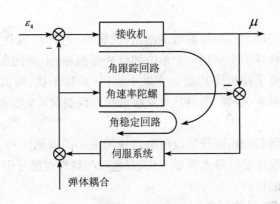

图 5 - 22　导引头角跟踪回路原理图

按导引头测量坐标系相对弹体坐标系的相互关系分为：固定式与活动式（活动非跟踪式和跟踪式）。跟踪式导引头是目前雷达导引头的主体。导引头的敏感轴（天线）连续地跟踪目标视线，并量测和输出目标的视线角速度，以满足平行接近法或比例导引法的要求。目标视线可由雷达天线的转动角速度测量得到。

微波雷达导引头在无线电寻的制导中占有主导地位，主要采用微波波段的主动导引头及复合导引头。导引头的组成与雷达体制和天线稳定方式有关，主要由发射、接收设备及天线伺服系统等组成。导引头是一个角速度跟踪系统，导引头输出信号与视线角速度 $\dot{q}$ 成正比。导引头安装在弹体上，必须有消除弹体耦合的能力，使导引头天线在空间稳定。为此，导引头具有角稳定回路和角跟踪回路，角稳定回路实现导引头天线与弹体的隔离，角跟踪回路实现导引头对目标的精确跟踪和量测（定位）。

毫米波雷达导引头工作在毫米波波段（波长 0.1mm ~ 1cm）。毫米波的频率范围 30GHz ~ 300GHz，界于微波波段和红外波段之间。兼有两个频段的固有特性，是制导武器精确制导的理想波段。其主要技术特点是毫米波波束窄，测角精度和角分辨率高，并有一定的成像能力。

5.4.2　红外点源导引头

红外点源寻的制导是一种被动寻的制导，它利用弹上设备接收目标辐射的红外能量，把它变成电信号，实现对目标的跟踪和对制导武器的控制。

红外点源导引头是可接收波长为 0.75μm ~ 1000μm 电磁辐射的自动寻的装置，常用波长为 1.06μm，3μm ~ 5μm，8μm ~ 14μm。

红外导引头是被动量测系统，它需从背景噪声中提取红外目标信号。不同的是，红外点源导引头是一种能量检测系统。目标、背景都是检测对象，它需要从空间、时间、光谱等特征方面经调制或滤波，抑制背景噪声，提取目标信号。

红外导引头技术已经历了三代。第一、二代红外导引头以目标的高温部分作为制导信息源。从信息处理角度看，第一代以信号幅值来鉴别目标，第二代以信号时间（信号脉冲宽度，信号脉冲数目等）来鉴别目标。第一、二代红外导引头的基本工作原理都是以调制盘调制为基础的。导引头借助位于系统像平面上的调制盘从大面积背景中区分出点目

167

标。

借助信号处理系统确定点目标偏离调制盘（光轴）中心的角偏差，这就是常规的红外点源导引头。红外点源导引头只用一个单一的红外探测器，不能抗点源、红外干扰（如假目标、红外曳光弹、红外干扰机等）、复杂背景干扰（如地物干扰，海面太阳光亮带等），也不能区分多目标。热屏蔽、伪装、隐身技术威胁着常规调制盘式的红外点源导引头的生存能力。

目前，已逐渐不用调制盘，而开始改用瞬态视场很小的探测元件，在空间进行扫描探测。典型的有多元扫描探测红外点源导引头、双色双模红外点源导引头。

红外点源导引头的特点：

（1）体积小，质量轻，价格低廉；

（2）分辨率高，导引精度高；

（3）无源探测，被动工作方式，工作隐蔽，不易受电子干扰；

（4）能在夜间和不利气象条件下工作；

（5）能探测低空目标。

红外导引头的功能和组成

（1）捕获并跟踪目标；

（2）输出与目标视线角速度 q 成正比的电信号，给自动驾驶仪。

红外导引头功能框图如图 5 - 23 所示。

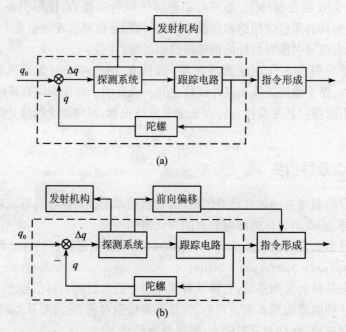

图 5 - 23　红外导引头功能框图

根据使用波段数目及工作模式可分为：

（1）单色红外导引头；

（2）双色（双波段）、三色红外导引头；

168

（3）双模、多模（红外—微波，红外—毫米波）红外导引头。

导引头由位标器和电子线路组成。按作用功能可分为红外探测系统、跟踪电路、陀螺及辅助系统。红外导引头结构组成如图 5－24 所示。

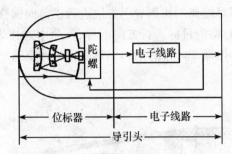

图 5－24　红外导引头结构组成图

位标器包括红外探测系统和陀螺两大部分。

位标器有动力随动陀螺式，陀螺随动框架式等多种形式。动力随动陀螺式的特点是：将红外探测系统直接固定在三自由度陀螺仪转子上，与陀螺仪转子融为一体。这种结构的陀螺仪转子角动量比较大，灵敏度高，光学系统通光口径大，接收能量多。动力随动陀螺式位标器结构图如图 5－25 所示。

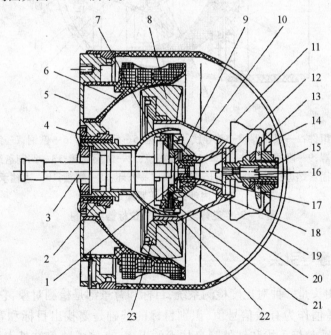

1—固紧螺母；2—支架组件；3—探测；4—螺母；5—底座组件；6—线包组件；7—外环；

8—磁钢；9—内环；10—镜筒；11—伞形罩；12—支承镜；13—次反射镜；14—阻尼环；

15—伞柱；16—调漂螺钉；17—压紧螺母；18—主轴承；19—头罩；20—调制盘组件；

21—边轴承；22—边螺钉；23—后配重盘

图 5－25　动力随动陀螺式位标器结构图

陀螺随动框架式位标器,其红外探测系统与陀螺在机械结构上是互相独立的。

非成像红外寻的制导导弹跟踪的是目标红外辐射中心。对大多数空中目标来说,尾追攻击时,中心在发动机喷管中心,迎面攻击时,在燃气流的辐射中心。具有全向攻击能力的红外寻的制导导弹都对经典的比例导引方法进行了前向偏移修正。采用前向偏移修正后,导弹攻击目标的中心将沿目标飞行方向前移,使命中点接近目标的中心和要害区,提高了射击命中概率和杀伤概率。带有前向偏移修正的陀螺随动框架式位标器结构如图5-26所示。

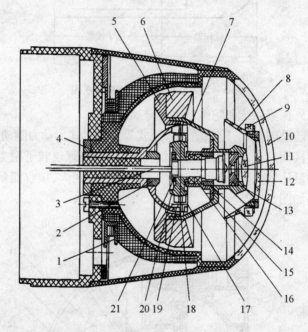

1—线包组件;2—限制器;3—软导线;4—螺母;5—后配重盘;6—磁钢;7—镜筒;
8—伞形罩;9—阻尼环;10—头罩;11—校正镜;12—次反射镜;13—调制盘组件;
14—固紧螺母;15—法兰盘;16—轴承;17—外环;18—螺轴;19—边轴承;
20—内环;21—压紧螺母

图5-26　陀螺随动框架式位标器结构图

5.4.3　红外成像导引头

红外成像导引头是一种对比度检测系统,目标和背景都是检测对象,它将相邻两个瞬时所检测的信号差值作为有效信号值,识别目标的基础是要找出目标和背景的特征差。多种红外积极干扰、消极干扰和红外隐身技术的出现,直接威胁着红外点源(非成像)寻的制导的生存能力。红外成像寻的制导为被动寻的制导和图像制导,制导精度高,制导武器可直接命中目标或命中目标的要害部位,使红外成像寻的制导技术成为精确制导技术的关键和支撑技术。红外成像寻的制导技术代表了当代红外寻的制导技术的发展方向。

红外成像导引头与红外点源导引头不同,可提供二维红外图像信息,技术特点如下:

(1)灵敏度高,导引精度高。导引头等效温差≤0.05℃~0.1℃,空间分辨率≤

0.2mrad~0.3mrad,能满足探测远程弱目标和鉴别多目标的要求。

（2）抗干扰能力强。在多种复杂人为干扰和背景干扰条件下,能够自动搜索、捕获、识别目标和跟踪目标,按目标要害部位进行命中点选择。

（3）准全天候工作。8μm~14μm 远红外波段,可昼夜工作,穿透烟雾能力强。

红外成像导引头是红外成像寻的制导的关键部件。采用光机扫描和线列多元探测器是第一代红外成像导引头的标志。第二代红外成像导引头的特点是采用中波、长波,凝视焦面阵红外探测器或4N扫描焦面阵红外探测器;采用复杂背景下复杂目标的识别技术;采用多模跟踪(自适应门形心跟踪、相关跟踪和动目标跟踪等)技术。

红外成像导引头由实时红外成像器和视频信号处理器组成,其原理图如图4-18所示。图中实时红外成像器用于获取和输出外界景物中的红外图像信息;视频信号处理器对景物中可能存在的目标进行处理,完成探测、识别和定位等多种功能,并将目标位置信息输送到目标位置数据处理,目标位置数据处理实现对目标的精确定位,计算目标位置和命中点。多元红外探测器是实时红外成像器的关键。目前主要采用光导型和光伏型 3μm~5μm 波段(中波)和 8μm~10μm 波段(长波)的锑化铟器件和碲镉汞器件。

目标的多种物理特征是红外成像导引头进行目标特征提取和目标识别的基础。

5.4.4　激光导引头

激光寻的制导是由弹外或弹上的激光束照射到目标上,弹上的激光导引头利用目标漫反射的激光能量,实现对目标的跟踪和对制导武器的控制。

激光寻的制导有主动和半主动之分。

（1）激光半主动寻的制导

激光半主动寻的制导由激光导引头和激光目标指示器两部分组成。激光导引头有万向支架式、陀螺稳定式、陀螺光学耦合式、陀螺稳定探测器式和捷联式。

激光半主动制导航空炸弹采用追逐式导引规律的风标式稳定导引头,如图5-27所示。

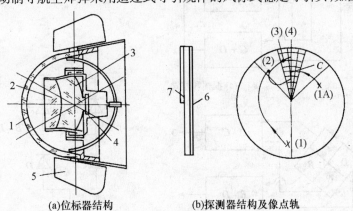

(a)位标器结构　　　　(b)探测器结构及像点轨

1—球罩;2—滤光片;3—包沃光学系统;4—探测器;5—风标;

6—滚转探测器;7—俯仰探测器

图5-27　风标稳定导引头

激光半主动制导的"铜斑蛇"末制导炮弹采用陀螺光学耦合式激光导引头,如图5 – 28 所示。

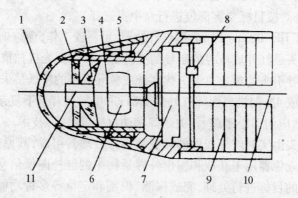

1—整流罩;2—滤光片;3—透镜;4—平面反射镜;5—壳体线圈;6—陀螺转子;
7—启动弹簧;8—横滚速率传感器;9—电路板;10—射流通道;
11—探测器及前置放大器组合

图5 – 28　陀螺光学耦合式激光寻的器

激光导引头利用多元器件实现测角、定向,常见的四象限元件的定向原理如图5 – 29 所示。图(a)采用振幅和差式,图(b)采用对角线相减式,图(c)采用四象限管对接式。

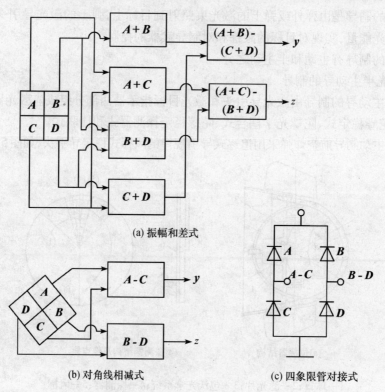

(a) 振幅和差式

(b) 对角线相减式

(c) 四象限管对接式

图5 – 29　四象限元件的定向原理

振幅和差式单脉冲激光导引头工作原理与单脉冲雷达相似。

（2）主动激光寻的制导和激光雷达

近 20 年中激光雷达技术取得了惊人的进步，激光制导雷达成为精确制导的重要手段和重要发展方向，其中有激光主动制导雷达、激光成像制导雷达以及激光半主动制导雷达。激光制导雷达的基本组成和工作原理与微波雷达相似。基本功能是目标定位，测出目标角位置、距离、运动方向和速度。工作体制有单脉冲、连续波、线性调频、脉冲压缩、调频连续波、脉冲多普勒等多种体制。结构形式有单—激光雷达型、微波雷达—激光雷达复合型、红外成像—激光雷达复合型。

它的主要优点如下：

① 高角度分辨率，测角误差达 $0.1 \text{mrad} \sim 1 \mu\text{rad}$。

② 高距离分辨率，可达毫米级。

③ 高速度分辨率，测速范围宽，速度分辨率达毫米每秒级，测速范围达 $0.01 \sim 3000 \text{m/s}$。

④ 工作波长已由近红外扩展到中、远红外以及紫外区。

⑤ 信号检测方式由能量检测扩展到相干检测，并以相干检测为主。

⑥ 抗干扰能力强，对地物、背景干扰有很强的抑制能力。

⑦ 具有成像能力，可获得目标反射激光的辐射几何分布图像、距离选通图像和速度图像等多种目标图像，即具有强度、距离、速度三种成像功能，后两种成像功能是电视和红外成像所没有的。这些成像功能在目标三维成像识别、地形匹配制导和动目标成像显示等应用中独具特色。

⑧ 体积、质量较微波雷达小。

5.4.5　电视导引头

电视制导为被动寻的制导和图像制导。电视导引头可自动搜索、捕获和跟踪目标，检测目标与背景光能的反差。抗电磁波能力强，因属光学制导，跟踪精度高。可在低仰角下工作，不存在雷达导引头的多路径效应。但它只能在良好的能见度下工作，易受强光和烟雾的干扰。

电视导引头由电视摄像机、信号处理、目标图像跟踪、伺服系统等组成，电视导引头跟踪原理可参见图 4 - 13（a）。

电视图像跟踪常用形心跟踪、边缘跟踪和相关跟踪等跟踪算法，构成相应的电视图像跟踪器。电视跟踪器实现多目标识别、多目标跟踪及瞄准点选择等。在目标图像面积等于 1/4 视场前用形心跟踪，等于 1/4 视场或充满整个视场时，采用相关跟踪或多种跟踪算法的综合，并按预定的瞄准点选择方法选择目标的命中点。

5.5 制导回路设计

5.5.1 概述

制导回路(系统)以导弹为控制对象,包括导引系统和稳定控制系统两部分。制导系统的任务是导引和控制导弹沿着预定的弹道,用尽可能高的精度近目标,在良好的引战配合下,以要求的杀伤概率摧毁目标。在导弹发射后的飞行过程中,制导系统将不断地测量导弹的实际运动与理想运动之间的偏差,据此偏差的大小和方向形成控制指令,在此指令作用下,通过稳定控制系统控制制导武器改变运动状态以消除偏差。同时还将随时克服各种干扰因素的影响,使制导武器始终保持所需要的运动姿态和轨迹。一般将姿态稳定控制系统称为稳定回路或"小回路",而把轨迹导引系统叫做制导回路或"大回路"。

制导回路是决定制导武器命中精度最重要的环节之一,一般由探测(测量)装置、导引计算机及目标组成。图5-30给出了导弹的典型制导系统结构框图。由图可清楚看出制导回路的重要作用。

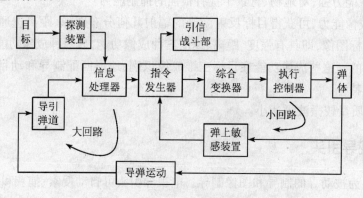

图5-30 导弹的典型制导系统结构框图

现代制导武器制导系统名目繁多,可按照工作原理、指令传输方式、所用能源及飞行弹道的不同进行分类,分类的目的在于方便地进行分析、研究与设计。制导武器战术技术指标和要求是制导系统方案论证和技术设计的主要依据。对制导系统特别是导引系统设计有明显影响的战术技术指标主要是目标特性、发射环境、制导武器特性、杀伤概率、工作环境、使用特性、质量和体积、可靠性及成本等。其中最重要的是杀伤概率要求。

制导武器制导回路有不少设计任务,但大体上包括:确定制导体制、论证制导系统方案、总体参数设计、分系统设计、关键技术求解及系统试验(例行试验、系统仿真及试飞打靶)等。

5.5.2 制导回路设计原则、依据和要求

制导回路设计的优劣将直接影响制导武器系统的性能,因此设计时应遵循如下原则:

（1）先进性与继承性。为了保证制导武器系统的综合性能,制导回路(系统)至关重要,它们必须是先进的。也就是说,设计中在继承原武器系统成功技术和产品的基础上,注意吸纳国外先进经验,包括采用新理论、新方法、新技术、新器件、新工艺、新材料等。

（2）可行性与经济性。先进性虽然是很重要的,但切不可片面盲目追求,必须从我国国情出发,认真综合考虑其可实现性与经济效果。

（3）可靠性与可维修性。应该说,可靠性是系统设计中首要考虑的问题,同时可靠性设计必须贯穿于整个系统研制的全过程。可维修性亦不能忽视,主要是考虑系统出现故障后的快速重构和快速恢复正常工作。

（4）可检测性与免检技术。自动检测系统状态和元器件工作情况是保障武器系统正常运行的重要方面。在目前,尤其应考虑系统长期储存的免检技术,以大幅降低系统进入作战的准备时间。

（5）协调性与折衷处理。作为复杂大系统的制导回路,设计中存在许多相互制约因素,因此必须考虑方案和参数的完整合理、配套协调,经过综合分析、多次迭代。采用折衷处理方法以达到最优性结果。为了做到这一点,目前提出了并行设计的思想和方法。

（6）现实性与扩展性。系统设计首先是为现实制导武器系统配套服务的,但还必须在设计中留有充分的发展余地和扩展潜力,以便将来可能出现新技术、新理论、新方法和新材料时,用于原系统的改进。为了实现可扩展性,通常采用模块化、智能化(自动化)和标准化设计。

主要依据:制导武器制导回路设计的主要依据是制导武器系统的战术技术指标。对制导系统(回路)设计有影响的战术技术指标如下:

（1）目标特性:目标飞行速度、高度、可能具有的机动和防御能力、几何形状与尺寸、红外电磁特性以及目标群分布情况等。

（2）发射环境及方式:地基、海基、空基和天基;固定型、车载型和便携型;倾斜式、垂直式等。

（3）制导武器特性:种类、用途、射程、作战空域、飞行时间、运动学、动力学、弹道特性等。

（4）武器杀伤概率。

（5）系统可靠性与可维修性设计要求。

（6）系统质量、体积及经济性设计要求。

（7）系统工作环境:温度、湿度、压力的变化范围、冲击、振动、运输条件和气象条件、电磁兼容性、干扰类型及强度等。

（8）使用特性:战斗准备时间、设备互换性、检测设备的快速性和维护的方便性等。

应该指出,在上述战术技术指标中,对制导系统设计最具影响的是杀伤概率要求。

鉴于制导系统设计的根本任务是保证尽可能高的制导精度,为此对其设计提出下列基本要求:

（1）满足制导精度要求。因为武器杀伤概率直接取决于制导精度,所以制导系统设计必须首先满足制导精度要求。制导系统的制导精度通常用制导武器的脱靶量表示。所谓脱靶量,是指制导武器在制导过程中与目标间的最短距离。脱靶量允许值主要确定于杀伤概率、战斗部重量和性质、目标类型及其防御能力。从误差角度讲,造成脱靶量的误差源主要是动态误差、起伏误差和仪器误差。为了满足制导精度要求,必须在设计中正确选择制导方式和引导规律。保证回路具有良好的静、动态特性,能够合理分配设备精度,采用有效补偿规律和抗干扰措施等。

(2)探测范围大,跟踪性能好。

(3)对目标和目标群辨识能力强。在分辨两个目标情况下,一般要求 $\Delta x \leqslant (1 \sim 2)\sigma_{st}$。此时 Δx 为目标间最小距离,σ_{st} 为标准误差。

(4)发射区域和攻击方位宽,作战空域大。这是通过制导系统设计达到制导武器作战中采用灵巧战术的重要保证。

(5)作战反应时间必须尽量短。作战反应时间是指从发现目标起到第一枚导弹起飞为止的时间间隔。通常,它主要取决于防御指控系统、通信系统和制导系统的性能。而对于攻击活动目标的战术导弹,将主要由制导系统决定。从这种意义上讲,制导系统的作战反应时间是指该系统进行目标跟踪、转动发射设备、捕获目标、计算发射数据和发射导弹等操作所需要的时间。

(6)尽可能结构简单,减少设备的体积和质量,并降低系统研制费用,做到低成本。

(7)可靠性高,可检测性和可维修性好。可靠性是指产品在规定条件下和规定时间内,完成规定任务的能力。制导系统的可靠性可视为是在给定和维护条件下,系统各种设备能持其参数不超过给定范围的性能。一般用制导系统允许工作时间内不发生故障的概率来表示。

5.5.3 制导体制和制导规律的分析与选择

制导体制分析与选择是制导系统设计的关键和首要任务。它主要取决于对前述各种制导体制的对比分析和制导武器系统对制导回路的上述基本要求,以及系统本身的限制条件等。对有关制导体制,如遥控指令制导、寻的制导、自主式制导体制;单一制导体制与复合制导体制;主动、半主动和指令制导体制,以及全球定位系统体制和多模复合制导体制等进行比较可知,各自具有的优势和缺陷,已在第4章里作过较详细地论述,这里不再赘述。下面仅就制导体制选择中对制导系统的要求和系统本身的限制条件的依赖性归纳几点:

(1)拦截距离

拦截距离是决定采用单一制导体制或复合制导体制的主要依据。一般情况下。当单一制导体制的距离和制导精度能够满足系统的最大拦截距离和战斗部威力半径等主要指标时,为避免复合制导体制给系统带来复杂性及造价提高,应尽量采用单一制导体制。这时可供选择的单一制导体制有:

①全程指令制导(微波、毫米波及光学);

②全程半主动寻的制导(微波、毫米波及激光);

③全程主动寻的制导(微波、毫米波及激光);

④全程被动寻的制导(微波、毫米波、红外、紫外等)。

但是,当制导武器系统要求的最大拦截距离较远且制导精度很高,而单一制导体制难以满足时,应该考虑采用复合制导体制。这时可供选择的复合体制有:

①程序制导 + 寻的制导(主动、半主动和被动);

②程序制导 + 指令制导;

③程序制导 + 指令制导 + 寻的制导;

④程序制导 + 捷联惯导/低速指令修正 + 寻的制导;

⑤全球定位卫星导航系统(GPS,GNSS,GLONASS) + 寻的复合制导等。

至于究竟采用哪种复合制导体制将根据具体情况而定。但应该指出,随着科学技术的发展,上述程序制导 + 捷联惯导/低速指令修正 + 寻的制导和全球定位卫星导航系统GPS、GNSS、GLONASS + 寻的复合制导等的应用越来越广泛。

(2)制导精度

从满足制导精度要求出发,对于自主式制导体制,由于无法实时测知目标和制导武器的位置关系,因而不能对付机动目标或预知未来航迹的活动目标,只能作为制导武器飞行引导段的制导体制,完成将制导武器引入预定弹道的任务。

对于遥控指令制导体制,通常采用三点法、前置点法导引。理论分析表明,这些导引方法的导引误差随着制导武器斜距的增加而加大,会造成制导精度随之下降。因此对于中近程战术导弹,可以采用全程指令制导体制,而对于远程战术导弹,则必须采用复合制导体制。通常,初制导采用程序制导,中制导采用捷联惯导 + 低速指令修正,或采用(GPS,GNSS,GLONASS)系统中制导。末制导目前已广泛采用寻的制导或多模寻的制导。对于寻的制导,由于弹上探测制导设备能直接测得弹目的视线角速度,故通常采用比例导引方法。

(3)拦截多目标能力

理论上讲,寻的制导体制具有拦截多目标不受限制的能力。但实际上,系统拦截多目标的能力主要受到制导站最大精确跟踪目标数目的限制。多功能相控阵雷达的出现,使制导武器拦截多目标的能力提高到几十至上百个目标。因为这种雷达除了集成目标的搜索、监视、跟踪和导弹制导外,还可以承担半主动寻的制导体制中的照射器照射目标和指令制导体制中跟踪测量导弹并向导弹发送指令信息的任务。

(4)抗干扰能力

由于自主式制导体制具有抵抗所有电磁干扰的能力,因此被广泛用作制导武器引入段和中制导段的制导体制。寻的制导体制可采用诱骗系统,设置导引头和制导雷达工作在不同波段,以及跟踪干扰源等方式提高抗干扰能力,实现对干扰源目标的拦截。主动、半主动和指令制导体制,由于制导武器本身、照射装置和指令发送与接收装置均有电磁波辐射而易受到对方干扰,所以很难对干扰目标实施有效拦截。应该说,诸种制导体制中除了自主式制导体制外,其抗干扰能力都不令人满意。为此,有必要采用复合制导特别是多模制导体制,以充分发挥各自在抗干扰方面的优势,实现在多种干扰条件下的系统的有效作战。

(5)反隐身能力

随着现代战争环境的不断变化,特别是目标雷达散射面积的显著减小,对制导武器制导系统设计提出了严重挑战。制导体制选择考虑反隐身能力成为令人注目的问题。从这一点出发,希望采用双基地系统下的半主动寻的制导体制。因为这种体制可以形成大双基地角照射。这时,目标前向散射截面积较大,能保证获得较大截获距离,从而提高对隐身目标的探测跟踪能力。同时可采用微波、毫米波、电视、红外等各种跟踪制导方式,形成双波段或双色制导体制,以提高系统的反隐身能力。应该指出,由于主动寻的制导体制存在种种限制,目前不具有良好的反隐身能力。

除此之外,对制导体制的选择还将受到系统机动能力、制导武器成本、可实现性及可靠性等因素的影响,设计中应予以不同程度的考虑。

总之,制导体制的选择是一项综合性很强的系统工程问题,应抓住制导精度、拦截距离等主要矛盾,全面考虑和分析众多制约因素,权衡利弊,以最终做出优化选择。为了帮助读者合理选择制导体制(系统),表 5-1 和表 5-2 给出了有关参考数据和评价。

表 5-1 攻击面目标的制导体制(系统)

特性 \ 类型	无线电制导系统	天文制导系统	惯性制导系统	混合制导系统		
				①惯性+多普勒 ②惯性+天文	惯性+地图匹配	惯性+地图匹配+图像识别末制导
作用距离(D)	数千千米	无限制	无限制	无限制	无限制	无限制
误差	双曲线:$0.2\%D$ 多普勒:$(1.5\% \sim 2\%)D$	$5 \sim 8$km	1.85km/h		< 200m	< 30m
抗干扰能力	很差	好	好	①较好 ②好	好	好
质量(不含自动驾驶仪)	~ 100kg	$200 \sim 300$kg	15kg	$70 \sim 100$kg	45kg	

表 5-2 攻击点目标的制导体制(系统)

特性 \ 类型	三点法无线电波束或指令式制导武器	主动寻的制导系统	半主动寻的制导系统	被动红外寻的制导系统
作用距离(不含辅助设备)	$30 \sim 40$km	$10 \sim 20$km	> 20km	< 25km
作用距离(含辅助设备)		$400 \sim 600$km		> 100km
质量(不含自动驾驶仪和能源质量)	$10 \sim 20$kg		15kg($D=8$km) 50kg($D=20$km)	$10 \sim 15$kg
准确度	随 D 的增加而降低	高	高	很高
抗干扰性	好	满意	满意	好
使用条件	无线电波束制导系统对可见目标指令式任何时刻都可以使用	任何条件	任何条件	晴朗的白天或黑夜

如前所述,制导武器制导规律又称导引律或导引方法,是描述制导武器在向目标接近的整个过程中应遵循的运动规律。它对制导武器的速度、机动过载、制导精度和杀伤概率均有直接影响,因此在制导系统设计中占有相当重要的地位。

(1)理想弹道应通过目标满足所规定的制导精度要求。

(2)保证制导武器可用过载和需用过载满足下列条件:

$$n_u = n_{y2} + \Delta n_1 + \Delta n_2$$

式中,n_u 为制导武器的可用过载;n_{y2} 为制导武器的弹道需用过载;Δn_1 为制导武器为消除随机干扰所需的过载;Δn_2 为消除系统误差所需的过载,并且弹道横向需用过载变化应光滑(平稳)。

(3)对付机动目标的机动过载要小。

(4)有强的抗干扰能力。

(5)作战空域大。

(6)制导规律所需要的参数具有可观测性。

根据上述原则,现代战术导弹采用的遥控制导规律和自动寻的制导规律主要是追踪法、前置角法、平行接近法与比例导引法等。它们都属于古典制导规律范畴。

制导规律的分析与选择对于初始计算是必要的。其中,制导武器最大需用加速度和可以达到的脱靶量是两个最重要的参数。而影响脱靶量的参数有传感器的偏差角、噪声、目标航向、目标加速度、目标速度及阵风等。表 5 – 3 给出了防空导弹制导规律选取中几种制导规律的比较。由表可见,在所有情况下选择比例导引法是最合适的。

表 5 – 3　防空导弹制导规律选取比较

制导规律	评价	目标航向	目标速度	目标加速度	传感器偏差	噪声	阵风
三点法	良好		√			√	
	一般				√		√
	差	√		√			
追踪法	良好		√				√
	一般				√		
	差	√		√			
比例引导	良好	√	√	√	√		√
	一般						
	差					√	

应该指出,基于现代控制理论和对策理论的最优制导规律已在现代制导武器中得到广泛应用,且有强劲的发展潜力。目前,这些现代制导规律主要有线性最优、自适应显式制导及微分对策制导规律。导引规律中考虑的性能指标主要有:制导武器在飞行中付出的总需用横向过载最小、终端脱靶量最小,以及制导武器与目标交会角具有特定要求等。

5.5.4 寻的制导系统分析与设计

1.概述

寻的制导最基本的特征是目标探测与跟踪是在弹上完成的。因此,我们把依靠弹上设备形成制导指令,实现自动导引制导武器飞向目标直至命中目标的制导系统称为寻的制导系统。无论是主动寻的制导系统或是被动寻的制导系统,都使制导武器具有"发射后不管"的能力。即使是半主动寻的制导系统,在寻的制导时,其照射站也仅起辅助作用,保证制导武器发射、目标选择及作为照射目标的能源。

寻的制导与遥控制导相比,在系统组成和战术技术性能方面存在许多特点:

(1)制导探测设备在弹上,也就是说探测设备与被探测对象在一起。这样,探测、制导武器、目标三点制导转化为弹目两点制导,避免指令传输中的发送、接收、调制和解调,大大简化了设备,并减少了传输过程引入的干扰。

(2)制导精度高,自主性强。

(3)有近场大目标效应,会产生目标角噪声,造成角误差提取困难,从而影响制导精度及增大失控距离。

(4)探测坐标会受到弹体运动扰动和探测系统受弹上环境约束,因此对系统可靠性提出更严格要求。

寻的制导系统设计的根本任务是在整个杀伤空域内,针对规定的目标特性,使导引精度达到战技要求。应满足以下要求:

(1)能实现所选择的导引律;

(2)应保证整个飞行过程中制导回路的稳定性;

(3)寻的制导回路能够适应目标运动变化,具有良好的动态品质;

(4)寻的制导回路应有高的制导精度。

2.寻的制导系统组成及工作原理

寻的制导系统一般由天线导引头、指令形成装置、自动驾驶仪、弹体及制导武器与目标的运动学环节等组成,如图5-31所示。实际上包括导引头和稳定控制系统两大部分。寻的导引头是寻的制导回路中最主要的部分,由收发天线、角跟踪稳定回路、速度跟踪回路、指令形成装置和天线罩构成。其基本功能是截获目标、跟踪目标、连续测量目标位置信息、运动信息,并按照所选取的导引律输出控制信号。

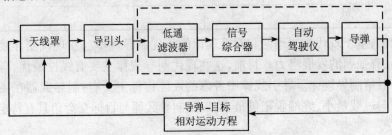

图 5-31 寻的制导回路简化方框图

简单地讲,其工作原理是:在制导武器飞行中,寻的制导系统应用来自目标的能流(热辐射、光反射波、反射电磁波等),自动截获和跟踪目标,获得目标相对制导武器运动的信息,并以选定的制导规律控制制导武器机动,按既定的弹道接近目标,最终按一定的精度命中杀伤目标。具体来讲,寻的制导系统的工作原理与导引头类型(红外型、激光型、雷达型等)和制导形式(主动式、被动式、半主动式、复合式)有关。

为了进一步了解寻的制导武器的制导原理,图 5 - 32 给出了主动式雷达毫米波寻的制导系统,电视寻的制导系统原理框图可参见图 4 - 19。

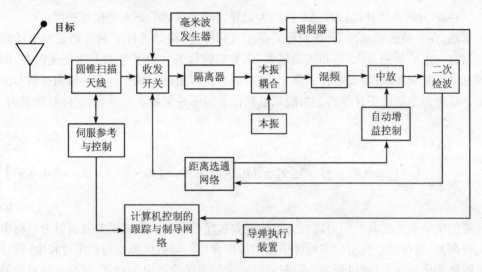

图 5 - 32　主动式毫米波雷达寻的制导系统原理框图

3.导引精度分析与计算

导引精度是描述制导回路(系统)导引制导武器准确度的量度,是制导武器系统的重要战术技术指标,是寻的制导回路设计的总目标。

制导武器落入以目标为中心,以 R 为半径(R 为杀伤半径)圆内的概率(CEP)称为导引精度。导引精度与脱靶量和制导误差直接相关。若已知制导武器对目标的脱靶量散布数学期望及均方差和制导误差正态分布,则可据此计算出导引精度。

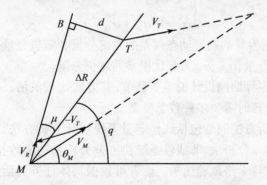

图 5 - 33　确定瞬时脱靶量的几何关系图

制导武器与目标交会全过程中,制导武器与目标之间的最小距离称为制导武器对目标的脱靶量。寻的制导武器脱靶量分为瞬时脱靶量和实际脱靶量。所谓瞬时脱靶量是指制导武器和目标从所给定的瞬时 t 开始,以该瞬时弹道参数作为匀速直线飞行,直至命中目标所产生的脱靶量。图 5 – 33 给出了确定瞬时脱靶量的几何关系。

由图 5 – 33 可推出瞬时脱靶量计算公式为

$$d = \frac{\Delta R^2 q}{|\dot{R}|} \tag{5-108}$$

式中,q 为视线角速度;ΔR、$\Delta \dot{R}$ 分别为制导武器和目标的距离与接近速度。

显然,在一般运动情况下,即制导武器和目标变速、机动条件下的脱靶量与上述瞬时脱靶量有一定的差别,且变速和机动越大,该差别越显著。为了考虑上述变化因素,而又不增加计算复杂度,可假设在控制终止瞬时,制导武器和目标具有不变的轴向过载和法向过载。这种假定条件下计算得到的脱靶量被称为实际脱靶量。经推导,实际脱靶量为

$$d = \frac{\Delta R^2}{|\Delta \dot{R}|}$$

$$\times \left\{ \dot{q} + \frac{1}{2|\Delta \dot{R}|} [-\dot{V}_M \sin(\theta_M - q) + \dot{V}_M \dot{\theta}_M \cos(\theta_M - q) - \dot{V}_T \sin(\theta_T - q) + V_T \dot{\theta}_T \cos(\theta_T - q)] \right\}$$

$$\tag{5-109}$$

寻的制导误差按其性质可以分为系统误差和随机误差。系统误差是指射击过程中的确定性误差,这种误差会引起实际弹道偏离理想弹道。随机误差是指射击过程中,符号和大小随机变化的误差,随机误差会引起实际弹道偏离平均弹道。通常,制导武器制导的随机误差服从正态分布,因此制导武器制导误差可用制导分布规律的数字特征来评定。进一步分析得知,制导武器射击时产生制导误差的原因是:系统误差和随机误差作用于寻的制导回路上。归结起来主要有三类,即动态误差、仪器误差和起伏误差。分析后得知,寻的制导回路的总系统误差和随机误差为

$$\begin{cases} m_y = m_{dy} + m_{iz} \\ m_z = m_{dz} + m_{iz} \end{cases} \tag{5-110}$$

$$\begin{cases} \sigma_y = \sqrt{\sigma_{dy}^2 + \sigma_{iy}^2 + \sigma_{Ry}^2} \\ \sigma_z = \sqrt{\sigma_{dz}^2 + \sigma_{iz}^2 + \sigma_{Rz}^2} \end{cases} \tag{5-111}$$

式中,m_{dy}、σ_{dy} 分别为寻的制导动态误差的系统分量和随机分量;m_{iz}、σ_{iz} 分别为仪器误差的系统分量和随机分量;σ_{Ry}、σ_{Rz} 为起伏误差的随机分量。

导引精度计算是制导回路设计的重要环节,其方法比较灵活,一般采用统计分析法,计算过程比较复杂,计算时需要多种数学模型。

导引精度统计分析方法通常包括线性定量系统统计分析方法、线性时变系统伴随技术、线性时变系统协方差分析法、非线性系统协方差分析描述函数技术、非线性时变系统统计线性伴随技术、蒙特卡洛试验法等。读者可根据具体任务灵活选用,例如:采用蒙特卡洛统计试验法,这时针对每一条弹道进行 n 次统计试验,获得 n 个脱靶量,并对这 n 个脱靶量进行数据处理,得到脱靶量均值(制导系统误差)和脱靶量方差(制导的随机误

差)。设 n 个脱靶量为 $d_i(i=1,2,\cdots,n)$，则脱靶量值为

$$m_d = \sum_{i=1}^{n} \frac{d_i}{n} \qquad (5-112)$$

而脱靶量中间方差为

$$\sigma_d = \sqrt{\frac{\sum_{i=1}^{n}(d_i - m_i)^2}{n-1}} \qquad (5-113)$$

及脱靶量中间偏差为

$$E_d \approx 0.675\sigma_d \qquad (5-114)$$

在得到 m_d 和 σ_d(或 E_d)后，即可用查表的办法得到导引精度。为了便于读者进行导引精度分析和计算，图 5-34 和图 5-35 分别给出了制导武器精度计算流程和其中的导引精度计算所需数学模型。

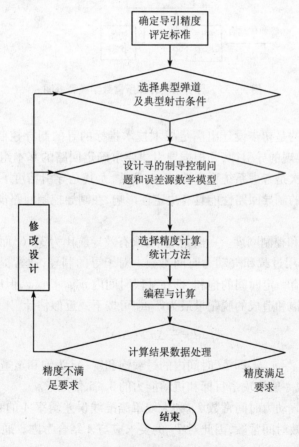

图 5-34　制导武器精度计算流程图

4. 寻的制导回路设计过程

严格地讲，寻的制导回路设计分为三个阶段：方案论证、技术设计和试验验证。

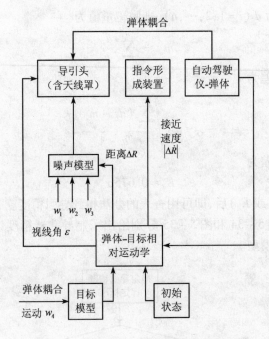

图 5 – 35　导引精度计算所需数学模型框图

（1）方案论证

方案论证的目的是初步设计出满足战术技术指标的寻的制导控制回路（系统）。这里，首先是选择能实现的导引律，并根据导引律要求确定回路的基本组成和功能，即设计回路结构方案。其次是考虑系统稳定性、动态品质，尤其是导引精度下的回路参数选择。下列参数选择对寻的制导回路性能具有决定性影响，在制导控制回路设计中，通过参数优选来达到。

1）有效导航比和控制刚度。一般情况下，取有效导航比为 3 ~ 6，而控制刚度大于 10。

2）制导武器可用过载和气动力时间参数。对于寻的制导，通常提出，在制导武器制导过程中允许过载有一定时间的饱和，即在某段时间内 $n_{可用} < n_{需要}$，但应保证所要求的脱靶量。遭遇前过载饱和造成的脱靶量最为严重，可按下式近似估计

$$d = \frac{1}{2} \Delta n_z g (\Delta t)^2 \qquad (5 - 115)$$

式中，$\Delta n_z = n_{可用} - n_{需要}$，即 Δt 时间内的过载饱和度；Δt 为饱和至遭遇的时间间隔。

这里，可用过载一般按攻击目标和机动能力的 3 ~ 5 倍考虑。

由于制导武器气动力时间常数 T_{qD} 和天线罩瞄准线误差斜率 A 的乘积决定了制导武器系统动力学的等效时间常数，因此对 T_{qD} 的要求应与 A 结合考虑。通常，当 T_{qD} 大于 3 ~ 5s 后，则对 A 有较高要求。

3）导引头最大转角范围。导引头天线转角是控制制导武器尤其是对机动目标弹道计算的主要限制。天线最大转角一般可选 40° ~ 50°。

4）视线角速度测量范围。工程上测量极小视线角速度必须付出昂贵代价。当视线角速度达到某个值后开始进行比例导引，就不会造成大的脱靶量。这时，可适当放宽对测

量最小视线角速度的要求。一般情况下,对于 $\dot{\theta}_M = K_R |\Delta \dot{R}| \dot{q}$ 的比例导引,可选取能测量的最小视线角 $\dot{q}_{\max} = \dfrac{n_{z\max} \times 57.3}{(3 \sim 5)} K_R |\Delta \dot{R}| V_M$。必须指出,这里 $n_{z\max}$ 为寻的制导段的最大可用过载的最小值,而不是整个空域中的最大可用过载。

通常,能测量的最小视线角速度可取 $0.2 \sim 0.05°/s$。

测量最大视线角速度与导引头最大跟踪角速度有关。在正常情况下,最大跟踪角速度取 $15 \sim 30°/s$。

5)天线罩电气性能指标。天线罩电气性能指标,包括如下三个方面:

①影响寻的制导系统作用距离的天线罩无线电波透射率。目前,微晶玻璃天线罩的透射率可达 90%。

②影响导引头预定精度的天线罩瞄准线误差。目前,该误差一般小于 $0.5°$。

③影响制导控制回路性能的天线罩瞄准线误差的变化率(或斜率)。一般情况下,该变化率可达 $\pm 2\% \sim \pm 5\%$。

6)导引头去耦能力。当前,去耦能力可提高 5% 左右。

7)系统零位误差要求。寻的制导回路的零位误差包括导引头、指令形成装置及自动驾驶仪的零位误差,且导引头的零位误差是主要的。通常,要求这些零位误差要付出的过载小于可用过载的 $1/5$。

8)系统放大系数及时间常数的允许变化范围。该系数和时间常数影响有效导航比和控制刚度。通常,变化在 $10\% \sim 30\%$ 范围内是允许的。

(2)技术设计

技术设计就是导引头耦合回路和自动驾驶仪的一体化设计或称寻的制导控制系统综合。其综合指标是制导武器脱靶量。在导引律确定条件下,脱靶量为三个制导参数,即有效导航比,相对稳定性和响应时间的影响。因此,技术设计的实质是从脱靶量最小要求下确定这些参数。为了进行寻的制导系统综合,可采用统一的导引头数学模型。

$$\frac{\dot{q}(s)}{q(s)} = \frac{s}{T_1 s + 1} \tag{5-116}$$

式中,$\dot{q}(s)$ 为目标视线角速度;$q(s)$ 为目标视线角;T_1 为导引头时间常数。

为实现比例导引律和对噪声的滤波作用,寻的制导系统的导引律实现模型为

$$\frac{U_1(s)}{\dot{q}(s)} = \frac{N' |\Delta \dot{R}|}{T_2 s + 1} \tag{5-117}$$

式中,$U_1(s)$ 为控制指令电压;N' 为有效导航比;$|\Delta \dot{R}|$ 为制导武器—目标的接近速度;T_2 为制导滤波器时间常数。

包括自动驾驶仪在内的稳定控制系统(包括制导武器、速率回路及加速度回路等)简化模型

$$\frac{n(s)}{U_1(s)} = \frac{K_{u_1}^n (T_{qD} + 1)}{(Ts + 1)\left(1 + \dfrac{2\xi}{\omega}s + \dfrac{s^2}{\omega^2}\right)} \tag{5-118}$$

式中,n 为制导武器输出过载;T_{qD} 为弹体气动时间常数;T, ω, ξ 分别为稳定控制系统

时间常数、固有频率和阻尼系数。

综上所述,可得到不考虑天线罩折射率下的寻的制导控制系统简化结构图,如图5-36所示。

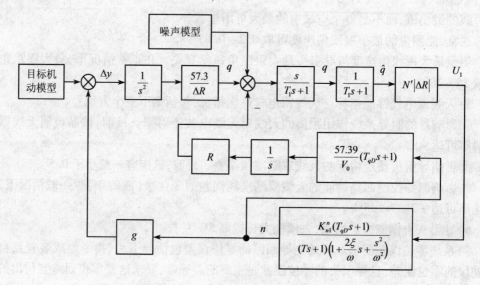

图5-36 寻的制导控制系统简化结构图

由图5-36可求得视线角至制导武器输出过载间的系统传递函数为

$$\frac{n(s)}{\dot{q}(s)} = \frac{K_u^n N' \left| \Delta \dot{R} \right| (T_{qD}s+1)s}{(T_1 s+1)(T_2 s+1)(Ts+1)\left(1+\frac{2\xi s}{\omega}+\frac{s^2}{\omega^2}\right)} \tag{5-119}$$

当考虑天线罩折射率影响(即折射率寄生反馈)时,式(5-136)可改写成

$$\frac{n(s)}{\dot{q}(s)} = \frac{K_u^n N' \left| \Delta \dot{R} \right| (T_{qD}s+1)s}{(T_1 s+1)(T_2 s+1)(Ts+1)\left(1+\frac{2\xi s}{\omega}+\frac{s^2}{\omega^2}\right)} + \frac{K_u^n N' \left| \Delta \dot{R} \right|}{V_D}(T_{qD}s+1)$$

$$\tag{5-120}$$

式中,K_u^n 为天线罩折射率。

应该指出,制导控制系统的各项参数(有效导航比、制导滤波器时间常数、稳定控制系统参数等),要在所有设计条件下优化选择,以便能够获得实现且脱靶量小的系统参数值。

(3)试验验证

寻的制导系统(回路)设计是一个不断逐步优化的过程,为了检验战术指标和系统性能是否达到要求,除进行设计过程中的各种计算和试验外,还必须完成如下仿真试验和飞行试验:

1)独立回路半实物仿真试验。该试验的目的在于检验制导武器的速度特性、可用过载、稳定控制系统的动态特性及自动驾驶仪数学模型的正确性。参与试验的实物主要有自动驾驶仪、舵系统、自动驾驶仪测试设备。仿真设备有三轴转台、负载模拟器、仿真计算机等。试验中,弹体运动由计算机实现。试验应选择独立回路飞行试验的弹道,进行全弹道变参数仿真试验。

2)独立回路遥测弹飞行试验。从制导系统设计角度讲,这是一种相应于1)的飞行试验,其目的主要是通过实际飞行试验检验制导武器气动布局、弹体结构强度、动力装置性能、制导武器与发射装置的协调性。最重要的是检验稳定控制系统性能和验证制导武器运动与自动驾驶仪数学模型的正确性。该试验是在装有自动驾驶仪和遥测设备下利用程控指令实现的。

3)寻的制导控制回路半实物仿真试验。参加这类半实物仿真的实物比1)多得多,通常有:天线罩、导引头、指令形成装置、自动驾驶仪、舵系统及自动驾驶仪与引导头的测试设备等。仿真设备除1)中的外,还有目标模拟器等。利用仿真计算机实现的数学模型也增添了目标运动模型、弹目相对运动模型、干扰模型等。试验的主要目的是检验制导控制系统各部件的协调性、回路性能和引导精度等,并为闭合回路飞行试验做准备。

4)闭合回路遥测弹飞行试验。这是利用遥测弹进行的寻的制导闭合回路的实际飞行试验。目的在于检验制导控制系统工作的协调性,以及导引头截获目标的可靠性、导引精度,并校验制导回路的数学模型等。试验是在选择的杀伤区内若干条典型弹道条件下完成的。可以说,这类飞行试验是对寻的制导控制回路设计正确与否的总验证。

5)三通道数学仿真试验。这是在圆满完成2)和4)的基础上的数学仿真试验,目的是较全面地给出寻的制导控制回路在整个杀伤区内,对各种目标速度、机动情况下的导引精度。

5.5.5　复合制导系统分析与设计

如前所述,复合制导是由几种制导系统依次或协同参与对制导武器实现的制导。随着目标飞行高度向高空和低空发展,机动性和干扰能力不断提高以及制导武器作战空域不断加大,复合制导已经成为中、远射程制导武器主要和必须的制导方式,其技术和系统发展很快,应用越来越多。鉴于复合制导很复杂,本节将主要从复合制导技术的角度来研究复合制导系统总体设计中的复合制导体制选择依据和原则、系统基本组成及运行、制导武器截获跟踪系统与目标交接班系统分析与设计等关键问题。

目前,大多数中远程制导武器的航迹大致分为初始段、中段和末段。从简化制导控制系统、提高系统可靠性和减轻质量的角度来讲,应尽量避免采用多种制导系统组成的复合制导。在非采用这种制导方式不可的情况下,必须进行充分论证,并严格按照如下依据和原则,合理地选择复合制导体制。

1. 选择依据

复合制导体制选择的主要依据是制导武器对制导系统的要求及武器系统本身的某些限制条件,可大致归结如下:

(1)武器系统最大拦截距离的要求;

(2)武器系统对制导精度的要求;

(3)战斗部种类、装药或威力半径的限制;

（4）弹上体积、质量的限制；

（5）制导武器系统的全天候能力、多目标能力、抗干扰能力和 ARM 能力、对目标的分辨、识别及反隐身能力；

（6）制导武器的作战空域、低空性能和速度特性；

（7）制导武器成本及武器系统的效费比；

（8）系统可靠性及可维修性等。

其中（1）、（2）、（3）为是否选择复合制导体制的决定性依据。

2. 选择原则

根本原则是：只要单一制导体制能够实现制导武器系统的战术技术性能指标，将不选用复合制导体制，因为它会使系统复杂而造价高。一旦决定选择复合制导，就必须从上述八条依据出发，参照目前可能采用的多种复合制导体制的优缺点，权衡利弊，做出优化选择。

选择中，为了合理地利用单一制导系统的良好特性，达到精确控制制导武器杀伤目标的目的，建议掌握下列原则：

（1）初段制导选择原则

初段制导即发射段制导，是从发射制导武器瞬时至制导武器达到一定的速度，进入中制导前的制导。通常，发射段弹道散布很大，为了保证射程，使制导武器准确地进入中制导段，多采用程序或惯性等自主式制导方式。但是，如果能保证初始段结束时制导武器进入中制导的作用范围，可不用初制导。

（2）中制导选择原则

中制导是从初制导结束至末制导开始前的制导段，这是制导武器弹道的主要制导段，一般制导时间和航程较长，因此很重要。

中制导系统是制导武器的主要制导系统，其任务是控制制导武器弹道，将制导武器引向目标，使其处于有利位置，以便使末制导系统能够"锁住"。也就是说，中制导一般不以脱靶量作为性能指标，而根本任务在于把制导武器导引控制到导引头能够"锁住"目标的"蓝框"内，因此，它没有很准确的终点位置。

应该指出，中制导结束时的制导精度可决定制导武器接近目标时是否还需要采用末制导。当不再采用末制导时，通常称为全程中制导。中制导一般采用自主式制导或遥控制导、捷联惯性制导和指令修正技术。这是中高空防空导弹和中远程巡航导弹普遍采用的中制导方式。

（3）末制导选择原则

末制导是在中制导结束后至与目标遭遇或在目标附近爆炸时的制导段。末制导的任务是保证制导武器最终制导精度，使制导武器以最小脱靶量来杀伤目标要害部位。因此，末制导常采用作用距离不远但制导精度很高的制导方式。是否采用末制导，取决于中制导误差是否能保证命中目标的要求。但在如下条件下必须考虑采用末制导：

①对于反舰导弹和反坦克导弹，要求制导误差小于目标的最小横向尺寸时，即 $\sigma \leqslant \frac{b}{2}$。此处 σ 为圆概率误差；b 为舰船或坦克的高度。

②对于反飞机导弹,要求制导误差小于导弹战斗部的有效杀伤半径时,即 $\sigma \leqslant \dfrac{R}{3}$。这里,$R$ 为战斗部的有效杀伤半径。末制导通常采用寻的制导或相关制导(如景象匹配制导),且越来越多地采用红外成像制导、毫米波成像制导或电视自动寻的制导等。

3. 复合制导系统基本组成及运行过程

复合制导系统的组成决定于制导武器所要完成的任务。大多数制导武器的初始段采用自主式制导,而后采用其他制导方式。因此,复合制导系统通常采用:自主式＋寻的制导,指令制导＋寻的制导,波束制导＋寻的制导,捷联惯性制导＋寻的制导;自主式制导＋TVM 制导等各种复合制导体制。例如,美国"爱国者"导弹的复合制导系统采用了自主式＋指令＋TVM 复合制导体制。在这种体制下,初制导采用自主式程序制导。在导弹从发射到相控阵雷达截获之前这段时间内,利用弹上预置的程序进行预置导航,使导弹稳定飞行并完成初转弯。当相控阵雷达截获跟踪导弹,初制导结束,中制导开始,中制导采用指令制导。在中制导段,相控阵雷达既跟踪测量目标又跟踪导弹,地面制导计算机比较目标与导弹的位置,形成导弹控制指令,控制导弹按期望的弹道飞向适当位置,以便实施中、末制导交班。中制导段还要形成导引头天线的预定控制指令,控制导引头天线指向目标。与此同时,导引头开始截获目标的照射回波信号,一旦导引头截获到回波信号,就通过导引头上的发射机转发到地面,地面作战指挥系统将其转上末段制导。末制导段采用 TVM 制导。在末制导段,相控阵雷达仍然跟踪测量导弹和目标,但此时相控阵雷达采用线性调频宽脉冲对目标实施跟踪照射。另外,在形成控制指令时,使用了由导引头测量的目标信号。由于导引头测量精度比雷达高,因此从根本上克服了指令制导精度低的弱点。

4. 目标交接班技术

(1)目标交接班概念

所谓目标交接班,是指敏感器 1 将所跟踪测量的目标多维坐标信息传送给敏感器 2,敏感器 2 利用所提供的目标信息指向目标所在方向,在相应坐标上等待或搜索,发现和拦截目标并转入跟踪的整个过程。目标交接班可简称为目标指示或引导。目标交接班技术在航空航天技术领域有着广泛应用。如防御武器系统、火力单元内搜索指示雷达与跟踪制导雷达间的目标交接班;防空体系中前方警戒雷达与飞机引导指示雷达之间的目标交接班;靶场测量系统中上下靶场跟踪测量雷达间、跟踪测量雷达与光学经纬仪间、电影经纬仪间的目标交接班等。

在复合制导系统中,由于有多个探测、跟踪器和不同制导段的衔接,也必然存在着目标交接班问题。

目标交接班是复合制导的特殊问题。这是因为制导武器采用串联复合制导时,飞行弹道各段上采用不同的制导体制。不同的制导体制利用不同的导引方法来导引制导武器。当制导体制转换时,两个制导阶段(如中制导与末制导)的弹道衔接是一个重要问题。为了做到不丢失目标、信息连续、控制平稳、弹道平滑过渡以及丢失目标后的再截获,必须从设计上解决目标的交接班问题,尤其是保证中制导段到末制导段的可靠转接,使末制导导引头在进入末制导段时能有效地截获目标(包括对目标的距离截获、速度截获和角度截获)。

（2）目标交接班方式及其选择

目标交接班方式可分为两大类,即直接交接班和间接交接班。前者是利用敏感器 1 对目标的实体测量信息与敏感器 2 进行的交接班。也就是说,敏感器 2 转入对目标跟踪前的整个交接班过程中,敏感器 1 始终跟踪、测量目标,并向敏感器 2 提供目标的实时测量参数。后者是将目标的实时预报(外推)位置作为目标指示信息,使敏感器 2 转入对目标的截获跟踪。当然,实时预报信息一般来源于敏感器 1 在交接班前对目标的测量。目标交接班方式的选择是交接班方案设计的第 1 步。方式选择中,一般应考虑如下方面:

①当敏感器 1 与敏感器 2 的工作空域互不交叠时,只能采用间接交接班方式。

②当两敏感器工作空域有交叠,且交叠区的纵深 ΔR 满足 $\Delta R > V_{max} t_{10}$ 时(这里 V_{max} 为对付目标的最大速度;t_{10} 为完成交接班所需的时间),则可采用直接交接班方式。

③当拦截近界目标时,为了使弹上导引头尽早截获目标,可采用间接交接班方式。

④当战术单位目标指示雷达与 TBM 预警雷达分别与复合制导系统中的主雷达进行交接班时,前者主雷达应工作在直接交接班方式,而后者主雷达应按间接交接班方式工作。

⑤顺利交接班条件。理论分析和实践表明,在复合制导中保证中、末制导段的顺利交接班是最为重要的。为此,必须满足基本条件:目标应处在导引头作用距离和天线波束宽度范围之内;制导武器与目标之间的相对速度的多普勒频率,必须在导引头接收机的频率搜索范围内。

可见,必须对导引头天线指向和接收机等待波门的频率进行预定,导引头天线指向预定过程是,由弹上惯导系统量测并计算出制导武器位置、速度和姿态角,通过机载(或制导站)雷达将实时获得的目标位置和速度信息经数据链系统发送给弹上接收机,并在解码处理后传输给弹上计算机。弹上计算机解算出弹目相对运动关系及参数。根据相对运动参数和弹体俯仰姿态角 θ,可求得制导武器与目标的视线方向相当于制导武器纵轴的高低角,即

$$\varepsilon = q - \theta \tag{5-121}$$

进而计算得到控制导引头天线转动的方位角为

$$\Delta \varepsilon_L = \varepsilon - \varepsilon_0 \tag{5-122}$$

导引头接收机等待波门的频率中心位置可按弹目相对速度的多普勒频率 f_d 设置。f_d 由简化计算得到,即

$$f_d = \frac{2\dot{R}}{\lambda} \tag{5-123}$$

式中,λ 为导引头接收机所用天线波长。

另外,若能在中制导段和末制导段选用同样的导引律,则可避免两种制导段衔接处的弹道参数瞬间跳动,这有利于末制导开始时制导控制性能和弹道特性,以及减小交接班过渡时间。为此,还可以考虑设计一种交接班段的过渡导引律 U_{ch},即

$$U_{ch} = \begin{cases} U_{cm} & t < t_h \\ aU_{ch} + (1-a)U_{cm} & t_h \leqslant t \leqslant t_t + 2.5 \\ U_{ch} & t > t_h + 2.5 \end{cases} \qquad (5-124)$$

式中,a 为权值系数;t_h 为交接班开始时间,并设定交接班过渡时间为 2.5s;U_{cm} 为中制导导引律。

(3)目标交接班系统模型

目标交接班系统是指从交班设备给出目标指示开始到接班设备截获跟踪目标为止,参与目标交接班过程的所有设备的总体。为了分析交接班问题和设计交接班系统,必须建立该系统的模型。通常,交接班系统的基本模型可有多种形式。图 5-37 给出了交接班系统的三种典型基本模型。

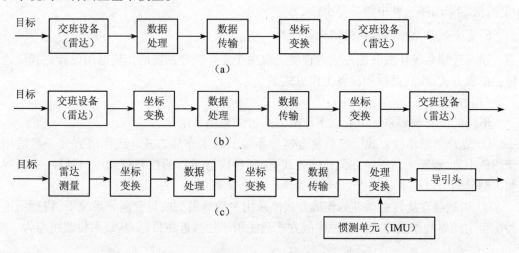

图 5-37 交接班系统的典型基本模型

(4)交接班成功概率及其计算

交接班成功概率是指从交班到接班整个事件被完成的概率。为了方便计算这种概率,可将交接班过程分为三个分事件:目标落入;目标发现;目标锁定。

理论分析和推导表明,单次交接班成功概率为

$$P_{1s} = P_V P_D P_L P_{Re}(t_1 + T_1)$$

式中,P_V 为目标指示成功概率(或目标落入概率);P_D 为平均检测概率;P_L 为已发现目标被锁定(转跟踪)的概率;P_{Re} 为交接班设备的可靠度;t_1 为设备已工作时间;T_1 为一次交接班时间。

5.复合制导的中制导导引律选择

为了实现中远程制导武器制导精度要求,必须引入中制导段。确保中制导段的性能是复合制导的关键技术问题之一。其中导引律的采用对这些性能有重要的影响。通常,对于中制导导引律的选择主要考虑如下方面:

(1)中制导段的能量最省(末速度大,或时间最短);

(2)中制导至末制导交接段的航向误差最小;

（3）中制导至末制导交接段的在航向误差不超过给定值；

（4）中制导至末制导交接段的目标视线与弹轴夹角小于给定值；

（5）中制导的弹道平缓,攻角、侧滑角较小。

由于中制导不是以脱靶量为指标的,所以通常的各种形式比例导引律是不合适的。研究表明,采用最优导引律可能会大大改善中制导段的性能。除此,下面几种典型导引律可作为中制导导引律的最佳选择,如奇异摄动导引律（SP）、弹道形成导引律（TS）、G偏置+航向修正导引律（GB）、航向修正导引律（EB）等。当然,在与其他导引律进行比较后也可考虑是否采用比例导引律。

为了正确选择上述推荐的中制导导引律,还必须针对具体情况进行仿真分析,对其制导武器性能、中制导飞行时间、飞行速度、脱靶量、交接段指向误差等进行全面比较,权衡利弊,决定采用哪一种中制导导引律。

6. 复合制导系统的作战运用设计

制导武器系统作战效能在很大程度上取决于复合制导系统的作战运用设计。其设计包括作战方式、作战过程和设备工作方式。

（1）作战方式

不同的复合制导系统可有以下作战方式可供选用和组合。

① 复合制导作战方式。这是复合制导系统的基本作战方式。该作战方式一般适用于拦截中、远程距离目标。在此作战方式下,制导武器飞行的控制将经历初制导、中制导和末制导的全过程。

② 初制导直接转主动寻的作战方式。采用主动导引头的复合制导系统下,将运用这种全程主动寻的作战方式。这种作战方式只能用于拦截近距目标,其最大拦截距离为

$$L_{1Ta} \leqslant L_{1M} + R_a \frac{V_M}{V_T + V_M} \qquad (5-125)$$

式中, L_{1M} 为初始段最大距离; R_a 为主动导引头作用距离（一般指锁定距离）; V_M, V_T 为对应拦截距离下弹目的平均速度。

③ 初制导直接转半主动寻的作战方式。该作战方式亦称为全程半主动寻的作战方式。这种作战方式主要用于拦截中、近距离目标。其最大拦截距离为

$$L_{1Ts} \leqslant L_{1M} + R_s \frac{V_M}{V_T + V_M} \qquad (5-126)$$

式中, R_s 为半主动导引头的作用距离。

④ 初制导转指令制导的作战方式。这种作战方式也叫做全程指令制导作战方式,即初始飞行段末转入指令制导,而不再用末制导。对于导引误差均方根 σ_G 不大于 K_r 的相应拦截距离以内的情况,这种作战方式是有效的。这里, r 为战斗部威力半径; $K = \dfrac{1}{(2 \sim 2.5)}$ 。

（2）作战过程

初、中、末制导都介入的复合制导系统基本作战的过程大致为:雷达天线调转→雷达搜索检测→粗跟踪→目标威胁粗估计及粗跟踪目标排序→精跟踪→目标识别及精跟踪排

序→照射器天线精调转和外同步→制导武器截获跟踪→中制导→中末制导交班→末制导→引信开机。此后,当制导武器、目标相对位置达到一定条件时,引信便自动爆破战斗部,杀伤目标。

(3)设备工作方式

设备工作方式是复合制导系统的重要设计内容之一,原则上包括工作方式和工作方式调度设计。在诸多设备中,雷达是至关重要的。目前,主雷达一般都采用相控阵雷达。它要完成搜索、跟踪、识别、制导、对抗等多种功能。为了有效地完成多功能,必须进行雷达工作方式优化及工作方式的自适应调度设计,主要包括搜索方式选择、搜索空域确定、跟踪方式选择、跟踪数据率选择、调度策略设计等。

除雷达工作方式设计外,还有复合制导系统其他设备的工作方式设计,主要包括寻的系统的工作方式及转换、光学辅助跟踪器的工作方式及转换、指控系统的工作方式和状态转换。

思考与练习

5-1　建立制导武器与目标间相对运动的典型方程。

5-2　推导三点法导引的导引律,说明三点法导引的弹道特点。

5-3　推导比例导引法的导引律,说明比例导引的弹道特点。

5-4　分析红外(或激光)点源导引的导引头组成及调制盘的工作原理。

5-5　分析说明制导系统抗复杂电磁环境干扰的措施。

参考文献

［1］布鲁斯·柏科韦茨，著．杨光，等译．战争的新面貌——如何进行21世纪的战争．北京:军事科学出版社,2009.

［2］田棣华．兵器科学技术总论．北京:北京理工大学出版社,2003.

［3］谷良贤,温炳恒．导弹总体设计原理．西安:西北工业大学出版社,2004.

［4］吴森堂,费玉华．飞行控制系统．北京:北京航空航天大学出版社,2005.

［5］张有济．战术导弹飞行力学设计．北京:宇航出版社,1996.

［6］钱杏芳,林瑞雄,赵亚男．导弹飞行力学．北京:北京理工大学出版社,2000.

［7］方振平．航空飞行器飞行动力学．北京:北京航空航天大学出版社,2005.

［8］［英］加涅尔,著．华克强,等译．导弹控制系统．北京:国防工业出版社,1985.

［9］程云龙．防空导弹自动驾驶仪设计．北京:宇航出版社,1992.

［10］郑建华,杨涤．鲁棒控制理论在倾斜转弯导弹中的应用．北京:国防工业出版社,2001.

［11］袁起,等．防空导弹武器制导控制系统设计(上)．北京:宇航出版社,1996.

［12］袁起,等．防空导弹武器制导控制系统设计(下)．北京:宇航出版社,1996.

［13］易生,等．飞行导弹自动控制系统．北京:宇航出版社,1991.

［14］George M. Siouris,著．张天光,等译．导弹制导与控制系统．北京:国防工业出版社,2010.

［15］艾希布拉特,著．蔡道济,等译．战术导弹试验与鉴定．北京:国防工业出版社,1992.

［16］杨军．现代导弹制导控制系统设计．北京:航空工业出版社,2005.

［17］方振平．航空飞行器飞行动力学．北京:北京航空航天大学出版社,2005.

［18］赵善友．防空导弹武器寻的制导控制系统设计．北京:宇航出版社,1992.

［19］刘兴堂．导弹制导控制系统分析、设计与仿真．西安:西北工业大学出版社,2006.

［20］程国采．战术导弹导引方法．北京:国防工业出版社,1996.

［21］Paul Zarchan. Tactical and Strategic Missile Guidance(Third Edition). Virginia: American Institute of Aeronautics and Astronautics, 1997.

［22］刘隆和．多模复合寻的制导技术．北京:国防工业出版社,2001.

［23］祁载康．制导弹药技术．北京:北京理工大学出版社,2002.

［24］周荻．寻的导弹新型导引规律．北京:国防工业出版社,2002.

［25］赵汉元．飞行器再入动力学和制导．长沙:国防科技大学出版社,1997.

［26］方春熙．反坦克导弹设计原理．北京:国防工业出版社,1981.